# SPICE
# MATRIX

## 향신료 매트릭스

향신료 조합사 & 향신료 요리 연구가
히누마 노리코 지음

황세정 옮김

시그마북스
Sigma Books

## 들어가며

'향신료 조합사'란 어떤 직업이냐는 질문을 자주 받습니다.
그래서 자기소개를 겸해 그에 대한 답으로 이 책을 시작하려고 합니다.

향신료 부문을 신설하고, 향신료를 이용해 다양한 상품을 개발하는 1인 기업 프로젝트에서
시작해 제가 이 분야에서 경력을 쌓은 지 어느덧 20년이 넘었습니다.

저는 어릴 적부터 '이리저리 짜맞추기'를 참 좋아했습니다. 주변에 있는 재료를 모아 각 형태나 색상, 성질을
파악하고 그중 목적에 맞는 재료를 골라 이리저리 짜맞추곤 했지요. 그런 성향이 어릴 적에는 공작이나 글짓
기, 방 꾸미기 등으로 나타났다면 커서는 요리, 그중에서도 향신료를 조합하는 형태로 나타났습니다.

저는 감수성이 몹시 예민한 아이이기도 했습니다. 특히 냄새에 매우 민감해서, 날씨나 계절의 변화를 눈에 보
이는 풍경보다 냄새나 낌새로 먼저 알아차리고는 했습니다. 저에게는 특정 지역의 첫인상을 결정하는 요인
도 바로 냄새였습니다. 처음 간 지역의 낯선 냄새를 맡으면 가슴이 설렜고, 고향의 냄새를 맡으면 옛 생각이
났습니다. 제 머릿속에 남아 있는 여러 기억도 냄새와 관련이 있었습니다. 기억력이 나빠 암기를 잘하는 편이
아니었지만, 식재료나 요리는 냄새 때문인지 외우기가 쉬워 머릿속에 잘 남았습니다. 다만, 이 방법이 사람에
게는 통하지 않는지 저는 사람을 잘 기억하지 못합니다. 게다가 물건을 깜박할 때도 많습니다.

어쨌든 저의 이런 특성과 처음 들어간 회사에서 맡은 역할이 우연히 일치했고, 그때부터 '향신료 조합사'라는
직함을 달게 되었습니다. 식재료와 향신료를 조합하거나 여러 향신료를 서로 조합하는 일이 제가 잘하는 일
이 되었습니다.

'향신료 조합사'가 하는 일은 다양합니다. 기업이나 음식점의 상품 및 메뉴 개발을 돕거나 향신료를 연구하기
도 하고, 레스토랑에서 향신료 요리를 제공하거나 향신료를 이용한 레시피를 소개하는 요리 교실을 열기도
합니다. 그리고 가끔은 이런 책을 집필하기도 합니다.

이 책은 제가 평소에 어떤 식으로 향신료를 요리에 사용하는지와 같은 감각적인 문제를 최대한 논리적으로
풀어 쓴 책입니다. 향신료를 사용하는 과정에서 모순되지 않는 논리를 찾느라 고생했지만, 이 책이 요리를 자
주 하시는 여러분에게 도움이 되었으면 좋겠습니다. 이 책에 함께 실은 다양한 레시피가 책의 내용을 이해하
는 데 참고가 되리라 생각합니다.

이 책을 읽으신 후, 여러분이 향신료를 간장이나 소금처럼 '자유자재로 쓸 수 있는' 경지에 이르기를 진심으
로 기대합니다.

2024년 2월, 향신료 조합사 히누마 노리코

## 향신료를 쓰는 목적은 무엇일까?

'정말 맛있는 음식'이란 무엇일까요. 밭에서 갓 수확한 토마토, 진한 육수로 맛을 낸 국물 요리, 정성스레 담근 간장, 이런 것들이 어째서 맛있는지 생각해 본 적이 있으신가요?

토마토는 우연이든 인위적이든 간에 물을 주는 빈도나 토양의 성분 등이 맛에 영향을 끼칩니다. 국물 요리는 어떤 다시마나 가다랑어포를 사용해 어떤 식으로 국물을 내는지가 중요하며, 간장은 어떤 콩을 사용하며 콩의 감칠맛을 끌어내기 위해서는 어떤 공정이 필요한지가 중요합니다. 그런 '요소'나 '공정'을 거쳐야만 재료가 더욱 맛있어지는 것입니다.

그렇다면 향신료를 음식에 넣는 이유는 무엇일까요. 향신료의 풍미가 두드러지는 자극적인 요리를 만드는 것이 향신료의 존재 가치일까요. 저는 그렇게 생각하지 않습니다. 향신료는 어디까지나 조연에 머물면서 식재료의 풍미를 끌어올리고 맛을 증폭시키는 역할을 한다고 저는 생각합니다. 향이 강한 카레나 자극적인 맛을 내는 마파두부 같은 요리라 하더라도 향신료가 요리의 맛을 죽여 버려서는 의미가 없습니다. 식재료와 함께 공존하면서 서로의 가치를 끌어올릴 수 있어야만 요리에 향신료를 사용하는 의미가 있습니다.

이 책은 '맛'을 내기 위한 향신료 사용법을 소개하기 위한 입문서입니다.

향신료를 요리에 사용하는 데에 있어 무엇보다 중요한 점은 향신료의 '형태', '사용량', '조리 시간' 등에 따라 향을 내는 방법이 어떻게 다른지를 파악하고, 이를 각 조리 공정에 적용하는 것입니다. 그렇기에 **CHAPTER 1 향신료 총론**에서는 먼저 향신료에 대한 전반적인 내용을 자세히 다루었습니다.

향신료를 사용하는 데에 있어 가장 중요한 점은 향신료가 지닌 특성을 파악하고, 향신료와 식재료 혹은 향신료와 다른 향신료의 궁합을 살펴보는 것입니다. 그렇기에 **CHAPTER 2 향신료 각론**에서는 90가지가 넘는 향신료의 향 그래프와 세계 각지에서 쓰이고 있는 실제 사례, 저만의 독자적인 레시피 등을 통해 이러한 점을 깊이 배울 수 있습니다. 그 내용의 이해를 돕기 위한 도구가 이 책의 서두에 소개하고 있는 것이자 이 책의 제목이기도 한 **'향신료 매트릭스'**(P.8~11)와 **'식재료 차트'**(P.12~13)입니다.

요리의 폭을 더욱 넓히기 위해서는 향신료의 지역적 특성을 아는 것도 중요합니다. 세계 각지에서 사용되는 향신료의 조합에 따라 요리에 '지역적 특성'을 부여할 수 있습니다. 그렇게 하면 요리의 폭이 장르에 구애받지 않고 한없이 넓어집니다. 평범한 우엉조림도 향신료만 다르게 쓰면 양식이나 인도 요리의 느낌을 낼 수 있습니다. 그런 즐거움의 힌트가 되어 줄 내용을 **CHAPTER 3 향신료의 지역적 특성**에 담았습니다.

그럼 이제 향신료 매트릭스를 시작해 볼까요?

# CONTENTS

**CHAPTER 3**
# 향신료의 지역적 특성 ···································································· 236

- 이 책에서 사용하는 계량스푼은 1큰술=15ml, 1작은술=5ml, 1ml=1cc다.
- 한 꼬집: 엄지, 검지, 중지 세 손가락으로 살짝 집은 양.
- 약간: 귀이개로 한 번 뜰 정도의 양.
- 같은 재료를 레시피에서 2번 사용할 때는 재료의 분량을 나눠서 적고, 3번 이상 혹은 표기가 복잡해질 때는 합쳐서 표기했다.
- 이 책에서 사용하는 '기름'은 향이 적은 것으로, 태백 참기름이나 샐러드유를 사용한다.
- 이 책에서 사용하는 '요리술'은 청주다.
- 생크림은 따로 명시되어 있지 않을 시, 유지방 함유량이 35%인 제품을 사용한다.
- 양파를 손질할 때는 껍질을 벗기고 심과 뿌리, 파란 부분을 모두 제거한다. '파란 부분'은 줄기에 가까운 녹색 부분으로, 아린 맛이 나므로 잘라 낸다.
- 마늘을 손질할 때는 껍질을 벗기고 싹을 제거한다.
- 생강 한 조각은 마늘 한 쪽과 비슷한 크기(엄지손가락 한 마디 크기)를 말한다.
- '생강'은 따로 명시되어 있지 않을 시, 생(生) 생강을 가리킨다.
- '고추'는 따로 명시되어 있지 않을 시, 홍고추를 말한다.

# 향신료 매트릭스 -대분류-

향신료를 이해하는 데에 길잡이가 되어 주는 것이 바로 이 '향신료 매트릭스'입니다. 이는 단순한 식물학상의 분류가 아니라, '요리에 쓰이는 것'을 전제로 향신료를 분류한 새로운 체계입니다.

향신료에는 크게 '향 내기', '맛 내기', '색 입히기'라는 3가지 작용이 있습니다. 이러한 작용을 좀 더 세부적인 7가지 대분류 항목으로 나누고, 각각의 향신료를 여기에 대입하면 매트릭스가 전개됩니다. 향신료는 여러 역할을 동시에 담당하는데, 그 가운데 가장 중심이 되는 역할에 맞게 분류했습니다.

여기서는 먼저 7가지 대분류 항목의 작용과 역할을 알아봅시다.

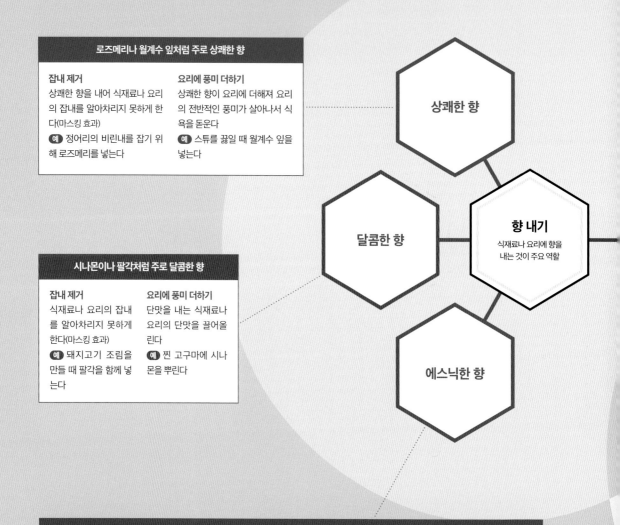

### 로즈메리나 월계수 잎처럼 주로 상쾌한 향

**잡내 제거**
상쾌한 향을 내어 식재료나 요리의 잡내를 알아차리지 못하게 한다(마스킹 효과)
**예** 정어리의 비린내를 잡기 위해 로즈메리를 넣는다

**요리에 풍미 더하기**
상쾌한 향이 요리에 더해져 요리의 전반적인 풍미가 살아나서 식욕을 돋운다
**예** 스튜를 끓일 때 월계수 잎을 넣는다

**상쾌한 향**

**달콤한 향**

**향 내기**
식재료나 요리에 향을 내는 것이 주요 역할

### 시나몬이나 팔각처럼 주로 달콤한 향

**잡내 제거**
식재료나 요리의 잡내를 알아차리지 못하게 한다(마스킹 효과)
**예** 돼지고기 조림을 만들 때 팔각을 함께 넣는다

**요리에 풍미 더하기**
단맛을 내는 식재료나 요리의 단맛을 끌어올린다
**예** 찐 고구마에 시나몬을 뿌린다

**에스닉한 향**

### 커민이나 사프란처럼, 상쾌한 향이나 달콤한 향으로는 가려지지 않는 특유의 향

**에스닉한 느낌 내기**
특유의 향이 이국적인 느낌을 선사한다
\* 상쾌한 향이나 달콤한 향은 주로 식재료의 맛을 끌어올리는 역할을 하지만, 이 그룹에 속하는 향신료는 도드라지는 향 때문에 요리의 맛과 분위기를 결정하는 주요 요인 중 하나가 되는 경우가 많다
**예** 병아리콩 퓌레에 커민을 뿌리면 후무스가 된다

**요리에 변화 주기**
특유의 향으로 평범한 요리에 변화를 준다
**예** 닭튀김을 밑간할 때, 커민 가루를 섞는다

**요리에 풍미 더하기**
특유의 향으로 요리에 풍미를 더해 식욕을 돋운다
**예** 부야베스를 끓일 때 사프란을 넣는다

**매운맛 내기**
요리에 매운맛을 더한다

예 마파두부에 홍고추를 넣는다

**요리에 풍미 더하기**
매운맛을 적절히 더해 '식욕을 자극'한다

* 상쾌한 향이나 에스닉한 향도 비슷한 작용을 하지만, 매운맛은 워낙 강렬해서 가장 손쉬운 방법으로 그런 효과를 낼 수 있다

마늘이나 양파처럼 특유의
감칠맛이나 단맛을 주로 낸다. 파 종류가 많다

**잡내 제거**
식재료와 함께 가열하면 식재료의 단백질과 반응해 잡내를 화학적으로 제거한다

예 치킨 소테를 밑간할 때, 마늘을 넣는다

**감칠맛 보강**
가열했을 때 생기는 특유의 감칠맛과 단맛이 요리의 감칠맛을 한층 끌어올린다

* 가열 전에는 매운맛 향신료와 비슷한 작용을 한다

예 카레를 만들 때, 양파를 넣어 함께 끓인다

**매운맛**

**풍미 더하기**
혀에 직접 느껴지는
풍미를 가미하는 것이
주된 작용

**감칠맛**

**향신료**

**색 입히기**
향이나 풍미보다
색을 입히는 효과가
더 크다

**신맛**

히비스커스나 타마린드처럼
주로 신맛을 낸다

**산미 더하기**
요리에 신맛을 더한다

예 고기의 소스에 히비스커스로 신맛을 더한다

**색감**

강황이나 파프리카처럼 향이나 풍미를 가미하는 것보다
색을 입히는 효과가 더 크다

**색감 내기**
향이나 풍미가 있기는 하지만, 주로 색감을 낼 때 사용한다

예 카레에 강황을 첨가한다

# 향신료 매트릭스 -계열·그룹-

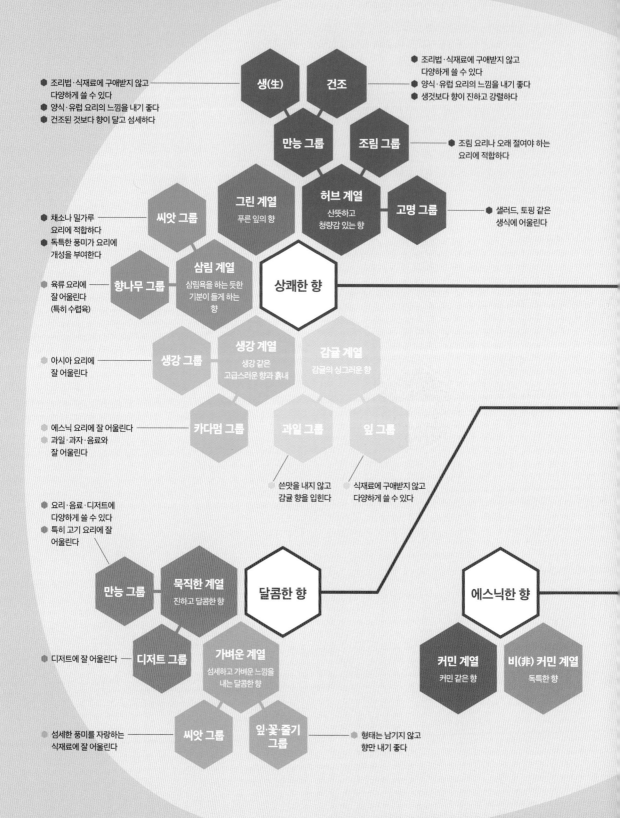

- 조리법·식재료에 구애받지 않고
  다양하게 쓸 수 있다
- 양식·유럽 요리의 느낌을 내기 좋다
- 건조된 것보다 향이 달고 섬세하다

생(生)

건조

- 조리법·식재료에 구애받지 않고
  다양하게 쓸 수 있다
- 양식·유럽 요리의 느낌을 내기 좋다
- 생것보다 향이 진하고 강렬하다

만능 그룹

조림 그룹

- 조림 요리나 오래 절여야 하는
  요리에 적합하다

그린 계열
푸른 잎의 향

허브 계열
산뜻하고
청량감 있는 향

고명 그룹

- 샐러드, 토핑 같은
  생식에 어울린다

씨앗 그룹

- 채소나 밀가루
  요리에 적합하다
- 독특한 풍미가 요리에
  개성을 부여한다

삼림 계열
삼림욕을 하는 듯한
기분이 들게 하는
향

상쾌한 향

향나무 그룹

- 육류 요리에
  잘 어울린다
  (특히 수렵육)

생강 그룹

생강 계열
생강 같은
고급스러운 향과 흉내

감귤 계열
감귤의 싱그러운 향

- 아시아 요리에
  잘 어울린다

카다멈 그룹

과일 그룹

잎 그룹

- 에스닉 요리에 잘 어울린다
- 과일·과자·음료와
  잘 어울린다

- 쓴맛을 내지 않고
  감귤 향을 입힌다

- 식재료에 구애받지 않고
  다양하게 쓸 수 있다

- 요리·음료·디저트에
  다양하게 쓸 수 있다
- 특히 고기 요리에 잘
  어울린다

만능 그룹

묵직한 계열
진하고 달콤한 향

달콤한 향

에스닉한 향

디저트 그룹

- 디저트에 잘 어울린다

가벼운 계열
섬세하고 가벼운 느낌을
내는 달콤한 향

커민 계열
커민 같은 향

비(非) 커민 계열
독특한 향

씨앗 그룹

- 섬세한 풍미를 자랑하는
  식재료에 잘 어울린다

잎·꽃·줄기
그룹

- 형태는 남기지 않고
  향만 내기 좋다

7가지 대분류 항목은 주로 향이나 풍미의 특징을 기준으로 했고, 그보다 더 상세한 하위 항목은 '계열'로 나누었습니다. 같은 '계열' 안에서도 용도가 더 나뉜 경우는 '그룹'으로 분류했습니다. 이러한 '대분류', '계열', '그룹'이 각 향신료의 역할과 작용을 파악하는 데에 도움을 주는 체계적인 단서가 될 것입니다.

여기서는 각 '계열' 및 '그룹'의 특징과 잘 어울리는 분야를 살펴봅시다.

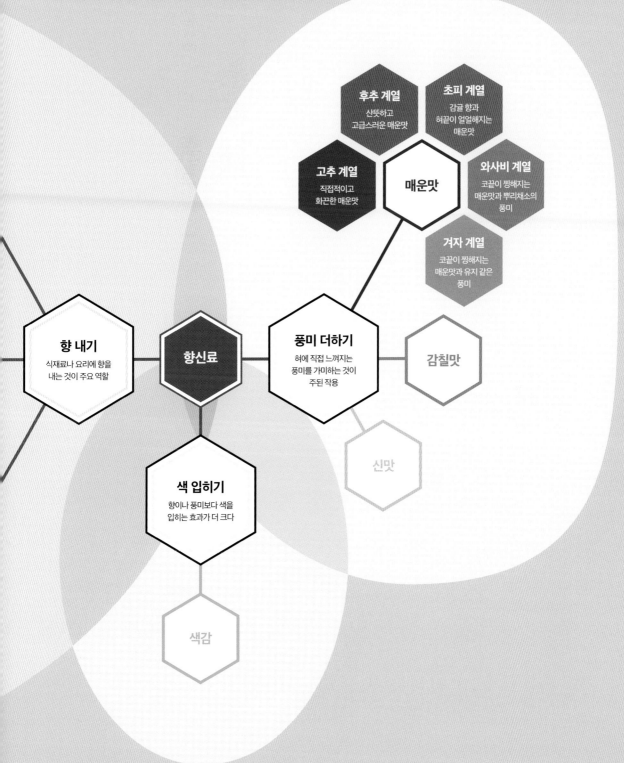

# 식재료 차트

향신료를 사용하는 데 또 다른 길잡이가 되어 주는 것이 바로 이 '식재료 차트'입니다. 이는 향신료와 함께 사용한다는 전제하에 식재료를 분류한 차트로, '풍미의 강도'를 차트로 정리한 것입니다.
CHAPTER 2 '향신료 각론'에는 향신료를 '계열'이나 '그룹'별로 정리한 '향신료 차트'가 나옵니다. '식재료 차트'와 '향신료 차트'를 비교하다 보면 향신료별로 잘 어울리는 식재료가 무엇인지 어느 정도 파악할 수 있게 됩니다.

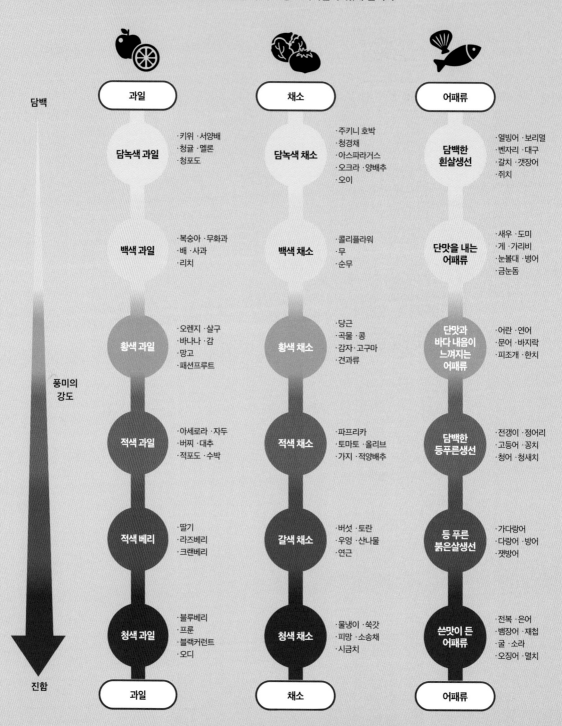

담백

**과일**

담녹색 과일
·키위 ·서양배
·청귤 ·멜론
·청포도

백색 과일
·복숭아 ·무화과
·배 ·사과
·리치

황색 과일
·오렌지 ·살구
·바나나 ·감
·망고
·패션프루트

풍미의 강도

적색 과일
·아세로라 ·자두
·버찌 ·대추
·적포도 ·수박

적색 베리
·딸기
·라즈베리
·크랜베리

청색 과일
·블루베리
·프룬
·블랙커런트
·오디

**과일**

**채소**

담녹색 채소
·주키니 호박
·청경채
·아스파라거스
·오크라 ·양배추
·오이

백색 채소
·콜리플라워
·무
·순무

황색 채소
·당근
·곡물 ·콩
·감자 ·고구마
·견과류

적색 채소
·파프리카
·토마토 ·올리브
·가지 ·적양배추

갈색 채소
·버섯 ·토란
·우엉 ·산나물
·연근

청색 채소
·물냉이 ·쑥갓
·피망 ·소송채
·시금치

**채소**

**어패류**

담백한
흰살생선
·열빙어 ·보리멸
·벤자리 ·대구
·갈치 ·갯장어
·쥐치

단맛을 내는
어패류
·새우 ·도미
·게 ·가리비
·눈볼대 ·병어
·금눈돔

단맛과
바다 내음이
느껴지는
어패류
·어란 ·연어
·문어 ·바지락
·피조개 ·한치

담백한
등푸른생선
·전갱이 ·정어리
·고등어 ·꽁치
·청어 ·청새치

등 푸른
붉은살생선
·가다랑어
·다랑어 ·방어
·잿방어

쓴맛이 든
어패류
·전복 ·은어
·뱀장어 ·재첩
·굴 ·소라
·오징어 ·멸치

**어패류**

진함

* 입자가 미세하고 뒷맛이 깔끔한 일본 전통 설탕-역주
** 일본식 보리된장-역주

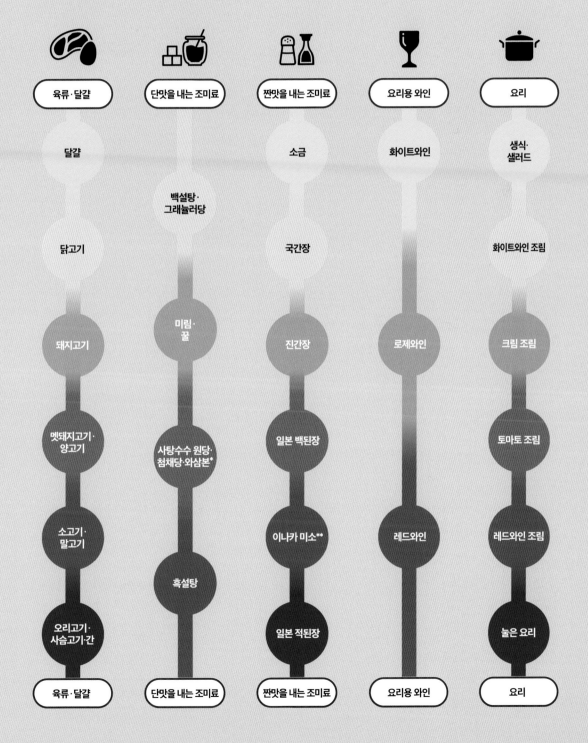

| 육류·달걀 | 단맛을 내는 조미료 | 짠맛을 내는 조미료 | 요리용 와인 | 요리 |
|---|---|---|---|---|
| 달걀 | | 소금 | 화이트와인 | 생식·샐러드 |
| | 백설탕·그래뉼러당 | | | |
| 닭고기 | | 국간장 | | 화이트와인 조림 |
| 돼지고기 | 미림·꿀 | 진간장 | 로제와인 | 크림 조림 |
| 멧돼지고기·양고기 | 사탕수수 원당·첨채당·와삼본* | 일본 백된장 | | 토마토 조림 |
| 소고기·말고기 | | 이나카 미소** | 레드와인 | 레드와인 조림 |
| | 흑설탕 | | | |
| 오리고기·사슴고기·간 | | 일본 적된장 | | 높은 요리 |
| 육류·달걀 | 단맛을 내는 조미료 | 짠맛을 내는 조미료 | 요리용 와인 | 요리 |

# 이 책의 사용법·그래프 보는 법

**기본** **'식재료 차트'와 '향신료 차트'에서 같은 위치에 있는 것을 조합한다**

사용하려는 향신료가 CHAPTER 2의 각 그룹 등의 서두에 나와 있는 향신료 차트에서 어느 위치에 있는지를 확인한다. 그에 맞추어 식재료 차트에서 비슷한 위치에 있는 식재료를 사용하는 것이 좋다.

**예** '생바질과 단호박을 넣은 코코넛 조림'
→ 바질과 단호박은 궁합이 잘 맞는다

## 식재료 차트

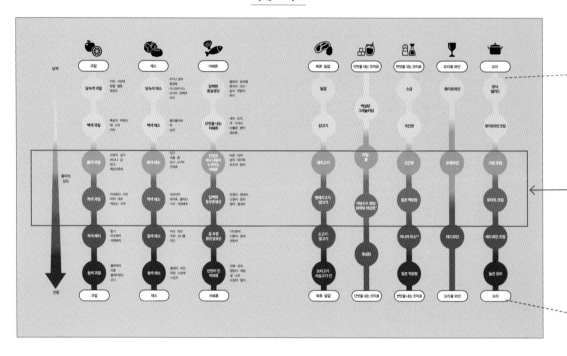

**응용** **차트에서 서로 멀리 떨어져 있는 향신료와 식재료를 함께 사용할 때**

### 향신료의 양을 조절하기

차트에서 향신료와 멀리 떨어져 있는 식재료를 사용할 때는 맛과 풍미가 잘 어우러지도록 향신료의 양을 조절하기도 한다.

◎향신료의 위치보다 아래쪽(진함)에 있는 식재료를 사용할 때
**향신료를 넉넉히 넣는다**
**예** '소고기 바질 간장 조림'
→ 바질보다 풍미가 '진한' 소고기엔 바질을 듬뿍 넣는다

◎향신료의 위치보다 위쪽(담백함)에 있는 식재료를 사용할 때
**향신료를 적게 넣는다**
**예** '도미 카르파초'
→ 바질보다 '담백한' 도미엔 바질을 소량만 넣는다

### 식재료의 조합을 맞추기

차트에서 향신료와 멀리 떨어져 있는 식재료를 사용할 때, 향신료와 가까이 있는 다른 식재료를 조합해 맛과 풍미가 잘 어우러지게 한다.

**예** '도미 소테'
→ 바질보다 '담백한' 도미에 바질의 풍미가 잘 어우러지도록 바질과 잘 어울리는 재료인 토마토를 소스로 사용해 도미에 어울리는 맛을 낸다

**CHAPTER 2의
각 그룹 서두**
그룹에 속하는 향신료를 한눈에 볼 수 있다. 향신료 차트와 식재료 차트를 비교해 가며 사용한다.

**향 그래프**
향의 균형을 그래프로 표현했다. 향을 떠올리기 쉽도록 향신료나 식재료 등을 기재했다. ●파란색: 상쾌한 향, ●분홍색: 달콤한 향, ●보라색: 에스닉한 향, ●오렌지: 매콤한 향.
* 맛이나 향에 대한 감각은 사람마다 다를 수 있으므로 어디까지나 대략적인 기준으로 생각하는 것이 좋다. * '매콤한 향'은 매운맛을 연상시키는 향으로, 실제 '매운맛'을 표현한 것은 아니다. * 특정 항목으로 분류하기 어렵거나 예를 들기 어려운 경우는 기재하지 않았다.

**역할·작용**
향신료마다 해당 향신료가 속해 있는 각 계층(7대 분류, 계열, 그룹)의 역할·작용 및 해당 향신료가 지닌 고유의 역할·기능이 있다.

**향신료명/학명/사진**
* 품종이 다양한 향신료는 대표적인 것을 기재했다.

## 향신료 차트

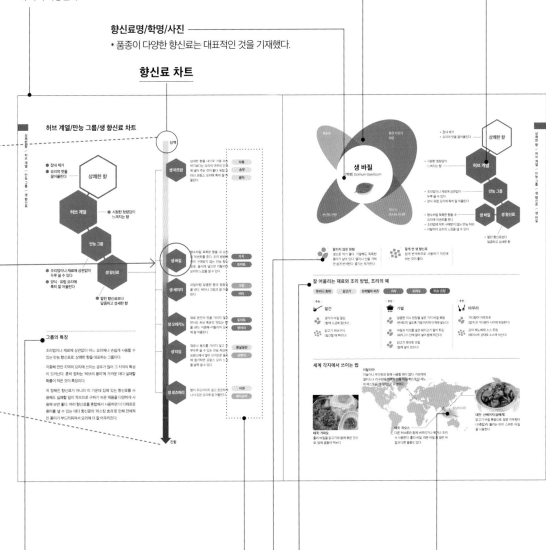

**그룹의 특징**
같은 그룹에 속하는 향신료를 정리해서 설명한다. 잘 어울리는 조리 방법이나 식재료에 맞게 사용하는 법을 소개한다.

**어울리는 식재료**
특히 잘 어울리는 식재료를 소개한다.

**향신료의 형태**
주로 시장에 유통되는 형태나 사용하기 편한 형태를 소개한다.
* 혼합 향신료에만 들어가는 분말 등은 기재하지 않았다.

**잘 어울리는 식재료와 조리 방법, 조리 사례**
해당 향신료와 함께 자주 쓰이는 식재료를 나열해 놓았다. 식재료 차트에 나와 있는 '풍미의 강도'의 색과 연동되어 있어 일반적인 기준으로 삼을 수 있다.
어느 타이밍에 어떤 식으로 사용되는지는 조리 방법과 조리 사례를 참고하자.

**특정 지역에서의 사용법/원산지**
세계 각지의 향신료 사용법이나 요리 사례를 소개한다. 상단의 내용과 함께 참고하자.
▭ : 원산지
* 불명확한 경우에는 기재하지 않았다.

# 향신료 총론

먼저 모든 향신료의 공통된 특징과 사용 방법을 이해해 봅시다.

# 향신료의 형태와 사용량

향신료는 크기나 형태에 따라 향을 내는 방법이나 사용량, 어울리는 조리 방법 등이 다릅니다. 이 페이지에서는 향신료 중에서 특히 '요리'에 특화된 향신료를 형태별로 분류해 보았습니다. 향신료가 형태별로 어떻게 다른지 살펴보세요.

## 원형

'시간을 들여' '전체적으로' 풍미를 더한다.

### 말린 원형
한 조각, 한 개~

큰 잎은 말린 잎을 부수지 않고 원형(Whole) 그대로 사용한다. 크기가 커지거나 향이 강한 향신료를 요리에 넣으면 그만큼 진한 향을 내므로, 잘게 부수어서 적은 양만 쓰거나 중간에 건져 내는 식으로 향의 강도를 조절하기도 한다.

### 말리지 않은 원형
한 조각, 한 개, 한 장~

말린 향신료보다 부드럽고 칼로 썰거나 손으로 찢어 양을 쉽게 조절할 수 있다. 말린 원형과 마찬가지로 한 번에 너무 많은 양을 넣지 않거나 중간에 건져 내는 것이 중요하다.

## 씨앗·굵게 간 분말

원형과 분말의 중간 성질에 해당한다. '곧바로' '비교적 골고루' 풍미를 내지만, 풍미가 고르지 않을 수 있다.

### 말린 씨앗
한 꼬집~, 2분의 1작은술~

엄밀히 말하면 원형 향신료에 해당하지만, 크기가 작아 중간 그룹으로 분류했다. 씹는 순간 풍미가 진하게 터져 나와 맛과 향에 악센트를 준다. 너무 많이 넣으면 요리의 전체적인 맛을 저해할 수 있다.

### 말려서 굵게 간 분말
한 꼬집~, 2분의 1작은술~

말린 씨처럼 요리의 맛과 향이 단조로워지지 않게 악센트를 주는 역할을 한다. 시판용 제품을 쓸 수도 있지만, 가정용 분쇄기나 절구 등을 이용해 향신료를 직접 갈아 쓸 수도 있다.

### 말린 잎
한 꼬집~, 2분의 1작은술~

넓은 의미론 원형에 해당하지만, 작은 잎을 말리거나 큰 잎을 굵게 자른 것이 여기에 해당한다. 풍미를 내는 방법은 말린 씨나 굵게 간 분말과 비슷하다. 무게가 워낙 적게 나가므로 양을 잘 조절해야 한다.

### 잘게 썬 생 향신료
한 꼬집~1작은술

말리지 않은 원형의 생 향신료를 잘게 썬 것이다. 씹는 순간에는 맛에 악센트를 주지만, 요리 전체에 더해지는 풍미는 향신료를 갈아 넣었을 때보다 약한 편이다.

## 분말

'곧바로' '골고루' 풍미를 더한다.

### 말린 분말
한 꼬집~2분의 1작은술

시판용 분말 외에도 향신료를 직접 갈거나 빻아서 쓸 수 있다. 분말 형태는 요리에 풍미를 빠르게 더하고 양 조절이 쉬워 초보자가 쓰기 편하다. 조금씩 써 보면서 양을 적절하게 조절하자.

### 생 향신료를 간 것
한 꼬집~1작은술

갈아져 나오는 시판 제품이나 가정에서 원형의 생 향신료를 직접 간 것. 말린 분말과 마찬가지로 요리에 풍미를 빠르게 더할 수 있으며, 양을 조절하기 쉽다.

＊한 조각, 한 개~=기준 사용량(3~4인)

## 혼합 향신료

여러 향신료를 혼합하면 각각의 향신료의 풍미가 너무 튀지 않게 억누르는 '마스킹 효과'가 있습니다. 혼합하는 향신료의 수가 늘어날수록 전체적인 풍미가 부드러워져서 재료 본연의 맛을 살리기 쉬우며, 많이 넣어도 실패할 확률이 줄어듭니다. 카레처럼 향신료의 풍미가 요리의 맛 자체를 좌우하는 음식의 경우에는 향신료를 어느 정도 넉넉히 사용해도 됩니다. 하지만 그렇다고 해서 너무 많이 넣으면 향신료의 풍미가 두드러져 재료 본연의 맛을 살리지 못하는 '자극적인' 음식이 되니 지나친 사용은 금물입니다. 중간에 맛을 보면서 향신료의 풍미와 재료 본연의 맛이 잘 어우러지도록 확인합시다.

# 향신료의 입자 크기와 향 내는 법

입자 크기가 클수록 요리에 향을 내는 데에 시간이 더 오래 걸립니다.

입자 크기가 작을수록 식재료나 요리에 풍미를 골고루 입힐 수 있습니다.

**요리 향의 강도** (세로축)

**재우거나 가열하는 시간** (가로축)

말린 원형

말린 분말

말린 분말

향신료를 골고루 뿌릴 수 있어 풍미가 전체적으로 고르게 입혀진다.

말린 씨앗

향신료가 드문드문 뿌려지기 때문에 먹는 부위에 따라 맛의 차이를 느낄 수 있어 쉽게 질리지 않는다.

---

*Column 01* │ **향신료를 직접 갈거나 빻아 본다**

분말이나 굵게 간 형태의 향신료는 직접 갈거나 빻아서 만들 수 있습니다.

**❶ 전동 분쇄기**
다양한 향신료를 갈기에 적합합니다. 참깨나 커피 원두 등을 소형 전동 분쇄기로 그때그때 갈아서 사용하면 신선한 향을 즐길 수 있습니다. 씨앗 형태나 섬유질이 많은 향신료는 곱게 갈기가 어려워 조금 굵게 갈리지만, 다른 향신료와 섞으면 좀 더 쉽게 갈릴 때도 있습니다. 향신료의 특성이나 조합에 따라 차이가 나므로 시험 삼아 한번 사용해 보세요.

**❷ 수동 분쇄기**
후추처럼 어느 정도 무게가 느껴지고 잘 부서지는 향신료에 적합합니다. 식탁에 두고 간편하게 쓸 수 있어 가장 널리 쓰이는 도구입니다. 코리앤더(고수 씨)나 초피 열매처럼 가벼운 향신료나 팔각처럼 큰 향신료는 먼저 전동 분쇄기로 작게 부순 후에 수동 분쇄기에 넣으면 더 쉽게 갈리기도 합니다.

**❸ 절구**
다양한 향신료를 으깰 수 있지만, 분말 형태로 만들려면 끈기가 제법 필요합니다. 말리지 않은 생 향신료를 페이스트 상태로 만들 때 사용하기 좋습니다. 향신료를 빻을 때 절구 밖으로 튀어나가기 쉬우므로 어느 정도 큰 제품을 사용하는 게 좋습니다. 처음에는 절굿공이로 으깨듯이 빻아서 어느 정도 작게 만든 다음, 힘껏 문질러 빻습니다.

**❹ 치즈 그레이터 ❺ 강판**
육두구나 통카 빈처럼 단단하고 큰 향신료를 갈 때 사용합니다. 치즈 그레이터는 재료를 얇게 갈 수 있고, 강판에 갈면 비교적 입자가 큰 분말이 나옵니다.

# 향신료의 사용 방법과 형태

조리 과정에서 향신료를 사용하는 타이밍은 대략 정해져 있습니다. '밑간', '가열', '마무리', 이렇게 3단계로 나누어 각 과정에서 향신료를 어떤 식으로 사용할 수 있는지 살펴봅시다.

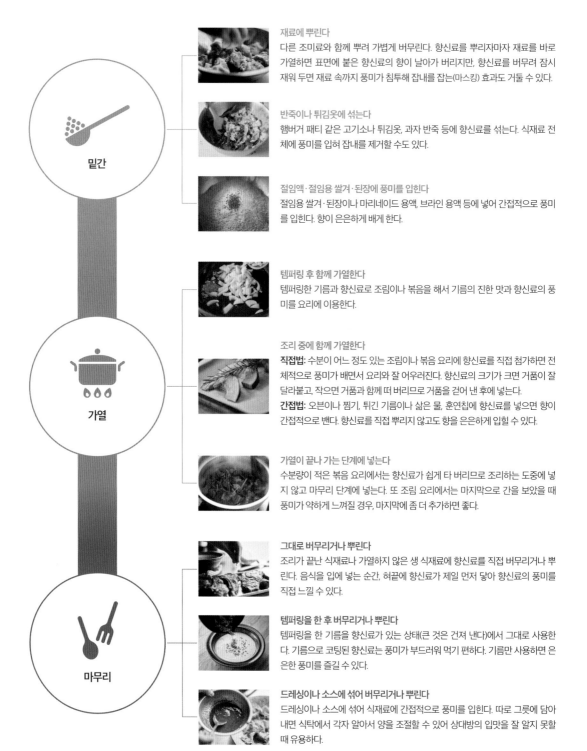

## 밑간

### 재료에 뿌린다
다른 조미료와 함께 뿌려 가볍게 버무린다. 향신료를 뿌리자마자 재료를 바로 가열하면 표면에 붙은 향신료의 향이 날아가 버리지만, 향신료를 버무려 잠시 재워 두면 재료 속까지 풍미가 침투해 잡내를 잡는(마스킹) 효과도 거둘 수 있다.

### 반죽이나 튀김옷에 섞는다
햄버거 패티 같은 고기소나 튀김옷, 과자 반죽 등에 향신료를 섞는다. 식재료 전체에 풍미를 입혀 잡내를 제거할 수도 있다.

### 절임액·절임용 쌀겨·된장에 풍미를 입힌다
절임용 쌀겨·된장이나 마리네이드 용액, 브라인 용액 등에 넣어 간접적으로 풍미를 입힌다. 향이 은은하게 배게 한다.

## 가열

### 템퍼링 후 함께 가열한다
템퍼링한 기름과 향신료로 조림이나 볶음을 해서 기름의 진한 맛과 향신료의 풍미를 요리에 이용한다.

### 조리 중에 함께 가열한다
**직접법**: 수분이 어느 정도 있는 조림이나 볶음 요리에 향신료를 직접 첨가하면 전체적으로 풍미가 배면서 요리와 잘 어우러진다. 향신료의 크기가 크면 거품이 잘 달라붙고, 작으면 거품과 함께 떠 버리므로 거품을 걷어 낸 후에 넣는다.
**간접법**: 오븐이나 찜기, 튀긴 기름이나 삶은 물, 훈연칩에 향신료를 넣으면 향이 간접적으로 밴다. 향신료를 직접 뿌리지 않고도 향을 은은하게 입힐 수 있다.

### 가열이 끝나 가는 단계에 넣는다
수분량이 적은 볶음 요리에서는 향신료가 쉽게 타 버리므로 조리하는 도중에 넣지 않고 마무리 단계에 넣는다. 또 조림 요리에서는 마지막으로 간을 보았을 때 풍미가 약하게 느껴질 경우, 마지막에 좀 더 추가하면 좋다.

## 마무리

### 그대로 버무리거나 뿌린다
조리가 끝난 식재료나 가열하지 않은 생 식재료에 향신료를 직접 버무리거나 뿌린다. 음식을 입에 넣는 순간, 혀끝에 향신료가 제일 먼저 닿아 향신료의 풍미를 직접 느낄 수 있다.

### 템퍼링을 한 후 버무리거나 뿌린다
템퍼링을 한 기름을 향신료가 있는 상태(큰 것은 건져 낸다)에서 그대로 사용한다. 기름으로 코팅된 향신료는 풍미가 부드러워 먹기 편하다. 기름만 사용하면 은은한 풍미를 즐길 수 있다.

### 드레싱이나 소스에 섞어 버무리거나 뿌린다
드레싱이나 소스에 섞어 식재료에 간접적으로 풍미를 입힌다. 따로 그릇에 담아 내면 식탁에서 각자 알아서 양을 조절할 수 있어 상대방의 입맛을 잘 알지 못할 때 유용하다.

템퍼링이란 향신료를 기름에 가열해 향신료의 향이 기름에 배게 하거나 가열 과정을 통해 향신료의 풍미를 부드럽게 하는 방법을 말합니다. 템퍼링을 한 기름에 식재료를 넣어 함께 볶거나 조리는 방법(❺-A)과 완성된 요리에 템퍼링한 기름을 뿌리는 방법(❺-B)이 있습니다.

❶ 작은 냄비나 프라이팬에 기름과 향신료를 넣고 약불에 올린다.

* 기름은 넉넉히 넣는다.
* 불이 너무 세면 향을 제대로 내기도 전에 향신료가 타 버리므로 주의한다.

❷ 향신료 주변에 작은 거품이 올라오기 시작한다.

* 향신료가 고르게 익지 않는 듯 보일 때는 젓가락이나 주걱으로 저어 섞는다.

❸ 큰 거품이 생기기 시작하면서 향신료가 튀어 오르기도 한다.

* 이것이 템퍼링을 완료하는 시점을 정하는 기준이 된다.

❹ 말리지 않은 생 향신료는 이때 첨가한다.

* 금방 익어 버리는 카레 잎이나 채 썬 생강·마늘 등은 이때 넣는다. 얇게 저민 생강이나 통마늘 등은 ①에서 넣는다.

❺-A 향신료가 타기 전에 수분이 있는 재료를 넣고 볶아 물기가 생기게 한다.

* 소금을 함께 넣으면 물기가 생기기 쉽다. 술이나 토마토 페이스트 등 물기가 있는 재료를 첨가하면 향신료가 타는 것을 막을 수 있다.

❺-B 완성된 요리에 템퍼링을 끝낸 뜨거운 기름을 붓는다.

* 기름을 냄비나 볼에 붓고 저어서 마무리하는 경우와 그릇에 따로 담아낸 기름을 붓는 경우가 있다.
* 씨앗 계열처럼 크기가 작은 향신료는 기름과 함께 그대로 먹을 수 있다. 타말라녹나무 잎이나 팔각처럼 크기가 큰 향신료는 건져 내고 기름만 사용한다.

# 향신료를 사용하는 방법과 형태 [밑간]

밑간에는 주로 뿌리기 쉬운 분말 형태의 향신료가 많이 쓰입니다.
장시간 재우는 방식으로 밑간할 때는 원형 형태의 향신료도 잘 어울립니다.

재료에 뿌린다

**원형**
- 말린 원형
- 말리지 않은 원형

향신료가 너무 크면 골고루 뿌릴 수가 없다.

**씨앗·굵게 간 분말**
- 말린 씨앗
- 말려서 굵게 간 분말
- 말린 잎
- 잘게 썬 생 향신료

풍미에 강약이 생긴다. 향신료가 잘 뿌려지지 않을 때는 유분이나 수분으로 코팅한 후에 뿌리면 더 잘 뿌려진다.

**분말**
- 말린 분말
- 생 향신료를 간 것

향신료를 골고루 뿌릴 수 있다. 다른 조미료와 섞어 뿌리면 뭉침 없이 고르게 뿌릴 수 있다.

밑간

| 반죽이나 튀김옷에 섞는다 | 절임액·절임용 쌀겨·된장에 풍미를 입힌다 |

말린 원형

말리지 않은 원형

✕

향신료의 크기가 너무 크면 골고루 섞이지 않고, 씹었을 때 풍미가 너무 강하게 느껴진다.

말린 원형

말리지 않은 원형

◎

도중에 건져 낼 수 있다. 오래 끓이면 그만큼 향이 진하게 우러나지만, 그와 동시에 아린 맛이 날 수 있다.

말린 씨앗

말려서 굵게 간 분말

말린 잎

잘게 썬 생 향신료

◎

풍미에 강약이 생긴다. 너무 많이 넣으면 풍미가 과해지니 주의하자.

말린 씨앗

말려서 굵게 간 분말

말린 잎

잘게 썬 생 향신료

△

입자감이 남지만, 씨앗 형태나 굵게 간 향신료만의 독특한 풍미를 이용하고 싶을 때 사용한다.

말린 분말

생 향신료를 간 것

◎

풍미를 고르게 입힐 수 있다. 양을 조절해 풍미를 섬세하게 조절할 수 있다.

말린 분말

생 향신료를 간 것

◎

도중에 건져 낼 수 있는 원형 형태에 비해 입자감이 남지만, 채소 절임처럼 짧은 시간에 향을 내고 싶을 때 적합하다.

# 향신료를 사용하는 방법과 형태 [가열]

향신료를 가열할 때는 가열 방식에 따라 적합한 형태와 그렇지 않은 형태가 있으며,
향이나 풍미를 내는 방식도 차이가 납니다.

**템퍼링 후 함께 가열한다**

**원형**

말린 원형

말리지 않은 원형

먹을 때는 건져 낸다. 향이 은은하게 밴다.

**씨앗·굵게 간 분말**

말린 씨앗

가열 과정을 거쳐서 씨앗도 먹기 쉬워진다. 견과류 같은 고소한 풍미가 난다.

말려서 굵게 간 분말

타기 쉬우므로 템퍼링을 매우 짧은 시간 안에 끝마쳐야 한다.

말린 잎

잘게 썬 생 향신료

매우 짧은 시간 안에 기름으로 조리한 다음, 향신료가 타지 않도록 곧바로 다른 재료를 넣는 것이 좋다.

**분말**

말린 분말

생 향신료를 간 것

타기 쉬우므로 템퍼링을 매우 짧은 시간 안에 끝마쳐야 한다.

가열

| 조리 중에 함께 가열한다 | 가열이 끝나 가는 단계에 넣는다 |

말린 원형

말리지 않은 원형

나중에 건져 낼 수 있어 형태는 남기지 않고 풍미만 배게 할 수 있다. 향을 은은하게 입힐 수 있다.

말린 원형

말리지 않은 원형

단시간에 향을 내기 어려워 적합하지 않다. 향을 아주 살짝만 첨가하고 싶을 때 사용한다.

부드러운 생잎 등은 어울린다.

말린 씨앗

분말보다 조리 시간이 긴 요리에 적합하다. 씹었을 때 향신료의 풍미가 강하게 느껴진다.

말려서 굵게 간 분말

국물이 까끌까끌해진다. 풍미에 강약이 생긴다.

말린 잎

부드러운 잎은 단시간 내에 조리할 수 있다. 딱딱한 잎은 장시간 끓이거나 건져 낸다.

잘게 썬 생 향신료

풋내가 남는다. 의도적으로 그러한 풍미를 살리고 싶을 때는 사용해도 된다.

말린 씨앗

단단해서 마무리 단계에 짧게 끓이는 것만으로는 향이 잘 나지 않는다.

말려서 굵게 간 분말

그 자리에서 바로 간 향신료는 향이 나지만, 입자감이 남고 내부의 향이 제대로 추출되지 않는다. 단단하거나 큰 향신료는 적합하지 않다.

말린 잎

잘게 썬 생 향신료

풋내가 남는다. 의도적으로 그러한 풍미를 살리고 싶을 때는 사용해도 된다.

말린 분말

입자 크기가 작아서 국물에 잘 섞인다. 풍미를 즉각적으로 낼 수 있다. 향이 날아가기 쉬우므로 마무리 단계에서 간을 본 후에 첨가한다.

생 향신료를 간 것

말린 분말

요리에 빠르게 섞여 풍미를 조절하기 쉽다.

생 향신료를 간 것

향신료의 생생한 풍미를 입히고 싶을 때 사용하면 좋다.

# 향신료를 사용하는 방법과 형태 [마무리]

마무리 단계에는 단시간에 향이나 풍미를 낼 수 있는 입자가 작은 향신료가 적합합니다.

**그대로 버무리거나 뿌린다**

**원형**

말린 원형 △

대부분 적합하지 않지만, 핑크 페퍼처럼 부드러운 향신료는 쓸 수 있다.

말리지 않은 원형 ○

그대로 먹을 수 있는 부드러운 잎이나 생후추 등이 어울리지만, 풍미가 강하므로 양을 잘 조절해야 한다.

**씨앗·굵게 간 분말**

말린 씨앗 △

단단해서 그대로 쓰기에는 적합하지 않다.

말려서 굵게 간 분말 ○

그 자리에서 바로 간 향신료의 풍미를 즐길 수 있다. 식재료가 지닌 풍미의 강도에 따라 양이나 입자 크기를 조절하는 것이 좋다.

말린 잎 △

부드러운 향신료는 손끝으로 문질러 가면서 넣으면 향이 더 살아난다. 단단한 향신료는 적합하지 않다.

잘게 썬 생 향신료 ○

잘게 다지지 않고 얇게 썰거나 채를 썰어도 좋다. 바질 같은 잎은 쉽게 변색하므로 그릇에 담기 직전에 썰어 넣는다.

**분말**

말린 분말 ○

생 향신료를 간 것

식감이 부드러워 식재료와 잘 섞인다. 혀끝에 풍미가 직접 닿으므로 양을 잘 조절해야 한다.

마무리

## 템퍼링을 한 후 버무리거나 뿌린다

말린 원형

말리지 않은 원형

향신료의 크기가 클 때는 템퍼링을 마친 후 향신료를 건져 내고 기름만 사용한다. 부드러운 풍미를 낸다.

말린 향신료보다 다루기 쉽다. 얇게 썬 향신료나 잎을 그대로 약불에 튀기듯이 템퍼링한 후 함께 토핑해도 된다.

말린 씨앗

말려서 굵게 간 분말

템퍼링을 거치면 견과류처럼 고소한 풍미가 나므로 향신료를 약불에 충분히 튀겨 그대로 사용하면 좋다.

말린 잎

잘게 썬 생 향신료

쉽게 타므로 매우 짧은 시간 내에 템퍼링한다. 요리 위에 향신료를 올리고 그 위에 뜨거운 기름을 붓는 방법도 있다.

말린 분말

생 향신료를 간 것

쉽게 타므로 매우 짧은 시간 내에 템퍼링한다. 요리 위에 향신료를 올리고 그 위에 뜨거운 기름을 붓는 방법도 있다.

## 드레싱이나 소스에 섞어 버무리거나 뿌린다

말린 원형

말리지 않은 원형

대부분 적합하지 않지만, 핑크 페퍼 같은 부드러운 향신료는 어울린다.

부드러운 향신료는 적합하다. 단단한 향신료는 드레싱이나 소스에 잠시 재워 두면 식감이 부드러워진다.

말린 씨앗

말려서 굵게 간 분말

수분을 섞으면 수분이 향신료에 침투해 부드러워져 먹기 좋은 식감이 된다. 크거나 단단한 향신료는 적합하지 않다.

말린 잎

잘게 썬 생 향신료

요리에 잘 섞인다. 풍미에 강약이 생긴다.

말린 분말

생 향신료를 간 것

풍미가 고르게 밴다. 풍미가 혀끝에 직접 전해지므로 양을 잘 조절한다.

# 요리에 쓰이는 향신료의 작용과 사용 방법

## 1 │ 요리의 구성 요소

맛있는 요리란 감칠맛, 짠맛, 단맛, 신맛, 쓴맛이 조화를 잘 이루는 요리를 말합니다. 요리에 따라 신맛이 강하거나 단맛이 강하거나 할 수 있지만, 그 맛이 '두드러져서 좋은 개성을 발휘하는지' 아니면 '너무 강해서 전체적인 맛의 조화를 무너뜨리는지' 잘 살펴볼 필요가 있습니다.

게다가 요리의 맛을 더 좋게 해 주는 또 다른 부가가치 요소도 있습니다. 바로 '향'과 '매운맛', '색감'입니다. 이 밖에도 식사 환경이나 식사할 때의 마음 상태 등도 맛에 영향을 끼치지만, 여기서는 요리와 관련된 이 3가지 요소를 설명하려고 합니다.

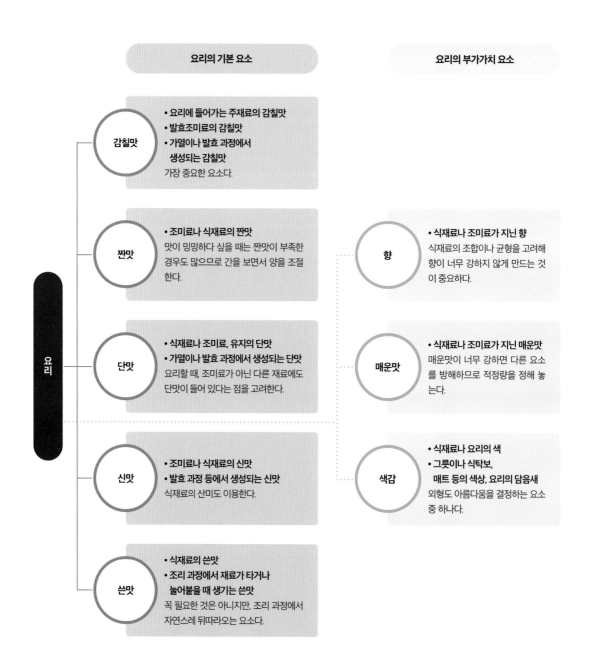

## 2 | 향신료의 작용

그렇다면 이러한 8가지 요소에 향신료가 어떻게 작용하는지 하단의 도표로 알아봅시다.
요리에서 '부족한 요소', '더하고 싶은 요소'를 향신료로 보충합니다. 하지만 그런 요소를 전부 보충할 필요는 없습니다.

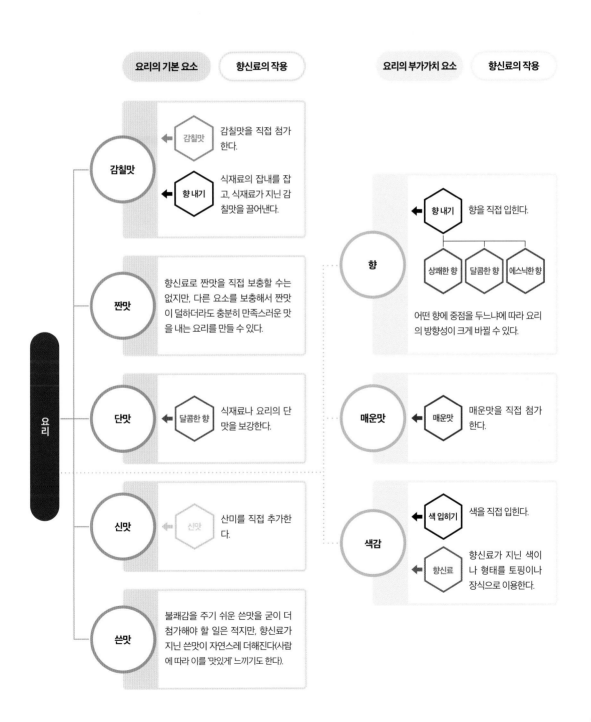

## 3 | 향신료를 고르는 방법

그렇다면 실제로 요리에 넣을 향신료를 골라 봅시다. 데미글라스 소스를 곁들인 기본적인 소고기 햄버그스테이크를 만든다고 했을 때, 향신료를 넣기 전에 이미 들어가 있는 재료를 예로 들어 생각해 봅시다.
여기에서 선택한 향신료는 어디까지나 일례일 뿐입니다. 여러 번 만들어 보면서 어느 정도 익숙해지면, 다른 조합을 시도해 보는 것도 좋습니다.

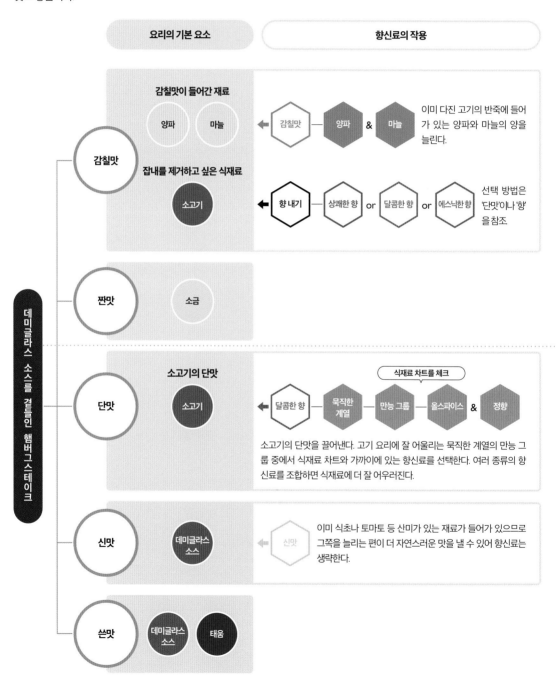

요리의 부가가치 요소                                    향신료의 작용

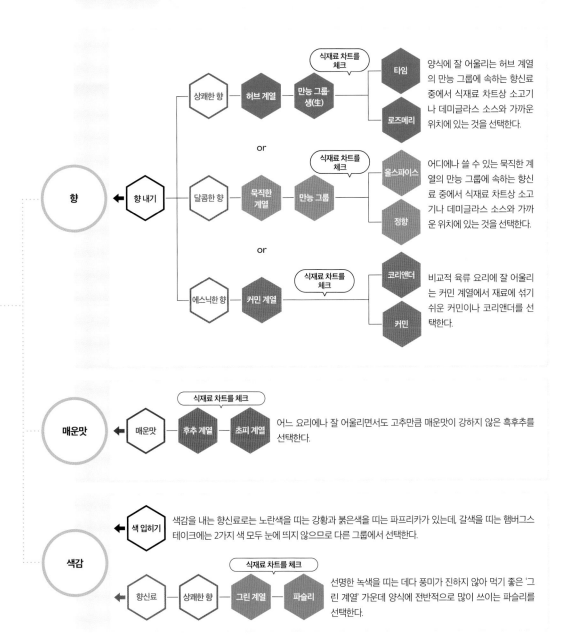

**향**

**향 내기**

상쾌한 향 ─ 허브 계열 ─ 만능 그룹·생(生) ─ [식재료 차트를 체크] ─ 타임 / 로즈메리

양식에 잘 어울리는 허브 계열의 만능 그룹에 속하는 향신료 중에서 식재료 차트상 소고기나 데미글라스 소스와 가까운 위치에 있는 것을 선택한다.

or

달콤한 향 ─ 묵직한 계열 ─ 만능 그룹 ─ [식재료 차트를 체크] ─ 올스파이스 / 정향

어디에나 쓸 수 있는 묵직한 계열의 만능 그룹에 속하는 향신료 중에서 식재료 차트상 소고기나 데미글라스 소스와 가까운 위치에 있는 것을 선택한다.

or

에스닉한 향 ─ 커민 계열 ─ [식재료 차트를 체크] ─ 코리앤더 / 커민

비교적 육류 요리에 잘 어울리는 커민 계열에서 재료에 섞기 쉬운 커민이나 코리앤더를 선택한다.

**매운맛**

매운맛 ─ 후추 계열 ─ [식재료 차트를 체크] ─ 초피 계열

어느 요리에나 잘 어울리면서도 고추만큼 매운맛이 강하지 않은 흑후추를 선택한다.

**색감**

색 입히기

색감을 내는 향신료로는 노란색을 띠는 강황과 붉은색을 띠는 파프리카가 있는데, 갈색을 띠는 햄버그스테이크에는 2가지 색 모두 눈에 띄지 않으므로 다른 그룹에서 선택한다.

향신료 ─ 상쾌한 향 ─ [식재료 차트를 체크] ─ 그린 계열 ─ 파슬리

선명한 녹색을 띠는 데다 풍미가 진하지 않아 먹기 좋은 '그린 계열' 가운데 양식에 전반적으로 많이 쓰이는 파슬리를 선택한다.

# 4 │ 향신료를 사용하는 타이밍

그렇다면 향신료를 사용하는 타이밍은 어떻게 정해야 할까요? 앞서 설명한 밑간·가열·마무리 공정으로 나누어 햄버그스테이크에 쓸 향신료를 대입해 봅시다. 평소에 당연하게 쓰는 향신료도 그 역할을 알고 나면 요리에 응용하기가 좀 더 쉬워집니다. 물론 지금 소개하는 내용은 어디까지나 일례일 뿐입니다. 식재료 차트와 향신료 매트릭스를 이용해서 여러분 나름대로 잘 어울릴 만한 조합을 찾아보세요. 다른 요리에도 이 방법을 응용할 수 있을 것입니다. 또 이때 선택할 향신료를 CHAPTER 3에 소개할 향신료의 지역적 특성을 고려해서 특정 지역에서 쓰이는 향신료로만 한정해(데미글라스 소스를 중식 탕수육 소스로 바꾸는 식) 그 지역의 음식과 비슷한 느낌을 내면, 평범한 요리도 다른 지역의 특성을 갖춘 요리로 변신시킬 수 있습니다.

\* 30~31쪽에서 고른 향신료가  양파  정향  올스파이스  흑후추  파슬리  5가지라고 합시다.

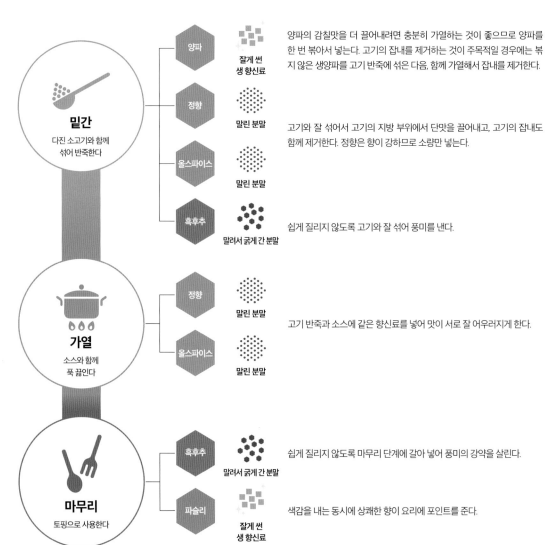

**밑간**
다진 소고기와 함께 섞어 반죽한다

**양파** — 잘게 썬 생 향신료 — 양파의 감칠맛을 더 끌어내려면 충분히 가열하는 것이 좋으므로 양파를 한 번 볶아서 넣는다. 고기의 잡내를 제거하는 것이 주목적일 경우에는 볶지 않은 생양파를 고기 반죽에 섞은 다음, 함께 가열해서 잡내를 제거한다.

**정향** — 말린 분말 — 고기와 잘 섞어서 고기의 지방 부위에서 단맛을 끌어내고, 고기의 잡내도 함께 제거한다. 정향은 향이 강하므로 소량만 넣는다.

**올스파이스** — 말린 분말

**흑후추** — 말려서 굵게 간 분말 — 쉽게 질리지 않도록 고기와 잘 섞어 풍미를 낸다.

**가열**
소스와 함께 푹 끓인다

**정향** — 말린 분말 — 고기 반죽과 소스에 같은 향신료를 넣어 맛이 서로 잘 어우러지게 한다.

**올스파이스** — 말린 분말

**마무리**
토핑으로 사용한다

**흑후추** — 말려서 굵게 간 분말 — 쉽게 질리지 않도록 마무리 단계에 갈아 넣어 풍미의 강약을 살린다.

**파슬리** — 잘게 썬 생 향신료 — 색감을 내는 동시에 상쾌한 향이 요리에 포인트를 준다.

*Column 03* │ **향신료에 관한 궁금증 해결**

향신료 관련 강좌나 수업을 진행할 때 자주 받는 질문을 소개합니다. 향신료를 어떻게 써야 할지 몰라 고민이 될 때 참고하시기 바랍니다. 다만, 사람마다 생활 방식이나 가치관이 다르기 때문에 최종적으로는 자신에게 가장 맞는 방법을 선택하는 것이 좋습니다.

*Q.* **향신료를 꼭 직접 갈거나 빻아야 하나요?**

*A.* **장단점을 잘 파악해 자신의 상황에 맞는 방법을 선택하세요.**

향신료는 '원형 제품을 사서 직접 갈거나 빻아 쓰는 것이 정석'이 아니냐는 말을 자주 듣습니다. 물론 향신료를 그 자리에서 바로 갈거나 빻아서 쓰면 확실히 향도 좋고 색감도 선명하지요. 하지만 곱게 가루를 내기가 힘든 데다 매번 일일이 빻거나 갈기 번거롭다는 단점도 있습니다. 시판용 분말 제품은 입자가 곱고 크기도 일정해서 고르게 풍미를 입히기 좋습니다. 갓 빻은 향신료보다 향이 순한 편인데, 이것이 오히려 요리나 혼합 향신료에 고급스러운 풍미를 낼 때도 있습니다. 그래서 그때그때 더 알맞은 방식을 택하는 것이 좋습니다. 각각의 특징을 잘 파악해 두었다가 자신의 요리나 스타일에 맞게 선택해 보세요.

*Q.* **향신료를 볶는 것이 좋나요?**

*A.* **볶았을 때 발생하는 단점도 잊지 마세요.**

향신료를 갈기 전에 볶거나 여러 분말 형태의 향신료를 조합해서 볶는 등 다양한 향신료 사용법이 알려져 있습니다. 향신료를 갈거나 빻기 전에 볶으면 향이 더 진해지거나 수분이 날아가 더 잘 빻아지는 효과가 있습니다. 또 여러 분말 향신료를 조합해 볶으면 오래 숙성시킨 듯한 풍미를 낼 수 있습니다. 하지만 '볶음=가열=산화'라는 점을 잊지 말아야 합니다. 향신료를 볶으면 향신료에 든 기름이 가열되어 빠르게 산화합니다. 또 가열하는 과정에서 날아가 버리는 향도 있습니다. 그러므로 향신료를 볶은 후 되도록 빨리 사용하고, 오래 보관해야 할 때는 볶지 않는 것이 좋습니다.

*Q.* **향신료에도 소비 기한이 있나요?**

*A.* **상태와 냄새를 잘 확인하세요.**

향신료를 개봉하고 나면 언제까지 쓸 수 있냐는 질문을 자주 받습니다. 오래 보관한 향신료는 '손끝으로 문질렀을 때 향이 나는지', '기름 전 내가 나는지', '변색했는지', '곰팡이가 피었는지' 등을 잘 살펴봐야 합니다. 변화가 나타났다면 아깝더라도 버리고 새 제품을 사시기 바랍니다.

*Q.* **보관 방법을 알려 주세요.**

*A.* **말린 향신료의 기본은 밀봉과 건조입니다.**

말린 향신료에 산소, 빛, 열, 수분이 닿으면 서서히 상하거나 곰팡이가 피게 됩니다. 그러므로 밀폐 용기에 담아 되도록 어둡고 서늘하고 건조한 곳에 보관하는 게 가장 좋습니다. 다만, 사용 빈도나 편이성 등도 고려해 알맞은 보관 방법을 선택하시기 바랍니다.

\* 개봉하지 않은 제품이나 사용 빈도가 적은 향신료를 장기 보관할 때는, 공기를 뺀 비닐봉지에 담아 잘 밀봉한 후에 냉장실이나 냉동실에 저장하는 것이 좋습니다. 하지만 사용 빈도가 높은 제품이라면 결로 현상으로 수분이 발생해 곰팡이의 원인이 될 수 있으므로 다른 방법을 선택하시기 바랍니다.

\* 자주 사용하는 제품은 부엌의 어둡고 서늘한 곳에 두는 것이 좋습니다. 사용하기 편한 병에 담아 보관하는 방법을 추천합니다. 밀폐력은 지퍼백이 더 좋지만, 사용하기 불편할 때가 있습니다.

*A.* **말리지 않은 생 향신료는 촉촉함을 유지하세요.**

생 향신료는 마르지 않게 촉촉한 상태로 보관합니다. 젖은 키친타월로 감싼 다음, 뭉개지지 않을 용기에 담아 냉장고의 채소 칸에 보관합니다. 향신료의 양이 많아 다 쓸 자신이 없을 때는 일부를 그늘에 말려 건조한 잎의 형태로 사용하세요.

**CHAPTER 2**

# 향신료 각론

'대분류', '계열', '그룹'의 특성을 살펴보고
각 향신료에 대해 자세히 알아봅시다.
향신료 차트를 이용해 그룹별 특징도 확인해 보세요.

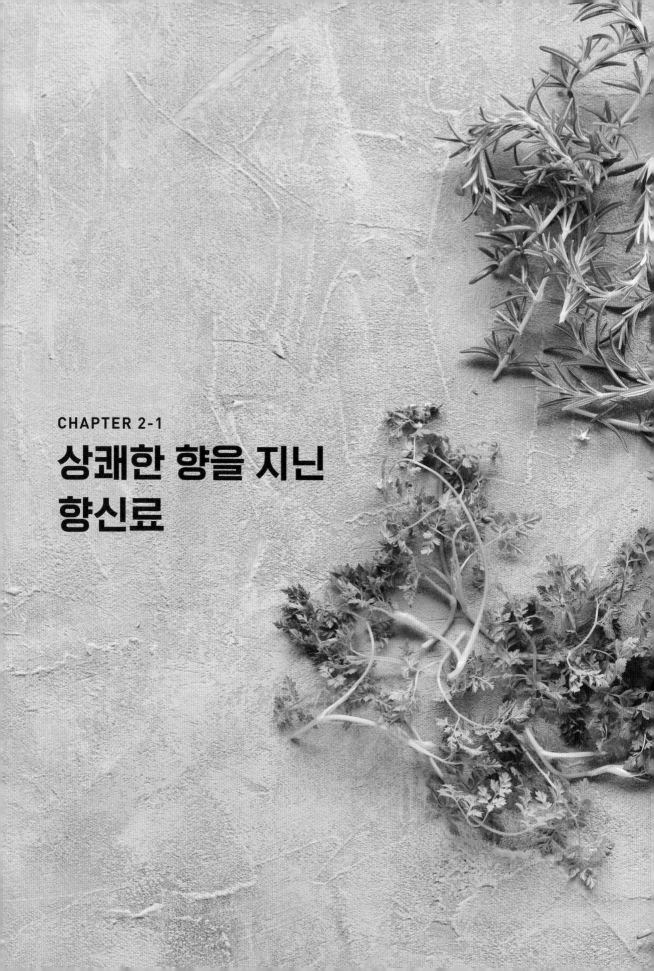

CHAPTER 2-1

# 상쾌한 향을 지닌
# 향신료

# 상쾌한 향을 지닌
# 향신료 매트릭스

● **잡내 제거** …… 상쾌한 향으로, 식재료나 요리의 잡내를 알아차리
지 못하게 한다(마스킹 효과).
● **요리의 맛을 끌어올린다** …… 상쾌한 향이 요리에 더해져 요리의
전체적인 맛을 끌어올리고, 쉽게 질리지 않게 한다.

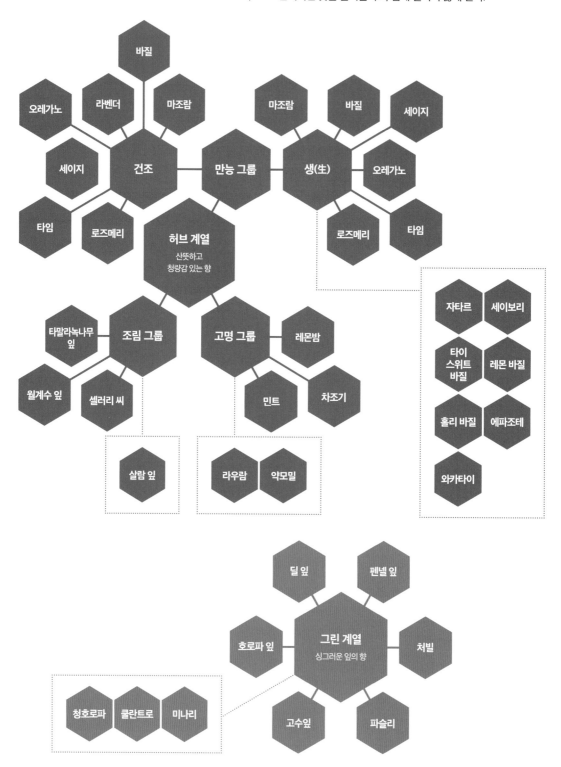

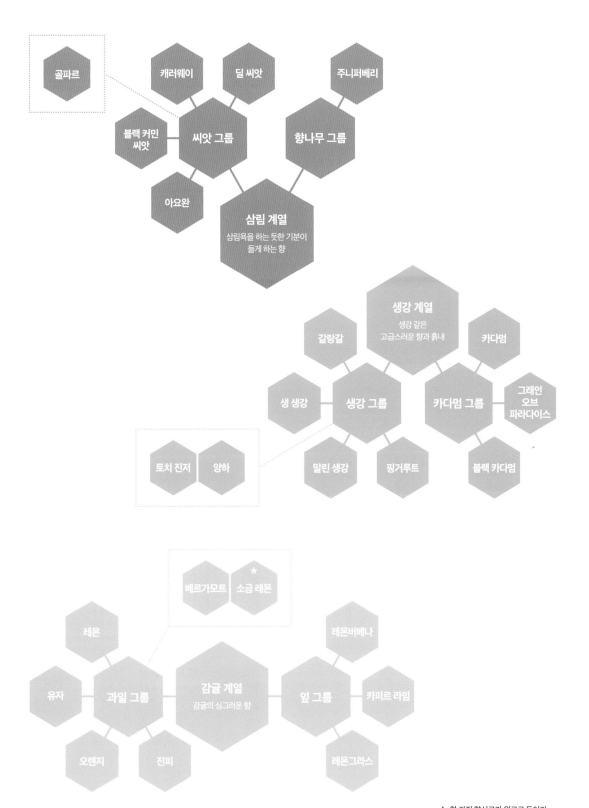

골파르

캐러웨이

딜 씨앗

주니퍼베리

블랙 커민
씨앗

씨앗 그룹

향나무 그룹

아요완

**삼림 계열**
삼림욕을 하는 듯한 기분이
들게 하는 향

**생강 계열**
생강 같은
고급스러운 향과 흉내

갈랑갈

카다멈

생 생강

생강 그룹

카다멈 그룹

그래인
오브
파라다이스

토치 진저

양하

말린 생강

핑거루트

블랙 카다멈

베르가모트

소금 레몬 ★

레몬

레몬버베나

유자

과일 그룹

**감귤 계열**
감귤의 싱그러운 향

잎 그룹

카피르 라임

오렌지

진피

레몬그라스

★: 한 가지 향신료가 원료로 들어가
마치 향신료처럼 쓰이는 향신료 가공품

039

# 허브 계열/만능 그룹/생 향신료 차트

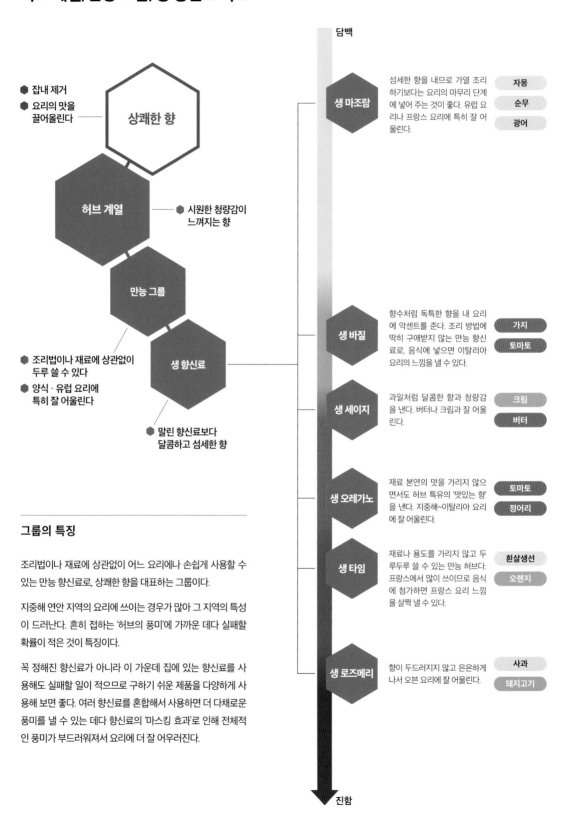

**상쾌한 향**
- 잡내 제거
- 요리의 맛을 끌어올린다

**허브 계열**
- 시원한 청량감이 느껴지는 향

**만능 그룹**

**생 향신료**
- 조리법이나 재료에 상관없이 두루 쓸 수 있다
- 양식·유럽 요리에 특히 잘 어울린다
- 말린 향신료보다 달콤하고 섬세한 향

담백

**생 마조람** — 섬세한 향을 내므로 가열 조리하기보다는 요리의 마무리 단계에 넣어 주는 것이 좋다. 유럽 요리나 프랑스 요리에 특히 잘 어울린다.　자몽 / 순무 / 광어

**생 바질** — 향수처럼 독특한 향을 내 요리에 악센트를 준다. 조리 방법에 딱히 구애받지 않는 만능 향신료로, 음식에 넣으면 이탈리아 요리의 느낌을 낼 수 있다.　가지 / 토마토

**생 세이지** — 과일처럼 달콤한 향과 청량감을 낸다. 버터나 크림과 잘 어울린다.　크림 / 버터

**생 오레가노** — 재료 본연의 맛을 가리지 않으면서도 허브 특유의 '맛있는 향'을 낸다. 지중해~이탈리아 요리에 잘 어울린다.　토마토 / 정어리

**생 타임** — 재료나 용도를 가리지 않고 두루두루 쓸 수 있는 만능 허브. 프랑스에서 많이 쓰이므로 음식에 첨가하면 프랑스 요리 느낌을 살짝 낼 수 있다.　흰살생선 / 오렌지

**생 로즈메리** — 향이 두드러지지 않고 은은하게 나서 오븐 요리에 잘 어울린다.　사과 / 돼지고기

진함

## 그룹의 특징

조리법이나 재료에 상관없이 어느 요리에나 손쉽게 사용할 수 있는 만능 향신료로, 상쾌한 향을 대표하는 그룹이다.

지중해 연안 지역의 요리에 쓰이는 경우가 많아 그 지역의 특성이 드러난다. 흔히 접하는 '허브의 풍미'에 가까운 데다 실패할 확률이 적은 것이 특징이다.

꼭 정해진 향신료가 아니라 이 가운데 집에 있는 향신료를 사용해도 실패할 일이 적으므로 구하기 쉬운 제품을 다양하게 사용해 보면 좋다. 여러 향신료를 혼합해서 사용하면 더 다채로운 풍미를 낼 수 있는 데다 향신료의 '마스킹 효과'로 인해 전체적인 풍미가 부드러워져서 요리에 더 잘 어우러진다.

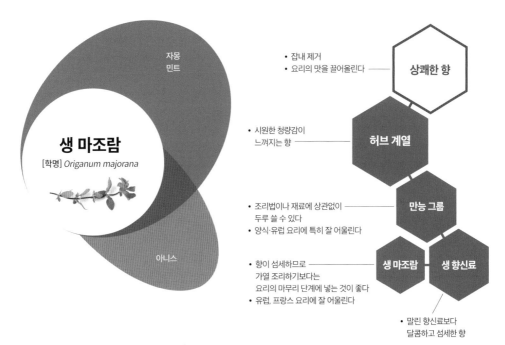

# 생 마조람

[학명] Origanum majorana

자몽
민트

아니스

- 잡내 제거
- 요리의 맛을 끌어올린다 — **상쾌한 향**

- 시원한 청량감이
  느껴지는 향 — **허브 계열**

- 조리법이나 재료에 상관없이
  두루 쓸 수 있다
- 양식·유럽 요리에 특히 잘 어울린다 — **만능 그룹**

- 향이 섬세하므로
  가열 조리하기보다는
  요리의 마무리 단계에 넣는 것이 좋다 — **생 마조람**  **생 향신료**
- 유럽, 프랑스 요리에 잘 어울린다

- 말린 향신료보다
  달콤하고 섬세한 향

**말리지 않은 원형**
잎이 부드러워서 생으로 먹기 좋다.
섬세한 풍미를 내는 향신료이므로
어느 정도 넉넉히 넣어도 된다.

**잘게 썬 생 향신료**
쉽게 변색하므로 사용하기 직전에
써는 것이 좋다.

## 잘 어울리는 재료와 조리 방법, 조리의 예

완두콩  아스파라거스  광어  달걀  자몽  사과  순무  콜리플라워

**밑간**

- 사과와 한치 마리네이드
  (마리네이드 용액에 가지째 재운다)
- 광어 프리토(튀김)
  (잎에 튀김옷을 입힌다)

**가열**

- 완두콩 크림 파스타
  (가열을 끝마치는 단계에서 잎을 넣는다)

＼ 추천 ／

**마무리**

- 광어 카르파초
  (토핑으로 사용한다)
- 자몽의 벌꿀 마리네이드
  (버무린다)
- 순무 샐러드
  (드레싱에 섞는다)

## 세계 각지에서 쓰이는 법

지중해 연안
서아시아

**프랑스 남부: 티앙**
단독으로 쓰기보다는 같은 그룹에 속
하는 다른 허브와 혼합해 사용하는 경
우가 많다.

**이탈리아: 허브 라비올리**
같은 그룹에 속하는 다른 허브와 함께
다져서 파스타 소스에 넣기도 한다.

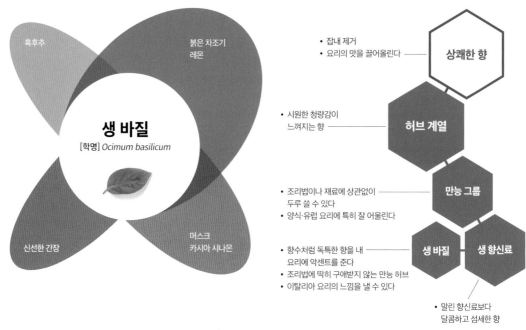

생 바질
[학명] Ocimum basilicum

흑후추

붉은 차조기
레몬

신선한 간장

머스크
카시아 시나몬

• 잡내 제거
• 요리의 맛을 끌어올린다 ——— 상쾌한 향

• 시원한 청량감이
  느껴지는 향 ——— 허브 계열

• 조리법이나 재료에 상관없이
  두루 쓸 수 있다
• 양식·유럽 요리에 특히 잘 어울린다 ——— 만능 그룹

• 향수처럼 독특한 향을 내
  요리에 악센트를 준다
• 조리법에 딱히 구애받지 않는 만능 허브
• 이탈리아 요리의 느낌을 낼 수 있다 ——— 생 바질 / 생 향신료

• 말린 향신료보다
  달콤하고 섬세한 향

**말리지 않은 원형**
생으로 먹기 좋다. 가열해도 독특한
풍미가 살아 있다. 열이나 산을 가하
면 쉽게 변색한다. 줄기는 제거한다.

**잘게 썬 생 향신료**
쉽게 변색하므로 사용하기 직전에
써는 것이 좋다.

## 잘 어울리는 재료와 조리 방법, 조리의 예

주키니 호박  닭고기  모차렐라 치즈  **가지**  **토마토**  **미소 된장**

\추천/
**밑간**

생가지 바질 절임
(함께 소금에 절인다)

닭고기 허브구이
(밑간할 때 뿌린다)

\추천/
**가열**

달콤한 미소 된장을 넣은 가지 바질 볶음
(변색되지 않도록 가열 마지막 단계에 넣는다)

바질과 치즈를 넣은 돼지고기 말이 튀김
(돼지고기 안에 말아 넣어 함께 튀긴다)

닭고기 토마토 조림
(함께 넣어 조린다)

\추천/
**마무리**

가다랑어 카르파초
(얇게 썬 가다랑어 사이에 토핑한다)

감자 제노베제 소스 무침
(페이스트 상태로 소스에 섞는다)

## 세계 각지에서 쓰이는 법

**이탈리아**
마늘이나 토마토와 함께 사용할 때가 많다. 카프레제
샐러드나 리구리아 지역의 전통 바질 페스토인 제노
바 페스토는 세계적으로 유명하다.

동남아시아

**대만: 산베이지(삼배계)**
닭고기 바질 볶음으로, 일명 지우청타
(구층탑)라 불리는 타이 스위트 바질
을 사용한다.

**태국·라오스**
다른 허브류와 함께 버무리거나 볶거나 조려
서 사용한다. 홀리 바질, 레몬 바질 등 일반 바
질과 다른 품종도 있다.

**태국: 가파오**
홀리 바질을 닭고기와 함께 볶은 것으
로, 밥에 곁들여 먹는다.

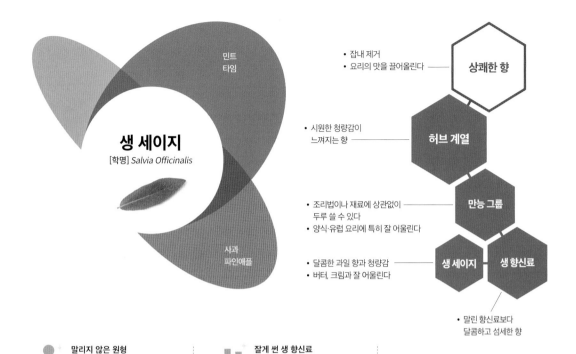

민트
타임

# 생 세이지

[학명] *Salvia Officinalis*

사과
파인애플

- 잡내 제거
- 요리의 맛을 끌어올린다 — **상쾌한 향**

- 시원한 청량감이 느껴지는 향 — **허브 계열**

- 조리법이나 재료에 상관없이 두루 쓸 수 있다
- 양식·유럽 요리에 특히 잘 어울린다 — **만능 그룹**

- 달콤한 과일 향과 청량감
- 버터, 크림과 잘 어울린다 — **생 세이지** **생 향신료**

- 말린 향신료보다 달콤하고 섬세한 향

**말리지 않은 원형**
잎 부분을 사용한다. 단단한 편이라 토핑용으로는 적합하지 않다.

**잘게 썬 생 향신료**
색이 변하기 쉬우므로 사용하기 직전에 써는 것이 좋다.

## 잘 어울리는 재료와 조리 방법, 조리의 예

파인애플　흰강낭콩　돼지고기　크림　버터　**미소 된장**

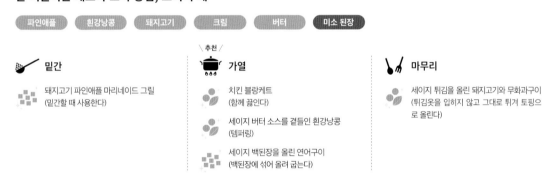

**밑간**

돼지고기 파인애플 마리네이드 그릴
(밑간할 때 사용한다)

추천

**가열**

치킨 블랑케트
(함께 끓인다)

세이지 버터 소스를 곁들인 흰강낭콩
(템퍼링)

세이지 백된장을 올린 연어구이
(백된장에 섞어 올려 굽는다)

**마무리**

세이지 튀김을 올린 돼지고기와 무화과구이
(튀김옷을 입히지 않고 그대로 튀겨 토핑으로 올린다)

## 세계 각지에서 쓰이는 법

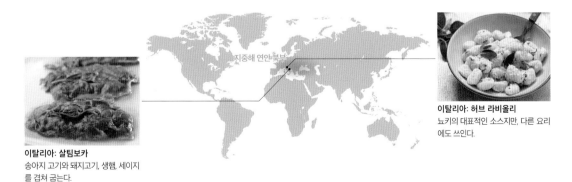

지중해 연안·북부

**이탈리아: 살팀보카**
송아지 고기와 돼지고기, 생햄, 세이지를 겹쳐 굽는다.

**이탈리아: 허브 라비올리**
뇨키의 대표적인 소스지만, 다른 요리에도 쓰인다.

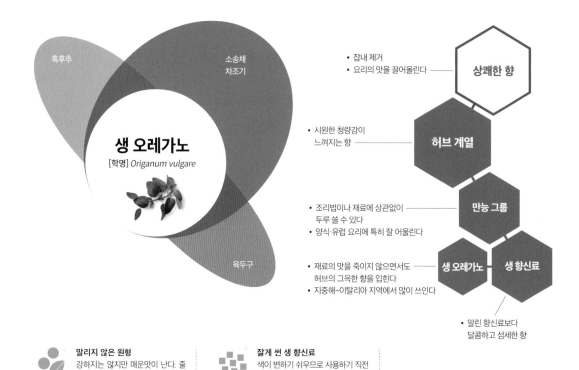

생 오레가노

[학명] *Origanum vulgare*

흑후추

소송채
차조기

육두구

- 잡내 제거
- 요리의 맛을 끌어올린다 —— **상쾌한 향**

- 시원한 청량감이
  느껴지는 향 —— **허브 계열**

- 조리법이나 재료에 상관없이
  두루 쓸 수 있다
- 양식·유럽 요리에 특히 잘 어울린다 —— **만능 그룹**

- 재료의 맛을 죽이지 않으면서도
  허브의 그윽한 향을 입힌다
- 지중해~이탈리아 지역에서 많이 쓰인다 —— **생 오레가노** **생 향신료**

- 말린 향신료보다
  달콤하고 섬세한 향

**말리지 않은 원형**
강하지는 않지만 매운맛이 난다. 줄기는 대체로 단단한 편이므로 제거한다.

**잘게 썬 생 향신료**
색이 변하기 쉬우므로 사용하기 직전에 쓰는 것이 좋다. 개성이 강하지 않아 다른 향신료의 완충재로도 쓰인다.

## 잘 어울리는 재료와 조리 방법, 조리의 예

단호박   간장   토마토   정어리   양고기   우엉

\추천/
**밑간**

토마토 피클
(피클 용액에 줄기째 재운다)

우엉 튀김(튀김옷에 잎을 섞는다. 우엉과 함께 튀김의 재료가 될 정도로 넉넉히 넣는다)

\추천/
**가열**

카포나타
(줄기째 끓인다)

정어리 토마토 조림
(줄기째 끓인다)

**마무리**

양고기구이
(토핑으로 뿌린다)

다양한 허브를 넣은 드레싱
(타임이나 세이지와 함께 완충재로 사용한다)

## 세계 각지에서 쓰이는 법

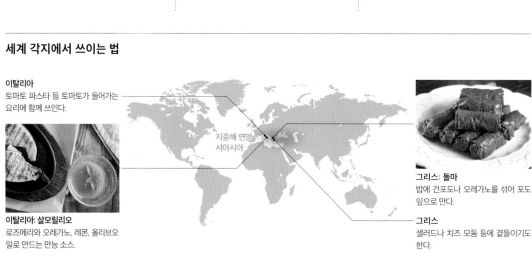

**이탈리아**
토마토 파스타 등 토마토가 들어가는
요리에 함께 쓰인다.

지중해 연안
서아시아

**이탈리아: 살모릴리오**
로즈메리와 오레가노, 레몬, 올리브오일로 만드는 만능 소스.

**그리스: 돌마**
밥에 건포도나 오레가노를 섞어 포도
잎으로 만다.

**그리스**
샐러드나 치즈 모둠 등에 곁들이기도
한다.

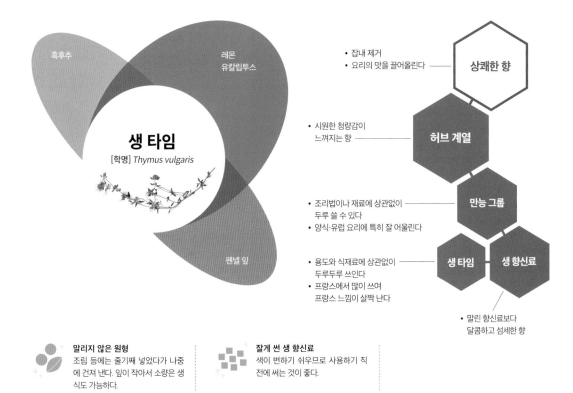

흑후추

레몬 유칼립투스

펜넬 잎

# 생 타임

[학명] *Thymus vulgaris*

- 잡내 제거
- 요리의 맛을 끌어올린다 ── **상쾌한 향**

- 시원한 청량감이 느껴지는 향 ── **허브 계열**

- 조리법이나 재료에 상관없이 두루 쓸 수 있다
- 양식·유럽 요리에 특히 잘 어울린다 ── **만능 그룹**

- 용도와 식재료에 상관없이 두루두루 쓰인다
- 프랑스에서 많이 쓰여 프랑스 느낌이 살짝 난다 ── **생 타임**  **생 향신료**

- 말린 향신료보다 달콤하고 섬세한 향

**말리지 않은 원형**
조림 등에는 줄기째 넣었다가 나중에 건져 낸다. 잎이 작아서 소량은 생식도 가능하다.

**잘게 썬 생 향신료**
색이 변하기 쉬우므로 사용하기 직전에 쓰는 것이 좋다.

## 잘 어울리는 재료와 조리 방법, 조리의 예

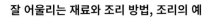

흰살생선  오렌지  렌틸콩  연어  돼지고기  올리브  블랙커런트  홍합  오리고기

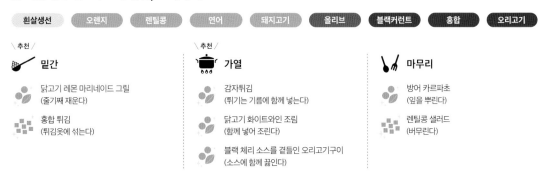

\ 추천 /
**밑간**

닭고기 레몬 마리네이드 그릴
(줄기째 재운다)

홍합 튀김
(튀김옷에 섞는다)

\ 추천 /
**가열**

감자튀김
(튀기는 기름에 함께 넣는다)

닭고기 화이트와인 조림
(함께 넣어 조린다)

블랙 체리 소스를 곁들인 오리고기구이
(소스에 함께 끓인다)

**마무리**

방어 카르파초
(잎을 뿌린다)

렌틸콩 샐러드
(버무린다)

## 세계 각지에서 쓰이는 법

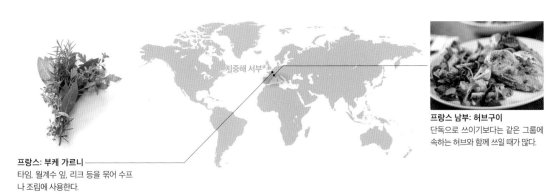

지중해 서부

**프랑스: 부케 가르니**
타임, 월계수 잎, 리크 등을 묶어 수프나 조림에 사용한다.

**프랑스 남부: 허브구이**
단독으로 쓰이기보다는 같은 그룹에 속하는 허브와 함께 쓰일 때가 많다.

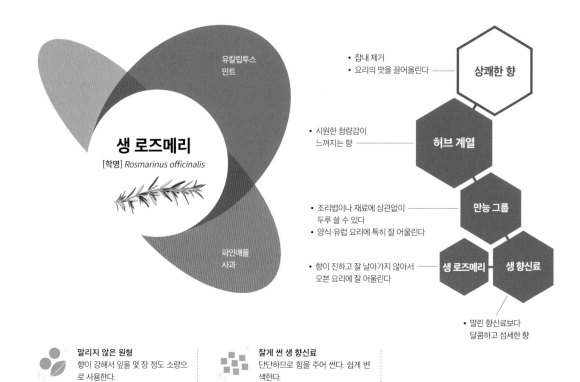

유칼립투스 민트

# 생 로즈메리

[학명] *Rosmarinus officinalis*

파인애플 사과

- 잡내 제거
- 요리의 맛을 끌어올린다 — **상쾌한 향**

- 시원한 청량감이 느껴지는 향 — **허브 계열**

- 조리법이나 재료에 상관없이 두루 쓸 수 있다
- 양식·유럽 요리에 특히 잘 어울린다 — **만능 그룹**

- 향이 진하고 잘 날아가지 않아서 오븐 요리에 잘 어울린다 — **생 로즈메리** **생 향신료**

- 말린 향신료보다 달콤하고 섬세한 향

**말리지 않은 원형**
향이 강해서 잎을 몇 장 정도 소량으로 사용한다.

**잘게 썬 생 향신료**
단단하므로 힘을 주어 썬다. 쉽게 변색한다.

## 잘 어울리는 재료와 조리 방법, 조리의 예

사과 | 흰강낭콩 | 고구마 | 감자 | 돼지고기 | 양고기 | 간

＼추천／
**밑간**

과일 펀치
(용액에 잎을 넣는다)

양고기구이
(밑간할 때)

＼추천／
**가열**

오징어와 오렌지구이
(줄기째 오븐에 함께 넣는다)

팟 로스트
(냄비에 줄기째 넣는다)

포데이토 피자
(피자 반죽에 뿌려서 굽는다)

**마무리**

로스트 포크 샐러드의 로즈메리 드레싱
(드레싱에 섞는다)

## 세계 각지에서 쓰이는 법

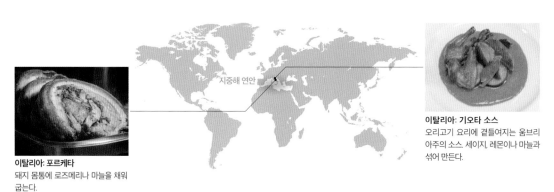

지중해 연안

**이탈리아: 기오타 소스**
오리고기 요리에 곁들여지는 움브리아주의 소스 세이지, 레몬이나 마늘과 섞어 만든다.

**이탈리아: 포르케타**
돼지 몸통에 로즈메리나 마늘을 채워 굽는다.

## 누에콩, 마조람, 펜넬을 넣은
## 일본 백된장 무침

마조람이나 펜넬은 봄에 잘 자라므로 은은한 풍미를 내는 봄철
식자재와 잘 어울린다. 향이 은은해서 누에콩 본연의 맛과 향을
가리지 않으면서도 콩의 풋내를 잡아 준다.

 **재료(2~3인분)**
두부 … 2분의 1모
일본 백된장 … 1큰술
누에콩 … 10개
소금 … 한 꼬집
● 생 마조람 … 5~6줄기
● 펜넬 잎 … 2장

 **만드는 법**
❶ 하룻밤 동안 물기를 뺀 두부를 절구에 넣고 페이스트 상태
  가 될 때까지 으깬 다음, 일본 백된장을 섞는다.
❷ 누에콩은 깍지와 얇은 속껍질을 벗기고, 선명한 녹색을 띨
  때까지 삶은 다음 소금을 뿌린다. 마조람과 펜넬은 딱딱한
  줄기를 잘라 낸 후 굵게 다진다. 마조람 잎 몇 장은 토핑용
  으로 남겨 둔다.
❸ ①과 ②를 버무린 다음, 마조람 잎을 뿌린다.

---

 말리지 않은 생 허브는 개체별 풍미의 차이가 크므로
반드시 미리 맛을 본 후에 적절히 양을 조절해야 한다.
완성된 요리에 마조람을 토핑으로 뿌리면 더 멋스럽다.

## 가지 바질 미소 된장 볶음

바질에 미소 된장을 섞으면 아시아 요리의 느낌을 낼 수 있다.
대만에서 지우청탑(구층탑)라 불리는 타이 스위트 바질이 있다
면 꼭 한번 넣어 보자.

 **재료(2~3인분)**
◉ 생강 … 1조각
가지 … 2개
┌ 설탕 … 1큰술
│ 일본 적된장 … 2작은술
A┤
│ 간장 … 2작은술
└ 미림 … 2작은술
기름 … 3큰술
● 생 바질 … 10장 정도
참기름 … 1작은술

**만드는 법**
❶ 생강은 껍질을 벗긴 다음, 결을 따라 얇게 채 썬다. 가지는
  1cm 두께로 둥글게 썰어 물에 담근다. A는 잘 섞어 둔다.
❷ 프라이팬에 기름을 둘러 강불에 올린다. 기름이 달구어지
  면 물기를 뺀 가지를 가지런히 올려 노릇노릇하게 굽는다.
  다 구워지면 뒤집어서 반대쪽도 노릇노릇하게 굽는다.
❸ 가지가 다 익으면 생강과 가로세로 3cm 크기로 뜯은 바
  질, A를 넣고 수분을 날리듯이 가볍게 볶은 다음, 참기름
  을 넣고 잘 섞는다.

---

 바질은 칼로 썰거나 손으로 뜯으면 쉽게 변색하므로 사
용하기 직전에 넣는 것이 좋다. 바질 잎을 손으로 뜯으
면 향이 더 많이 나므로 가열을 끝마치는 단계에서 넣
어 살짝 익히면 선명한 녹색을 그대로 유지할 수 있다.

## 세이지 튀김을 올린
## 닭고기 주니퍼베리 레몬구이

담백한 닭고기에 숲의 향기를 연상시키는 주니퍼베리와 세이지를 첨가해 마치 수렵육과 같은 풍미를 냈다. 여기에 레몬의 산뜻한 향까지 더해 요리의 전체적인 풍미가 균형 잡히게 했다.

###  재료(3~4인분)

닭다리살 … 2장
● 주니퍼베리 … 10알
● 굵게 간 흑후추 … 4분의 1작은술
소금 … 1작은술
○ 레몬 … 2분의 1개
● 세이지 생잎 … 20장
튀김용 기름 … 적당량
올리브유 … 1큰술

###  만드는 법

❶ 닭고기는 힘줄을 제거한 후, 1장을 10등분 한다.
❷ 주니퍼베리를 잘게 다진 후, 흑후추와 소금에 버무려 ❶에 뿌린다. 여기에 레몬즙을 짜서 넣고, 레몬 껍질을 갈아 잘 버무린 다음 그대로 30분~하룻밤 동안 둔다.
❸ 세이지 잎은 타지 않도록 저온에서 튀김옷을 입히지 않고 그대로 튀긴다.
❹ 프라이팬에 올리브유를 두르고 강불에 올린다. 기름이 충분히 달궈지면 ❷를 껍질 쪽이 아래로 가게 프라이팬에 가지런히 올린 다음, 노릇노릇하게 굽는다. 잘 구워지면 뒤집어서 반대쪽도 잘 익힌 다음 접시에 담고, 그 위에 ❸을 올린다.

그대로 사용하면 향이 진한 세이지도 한 번 튀기면 강한 풍미가 빠져서 좀 더 먹기 쉬워지므로 듬뿍 올려도 된다.

## 오레가노와 민트 소스를 얹은 냉햄

민트의 강한 향을 누그러뜨리기 위한 완충재로 향이 비교적 부드럽고 같은 차조기과 식물인 오레가노를 사용했다. 이 소스를 곁들이면 돼지고기를 깔끔하게 즐길 수 있다.

###  재료(만들기 쉬운 분량)

A
┌ ● 카트르 에피스 … 한 꼬집
│ 소금 … 1큰술
│ 설탕 … 1작은술
└ 화이트와인 … 1큰술
돼지 어깨살 … 400g
B
┌ ● 오레가노 생잎 … 7g
│ ● 스피어민트 생잎 … 13g
│ ● 백후추 … 10알
│ 소금 … 2분의 1작은술
│ 미림 … 1큰술
└ 화이트와인 … 1큰술

###  만드는 법

❶ 비닐봉지에 A와 물 300ml를 넣은 다음, 소금과 설탕이 녹으면 돼지고기를 넣는다. 비닐봉지에 든 공기를 빼 잘 밀봉한 다음, 그대로 냉장실에 하룻밤 동안 둔 후 66℃의 저온에서 약 1시간 동안 가열한다(고기 두께에 맞추어 조리 시간을 조절한다).
❷ B의 재료를 믹서에 넣고 갈아서 소스를 만든다. ❶의 잔열이 모두 식으면 돼지고기를 썰어 소스와 함께 그릇에 담는다.

잎을 그대로 냉햄 위에 뿌리기만 해도 되지만, 소스로 만들면 풍미를 쉽게 상상할 수 없어 먹는 순간 놀라는 재미가 있다. 소스는 쉽게 변색하므로 만들자마자 바로 먹도록 한다. 카트르 에피스가 없을 때는 육두구와 백후추를 대신 사용해도 된다.

## 타임의 풍미를 더한 새우 신조

타임은 풍미가 비교적 강한 편이지만, 소량만 사용하면 깔끔한 풍미를 내 어패류나 닭고기의 잡내를 잡는다. 이 레시피에서는 토핑에 타임을 한 번 더 사용해 가열 과정에서 날아가 버린 향을 보충했다. 신조는 으깬 어육에 간 마와 달걀흰자를 섞어 완자 형태로 뭉친 것을 말한다.

###  재료(3~4인분)

흰다리새우 … 200g
 양파 … 8분의 1개와 2분의 1개
 생 타임 … 4~5줄기

┌ 달걀흰자 … 1개 분량　　얼레짓가루 … 1작은술
A 소금 … 4분의 1작은술　　화이트와인 … 2작은술
└ 설탕 … 1작은술

닭가슴살 … 1개
소금 … 3분의 1작은술
화이트와인 … 2큰술

###  만드는 법

❶ 새우는 껍질과 내장을 제거한다. 타임은 닭 육수에 들어갈 1줄기를 덜어 놓고, 나머지는 토핑으로 쓸 위쪽 끝부분만 따로 잘라 놓은 다음, 다른 부분은 줄기에서 잎을 떼어 낸다. 닭가슴살은 4~5장으로 얇게 저민다.

❷ 새우, 양파 8분의 1개, 타임 잎, A를 푸드 프로세서에 넣고 부드럽게 갈아 볼 같은 곳에 담아 놓는다.

❸ 냄비에 물 500ml와 닭가슴살, 소금, 화이트와인을 넣고 중불에 올린다. 물이 끓기 시작하면 거품을 걷어 내고, 타임 1줄기, 양파 2분의 1개를 넣은 다음, 뚜껑을 덮어 중약불에서 20분간 끓여 체에 거른다.

❹ ❸을 냄비에 다시 붓고 중불에서 펄펄 끓인다. ❷를 숟가락으로 떠서 모양을 잡아 가며 냄비에 떨어뜨려 신조를 만든다. 신조가 다 익으면 그릇에 담고, 토핑용으로 남겨 두었던 타임을 올린다.

신조 반죽에 타임을 섞어 함께 갈아 반죽에 향이 더 잘 스며들고 잡내를 잡는 효과까지 있다. 닭 육수를 끓일 때 타임을 줄기째 넣으면 나중에 건지기 쉽다. 타임의 꽃을 토핑으로도 쓸 수 있다.

## 로즈메리 드레싱을 곁들인
## 돼지고기 후추구이 샐러드

흑후추의 알싸한 풍미에 로즈메리의 청량한 향이 더해져 돼지고기의 누린내를 잡는 동시에 단조로운 샐러드의 풍미를 한층 더 끌어올렸다.

###  재료(3~4인분)

돼지 삼겹살 … 200g
소금 … 4분의 1작은술과 2분의 1작은술
 굵게 간 흑후추 … 2분의 1작은술
샐러드용 잎상추 … 1포기
 로즈메리 생잎 … 1g
 홀그레인 머스터드 … 2분의 1작은술
설탕 … 2작은술
식초 … 1큰술
올리브유 … 2큰술과 1큰술

###  만드는 법

❶ 삼겹살은 가로세로 2cm 크기로 썬 다음, 소금 4분의 1작은술과 흑후추를 뿌려 둔다. 샐러드용 잎상추는 먹기 좋은 크기로 찢어 찬물에 충분히 담가 놓는다.

❷ 절구에 로즈메리 잎과 소금 2분의 1작은술을 넣고, 로즈메리 잎이 잘게 찢어질 때까지 빻는다. 다 빻고 나면 홀그레인 머스터드를 첨가해 페이스트 상태를 만든다. 여기에 설탕과 식초를 첨가하고, 설탕과 소금이 다 녹을 때까지 잘 젓는다. 그런 다음 올리브유 2큰술을 조금씩 부어 가며 계속 저어 유화시킨다.

❸ 샐러드용 잎상추는 물기를 털어 낸 다음, 접시에 담는다.

❹ 프라이팬에 올리브유 1큰술을 두르고 강불에 올린다. 기름이 충분히 달궈지면 삼겹살을 넣고 노릇노릇하게 굽는다. 고기가 다 익으면 구울 때 생긴 기름까지 모두 ❸에 붓고, ❷를 뿌린다.

로즈메리는 향이 강하지만, 드레싱에 소량만 사용하면 로즈메리 특유의 상쾌한 향을 잘 살릴 수 있다. 이 드레싱은 고기가 들어가는 푸짐한 샐러드에 어울린다. 로즈메리 잎이 단단할 때는 미리 잘게 다져서 절구에 넣으면 잘 빻아진다.

# 허브 계열/만능 그룹/말린 향신료 차트

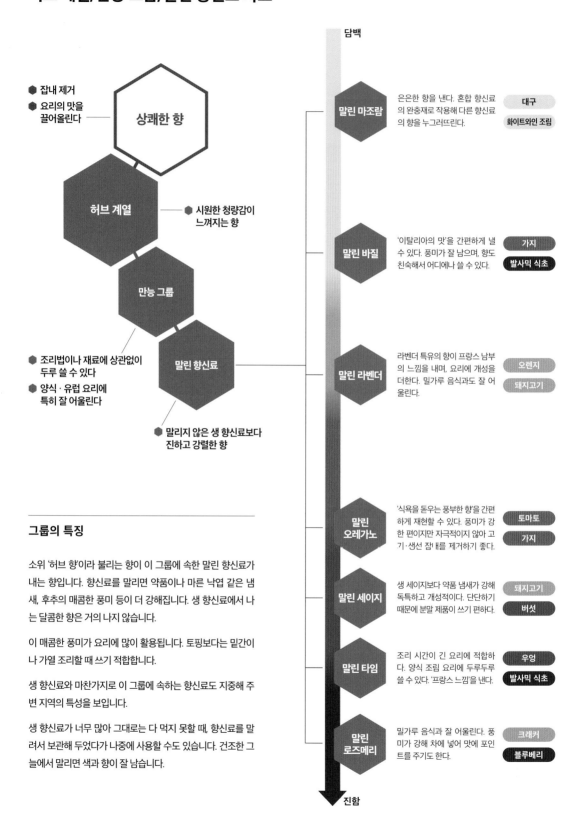

- 잡내 제거
- 요리의 맛을 끌어올린다

**상쾌한 향**

**허브 계열** — 시원한 청량감이 느껴지는 향

**만능 그룹**

- 조리법이나 재료에 상관없이 두루 쓸 수 있다
- 양식·유럽 요리에 특히 잘 어울린다

**말린 향신료**

- 말리지 않은 생 향신료보다 진하고 강렬한 향

담백

**말린 마조람** 은은한 향을 낸다. 혼합 향신료의 완충재로 작용해 다른 향신료의 향을 누그러뜨린다. 대구 / 화이트와인 조림

**말린 바질** '이탈리아의 맛'을 간편하게 낼 수 있다. 풍미가 잘 남으며, 향도 친숙해서 어디에나 쓸 수 있다. 가지 / 발사믹 식초

**말린 라벤더** 라벤더 특유의 향이 프랑스 남부의 느낌을 내며, 요리에 개성을 더한다. 밀가루 음식과도 잘 어울린다. 오렌지 / 돼지고기

**말린 오레가노** '식욕을 돋우는 풍부한 향'을 간편하게 재현할 수 있다. 풍미가 강한 편이지만 자극적이지 않고 고기·생선 잡냄새를 제거하기 좋다. 토마토 / 가지

**말린 세이지** 생 세이지보다 약품 냄새가 강해 독특하고 개성적이다. 단단하기 때문에 분말 제품이 쓰기 편하다. 돼지고기 / 버섯

**말린 타임** 조리 시간이 긴 요리에 적합하다. 양식 조림 요리에 두루두루 쓸 수 있다. '프랑스 느낌'을 낸다. 우엉 / 발사믹 식초

**말린 로즈메리** 밀가루 음식과 잘 어울린다. 풍미가 강해 차에 넣어 맛에 포인트를 주기도 한다. 크래커 / 블루베리

진함

## 그룹의 특징

소위 '허브 향'이라 불리는 향이 이 그룹에 속한 말린 향신료가 내는 향입니다. 향신료를 말리면 약품이나 마른 낙엽 같은 냄새, 후추의 매콤한 풍미 등이 더 강해집니다. 생 향신료에서 나는 달콤한 향은 거의 나지 않습니다.

이 매콤한 풍미가 요리에 많이 활용됩니다. 토핑보다는 밑간이나 가열 조리할 때 쓰기 적합합니다.

생 향신료와 마찬가지로 이 그룹에 속하는 향신료도 지중해 주변 지역의 특성을 보입니다.

생 향신료가 너무 많아 그대로는 다 먹지 못할 때, 향신료를 말려서 보관해 두었다가 나중에 사용할 수도 있습니다. 건조한 그늘에서 말리면 색과 향이 잘 남습니다.

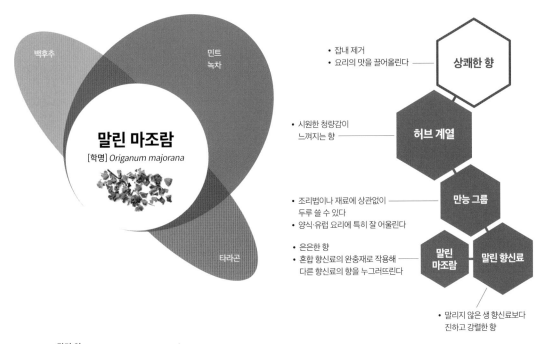

# 말린 마조람

[학명] *Origanum majorana*

백후추

민트
녹차

타라곤

- 잡내 제거
- 요리의 맛을 끌어올린다 —— **상쾌한 향**

- 시원한 청량감이
  느껴지는 향 —— **허브 계열**

- 조리법이나 재료에 상관없이
  두루 쓸 수 있다
- 양식·유럽 요리에 특히 잘 어울린다 —— **만능 그룹**

- 은은한 향
- 혼합 향신료의 완충재로 작용해 —— **말린 마조람** · **말린 향신료**
  다른 향신료의 향을 누그러뜨린다

- 말리지 않은 생 향신료보다
  진하고 강렬한 향

**말린 잎**
섬세한 향을 내므로 단독으로 쓰이기
보다는 다른 향신료의 완충재로 쓰인
다. 손끝으로 문지르면 향이 난다.

## 잘 어울리는 재료와 조리 방법, 조리의 예

대구   화이트와인 조림   순무   콜리플라워   닭가슴살

**밑간**

대구 프리토(튀김)
(튀김옷을 입힌다)

오믈렛
(반죽에 섞는다)

추천

**가열**

닭고기를 넣은 라구 파스타
(함께 끓인다)

닭고기와 사과를 넣은 화이트와인 조림
(함께 끓인다)

**마무리**

양상추 샐러드
(드레싱에 섞는다)

매시드 포테이토
(버무린다)

## 세계 각지에서 쓰이는 법

지중해 연안
서아시아

**미국: 허브 믹스**
구이용 허브 믹스 등 허브 계열의 향
신료가 들어가는 허브 믹스에 쓰인다.

**프랑스 남부: 에르브 드 프로방스**
프로방스 지역의 특산품인 혼합 향신
료에 들어간다.

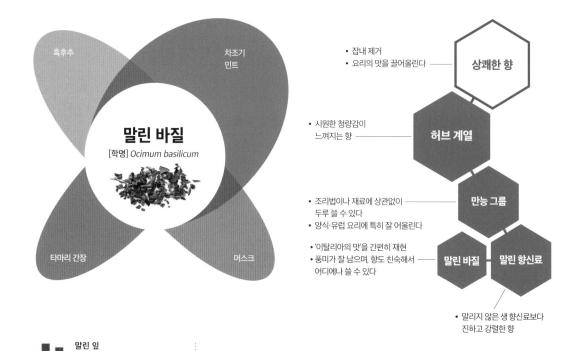

흑후추

차조기 민트

**말린 바질**
[학명] *Ocimum basilicum*

타마리 간장

머스크

- 잡내 제거
- 요리의 맛을 끌어올린다 ── **상쾌한 향**

- 시원한 청량감이 느껴지는 향 ── **허브 계열**

- 조리법이나 재료에 상관없이 두루 쓸 수 있다
- 양식·유럽 요리에 특히 잘 어울린다 ── **만능 그룹**

- '이탈리아의 맛'을 간편히 재현
- 풍미가 잘 남으며, 향도 친숙해서 어디에나 쓸 수 있다 ── **말린 바질** **말린 향신료**

- 말리지 않은 생 향신료보다 진하고 강렬한 향

**말린 잎**
말리면 차조기를 닮은 향이 진해진다. 비교적 부드러워 손끝으로 비벼서 뿌리면 토핑으로도 쓸 수 있다.

## 잘 어울리는 재료와 조리 방법, 조리의 예

닭고기 　 돼지고기 　 반경질 치즈 　 간장 　 **가지** 　 **토마토** 　 **정어리** 　 **고등어** 　 **발사믹 식초**

＼추천／
**밑간**

치킨가스
(튀김옷에 섞는다)

여름 채소 마리네이드
(마리네이드 용액에 섞는다)

＼추천／
**가열**

토마토 파스타 소스
(함께 끓인다)

여름 채소 빵가루구이
(빵가루에 섞어 채소 위에 올려 함께 굽는다)

＼추천／
**마무리**

피자나 파스타
(토핑)

이탈리안 드레싱
(섞는다)

## 세계 각지에서 쓰이는 법

**이탈리아**
이탈리아에서는 전통적으로 생 바질을 쓰지만, 미국 등지에서는 간편하게 '이탈리아의 맛'을 재현하기 위해 말린 바질을 사용한다.

동남아시아

**미국: 미국식 피자**
'이탈리아풍'의 맛을 내는 혼합 향신료에 쓰인다.

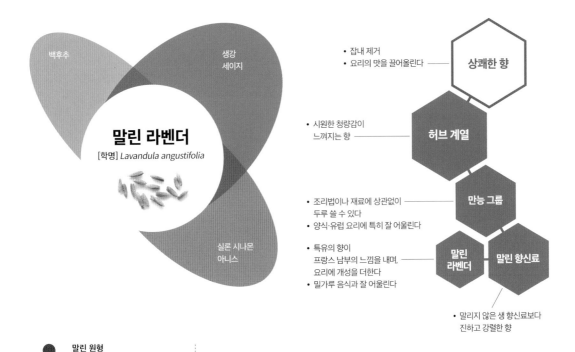

백후추

생강
세이지

## 말린 라벤더
[학명] Lavandula angustifolia

실론 시나몬
아니스

- 잡내 제거
- 요리의 맛을 끌어올린다 ——— **상쾌한 향**

- 시원한 청량감이
  느껴지는 향 ——— **허브 계열**

- 조리법이나 재료에 상관없이 ———
  두루 쓸 수 있다
- 양식·유럽 요리에 특히 잘 어울린다 **만능 그룹**

- 특유의 향이
  프랑스 남부의 느낌을 내며, **말린** **말린 향신료**
  요리에 개성을 더한다 **라벤더**
- 밀가루 음식과 잘 어울린다

- 말리지 않은 생 향신료보다
  진하고 강렬한 향

**말린 원형**
향수처럼 독특한 향이 요리에 개성을
더한다. 쓴맛이 나므로 조림 요리 등
에는 어울리지 않는다.

**상쾌한 향 / 허브 계열 / 만능 그룹 / 말린 향신료 / 말린 라벤더**

---

## 잘 어울리는 재료와 조리 방법, 조리의 예

오렌지   한치   돼지고기   벌꿀   스콘   가지   양고기

**밑간**

오렌지 마리네이드
(함께 마리네이드 용액에 재운다)

스콘
(반죽에 섞는다)

**가열**

쓴맛이 나므로 가열하기에는 적합하지 않다.

추천

**마무리**

양고기 촙 구이
(토핑으로 뿌린다)

치즈 토스트
(백후추와 함께 토핑)

---

## 세계 각지에서 쓰이는 법

한정된 지역에서만 사용되고 있지만,
이 그룹에 속한 다른 향신료와 마찬가
지로 다양한 요리에 응용할 수 있다.

지중해 연안

**프랑스 남부: 에르브 드 프로방스**
프로방스 지역의 특산품인 혼합 향신
료에 들어가므로 요리에 사용하면 프
랑스 남부 요리의 느낌을 낼 수 있다.

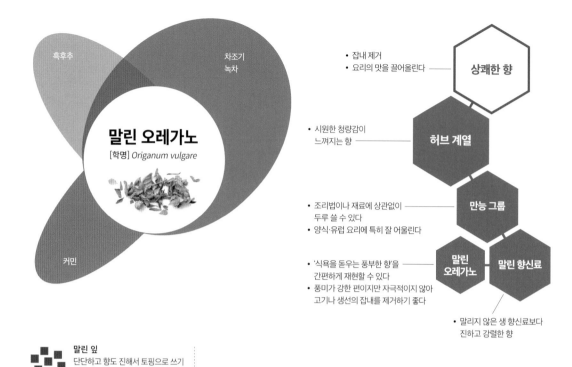

말린 오레가노
[학명] Origanum vulgare

- 잡내 제거
- 요리의 맛을 끌어올린다 — **상쾌한 향**

- 시원한 청량감이 느껴지는 향 — **허브 계열**

- 조리법이나 재료에 상관없이 두루 쓸 수 있다
- 양식·유럽 요리에 특히 잘 어울린다 — **만능 그룹**

- '식욕을 돋우는 풍부한 향'을 간편하게 재현할 수 있다
- 풍미가 강한 편이지만 자극적이지 않아 고기나 생선의 잡내를 제거하기 좋다 — **말린 오레가노** / **말린 향신료**

- 말리지 않은 생 향신료보다 진하고 강렬한 향

**말린 잎**
단단하고 향도 진해서 토핑으로 쓰기에는 적합하지 않다. 손끝으로 비벼 향을 내면 좋다.

## 잘 어울리는 재료와 조리 방법, 조리의 예

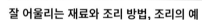

단호박  문어  토마토  가지  올리브  정어리  버섯  우엉  가다랑어

\ 추천 /
**밑간**

양고기 케밥
(밑간할 때 뿌린다)

정어리와 파프리카 오븐구이
(밑간할 때 뿌린다)

\ 추천 /
**가열**

미트소스
(함께 끓인다)

수제 참치 기름 절임
(절임용 기름에 첨가한다)

**마무리**

풍미가 강하고 단단하기 때문에 마무리 단계에는 적합하지 않다.

## 세계 각지에서 쓰이는 법

**이탈리아**
토마토 소스 조림이나 피자 등에 자주 쓰인다.

**프랑스 남부**
허브구이나 조림 요리 등에 다른 향신료와 섞어서 사용한다.

지중해 연안
서아시아

**남미: 안티쿠초**
페루나 볼리비아 등지에서 고기 꼬치 구이를 할 때 밑간에 사용된다.

**남미: 카주엘라**
질냄비에 옥수수나 고기를 넣고 푹 끓일 때 첨가한다.

**튀르키예**
오레가노의 근연종인 '케킥(kekik)'은 숨마끄, 고춧가루와 함께 식당 테이블에 놓여 있어 기호에 따라 첨가할 수 있다.

**튀르키예: 자타르**
오레가노의 근연종인 자타르와 참깨 등을 섞은 혼합 향신료다. 후리카케처럼 샐러드나 빵에 뿌려 먹는다.

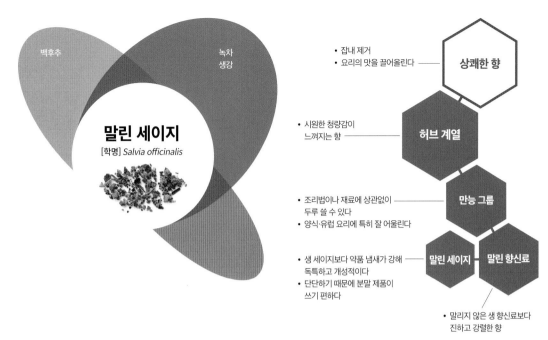

백후추

녹차
생강

# 말린 세이지
[학명] Salvia officinalis

**상쾌한 향**
- 잡내 제거
- 요리의 맛을 끌어올린다

**허브 계열**
- 시원한 청량감이 느껴지는 향

**만능 그룹**
- 조리법이나 재료에 상관없이 두루 쓸 수 있다
- 양식·유럽 요리에 특히 잘 어울린다

**말린 세이지 / 말린 향신료**
- 생 세이지보다 약품 냄새가 강해 독특하고 개성적이다
- 단단하기 때문에 분말 제품이 쓰기 편하다
- 말리지 않은 생 향신료보다 진하고 강렬한 향

**말린 잎**
단단하고 쓴맛이 나서 단독으로는 잘 쓰지 않는다. 다른 향신료와 섞어서 사용하면 좋다.

**말린 분말**
향이 강해서 너무 많이 넣지 않도록 주의해야 한다.

## 잘 어울리는 재료와 조리 방법, 조리의 예

돼지고기 · 양고기 · 버섯 · 연근 · 뱀장어

\ 추천 /

 **밑간**

소시지
(고기에 넣어 함께 반죽한다)

돼지고기구이
(밑간할 때 뿌린다)

 **가열**

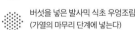
버섯을 넣은 발사믹 식초 우엉조림
(가열의 마무리 단계에 넣는다)

돼지 삼겹살 소테
(가열의 마무리 단계에 넣는다)

 **마무리**

뱀장어 소금구이
(분말을 토핑)

연근 스테이크
(분말을 토핑)

향이 강하므로 소량만 뿌린다.

## 세계 각지에서 쓰이는 법

**지중해 주변**
조림 요리나 구이에 폭넓게 사용한다.

지중해 연안 북부

**미국: 소시지**
소시지에 세이지 분말을 넣어 미국식 소시지만의 독특한 풍미를 낸다.

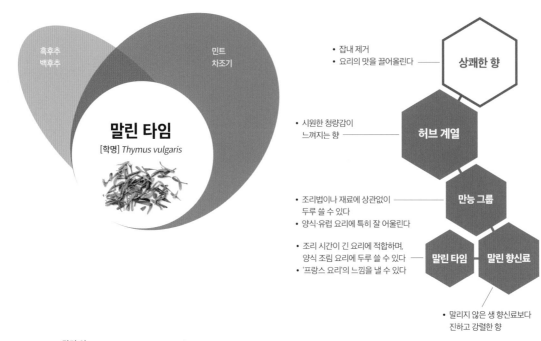

흑후추
백후추

민트
차조기

# 말린 타임

[학명] *Thymus vulgaris*

- 잡내 제거
- 요리의 맛을 끌어올린다 ——— **상쾌한 향**

- 시원한 청량감이
  느껴지는 향 ——— **허브 계열**

- 조리법이나 재료에 상관없이
  두루 쓸 수 있다
- 양식·유럽 요리에 특히 잘 어울린다 ——— **만능 그룹**

- 조리 시간이 긴 요리에 적합하며,
  양식 조림 요리에 두루 쓸 수 있다
- '프랑스 요리'의 느낌을 낼 수 있다 ——— **말린 타임** — **말린 향신료**

- 말리지 않은 생 향신료보다
  진하고 강렬한 향

**말린 잎**
단단해서 조림 요리나 절임 요리 등
조리 시간이 긴 요리에 적합하다.

## 잘 어울리는 재료와 조리 방법, 조리의 예

발사믹 식초    정어리    양고기    소고기    버섯    우엉    레드와인    오징어

\ 추천 /
**밑간**

버섯 피클
(피클 용액에 첨가한다)

그리시니
(반죽에 섞는다)

\ 추천 /
**가열**

화이트와인 조림
(함께 끓인다)

레드와인 조림
(함께 끓인다)

식재료가 지닌 풍미의 강도에 따라 양을 조절해서 넣
으면 어느 조림에나 잘 어울린다.

**마무리**

단단해서 마무리 단계에 넣기에는 적합하지 않다.

## 세계 각지에서 쓰이는 법

지중해 서부

타임은 기르기가 쉬워서 주로 생잎을
쓴다. 말린 타임은 타임을 키우지 못
하는 계절 등에 대용으로 쓰이는 경우
가 많다.

**프랑스: 라타투이**
프랑스에서 타임은 주방에 꼭 있어야
할 필수 향신료로 여겨진다. 라타투이
에 월계수 잎과 함께 사용하면 프랑스
풍 요리가 된다.

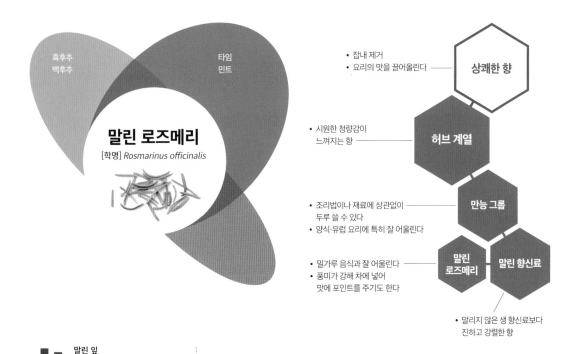

**말린 로즈메리**
[학명] *Rosmarinus officinalis*

- 흑후추
- 백후추
- 타임
- 민트

**상쾌한 향**
- 잡내 제거
- 요리의 맛을 끌어올린다

**허브 계열**
- 시원한 청량감이 느껴지는 향

**만능 그룹**
- 조리법이나 재료에 상관없이 두루 쓸 수 있다
- 양식·유럽 요리에 특히 잘 어울린다

**말린 로즈메리**
**말린 향신료**
- 밀가루 음식과 잘 어울린다
- 풍미가 강해 차에 넣어 맛에 포인트를 주기도 한다
- 말리지 않은 생 향신료보다 진하고 강렬한 향

**말린 잎**
단단하고 약품 냄새가 두드러져 잘 쓰이지 않는다. 생잎의 대용으로 쓰이거나 차에 이용한다.

## 잘 어울리는 재료와 조리 방법, 조리의 예

크래커　양고기　우엉　소고기　레드와인　블루베리　블랙커런트

**밑간**

통밀 크래커
(반죽에 섞는다)

**가열**

블랙커런트 레드와인 소스를 곁들인 스테이크
(소스에 넣어 끓인다)

**마무리**

단단해서 마무리 단계에 넣기에는 적합하지 않다.

## 세계 각지에서 쓰이는 법

지중해 연안

**이탈리아: 포카치아**
반죽에 섞어 함께 굽는다. 생잎 대용으로 쓰일 때가 많다.

분말 형태로 가공식품용 혼합 향신료 등에 쓰이지만, 일반적으로는 잘 쓰이지 않는다. 로즈메리는 타임과 마찬가지로 기르기가 쉬워서 주로 생잎의 형태로 쓰이며, 말린 것은 생잎의 대용으로 쓰이는 경우가 많다.

## 마조람과 라벤더,
## 백후추를 넣은 치즈 토스트

마조람은 그 자체만으로는 향이 약하지만 백후추, 라벤더와 함께 사용하면 고급스러운 프랑스 스타일의 향을 낸다. 라벤더 특유의 강한 향을 잡아 주는 역할도 한다.

###  재료(2~3인분)

얇게 썬 바게트 … 6장
반경질 치즈(고다 치즈나 모차렐라 치즈 등) … 100g
● 말린 마조람 … 2분의 1작은술
● 굵게 간 백후추 … 2분의 1작은술
● 말린 라벤더 … 2분의 1작은술

###  만드는 법

❶ 치즈는 치즈 그라인더 등으로 간다.
❷ 바게트에 치즈를 올리고, 말린 마조람을 손끝으로 비벼 가며 뿌린다. 그 위에 백후추를 갈아 올린 다음, 라벤더를 뿌린다.
❸ 치즈가 녹을 때까지 오븐 토스터에 굽는다.

마조람과 백후추는 바게트 1장당 한 꼬집 정도를 뿌린다. 라벤더는 5~6알이 적당하다. 너무 바싹 구우면 향신료의 풍미가 날아가 버리므로 치즈가 녹았을 때쯤 꺼낸다.

## 바질 토핑을 얹은 방방지

삶은 닭고기를 가늘게 찢어 그 위에 소스를 뿌려 먹는 중국 요리인 방방지에 바질을 첨가해 에스닉 스타일의 퓨전 요리로 변신시켰다. 중식에서 너무 멀어지지 않도록 소스에 팔각을 첨가해 보았다.

###  재료(2~3인분)

닭가슴살 … 1개(300g)
요리술 … 1큰술
소금 … 2분의 1작은술
오이 … 2개
● 대파 … 2분의 1개
┌ ● 팔각 분말 … 한 꼬집
│ 설탕 … 1큰술
A 케찹마니스 … 2분의 1큰술
│ 네리고마 … 1큰술
└ 진간장 … 1큰술
● 말린 바질 … 1작은술

###  만드는 법

❶ 두꺼운 부분에 칼집을 낸 닭가슴살과 요리술, 소금, 물 500ml를 냄비에 넣고 약불에 올린다. 끓으면 1분을 기다렸다가 불을 끄고, 뚜껑을 덮어 그대로 식힌다.
❷ 한 김 식으면 껍질 부분은 칼로 얇게 썰고, 살 부분은 손으로 찢는다. 오이는 가늘게 채 썰고, 대파는 흰 부분을 결 방향으로 가늘게 썬다.
❸ A를 섞어 소스를 만든다.
❹ 그릇에 오이, 닭가슴살, 대파, 소스 순서대로 담고, 바질을 손끝으로 비벼서 뿌린다.

냄비는 닭가슴살이 들어가면 꽉 찰 정도로 작은 것을 사용하는 게 좋다. 바질은 조금 단단하므로 손끝으로 힘껏 비벼서 뿌리고, 수분을 흡수해 부드러워지도록 먹기 전에 소스나 식재료와 잘 섞는다.

## 라벤더를 넣은 양고기 스테이크

라벤더의 독특한 풍미가 양고기 특유의 누린내를 잡아 준다. 라벤더만 넣으면 라벤더 향이 너무 진하게 나므로 흑후추를 넣어 라벤더 향을 누그러뜨리는 동시에 요리의 전체적인 맛을 끌어올렸다.

###  재료(3~4인분)
양고기 촙 … 4개(300g)
소금 … 2분의 1작은술과 한 꼬집
주키니 호박 … 1개
올리브유 … 1큰술
 말린 라벤더 … 1작은술
 흑후추(통후추) … 2작은술

###  만드는 법
❶ 양고기에 소금 2분의 1작은술을 뿌린다. 주키니 호박은 절반 길이로 자른 다음, 세로 방향으로 길쭉하게 4등분하고, 소금을 한 꼬집 뿌려 버무려 둔다.
❷ 그릴 팬에 올리브오일을 바르고 강불에 올린다. 팬이 충분히 달궈지면 ①을 취향껏 굽는다.
❸ 절구에 라벤더와 흑후추를 넣고 빻는다. 후추가 굵게 빻아졌으면 라벤더와 후추를 잘 구워진 양고기 위에 뿌린다.

라벤더를 살짝 빻으면 식감이 부드러워지고, 씹었을 때 쓴맛이 잘 나지 않는다. 양고기를 굽자마자 향신료를 뿌려야 신선한 향이 그대로 나면서 식감도 더 부드러워진다.

## 오레가노와 올스파이스를 넣은 간장 소스에 찍어 먹는 전갱이 튀김

간장에 올스파이스와 오레가노를 넣어 더 깊은 풍미를 내 감칠맛을 한층 끌어올렸다.

###  재료(2~3인분)
    말린 오레가노 … 1작은술
    올스파이스 … 7알
A  흑후추(통후추) … 10알
    미림 … 1큰술
    요리술 … 1큰술
국간장 … 2큰술
전갱이 … 3마리
박력분, 달걀, 빵가루 … 적당량
튀김용 기름 … 적당량

###  만드는 법
❶ A를 작은 냄비에 넣은 다음, 끓어오르면 불을 끄고 간장을 부어 그대로 식힌 후 체에 거른다.
❷ 전갱이는 가시와 지느러미를 모두 제거하고, 박력분을 골고루 묻힌다. 남은 박력분에 달걀과 물을 섞어 걸쭉한 튀김옷을 만든 다음, 전갱이를 한 번 넣었다가 건져 빵가루를 묻힌다.
❸ 180℃의 기름에 노릇노릇하게 튀긴다.

생간장의 향이 그대로 살아 있도록 불을 끈 다음에 간장을 붓는다. 남은 간장은 일반 간장처럼 달걀프라이나 삶은 채소 등에 뿌려 먹어도 된다. 단, 간장이 쉽게 산화되므로 남은 간장은 되도록 빨리 먹는 것이 좋다.

## 세이지 소금을 뿌린 잎새버섯구이

말린 세이지는 숲 향기가 나서 잎새버섯의 향과 잘 어울린다.

 **재료(2~3인분)**

잎새버섯 … 2다발
● 말린 세이지 … 1작은술
소금 … 1작은술

 **만드는 법**
❶ 세이지 소금을 만든다. 세이지와 소금을 절구에 넣고 가루
가 될 때까지 빻는다.
❷ 잎새버섯은 먹기 좋은 크기로 쪼개 석쇠에 살짝 굽는다.
❸ ②에 ①을 골고루 뿌린다.

세이지를 직접 절구에 빻아 향긋한 세이지 소금을 만들
수도 있지만, 간편하게 분말을 섞어 사용해도 된다. 딱
딱한 부분은 걸러 낸다. 잎새버섯은 밑부분을 중점적으
로 굽는다. 살짝 그을릴 정도로 구워야 향이 더 좋다.

## 발사믹 식초와 타임을 첨가한 우엉조림

말린 타임은 풍미가 강해 우엉이나 연근 같은 뿌리채소와 잘 어
울린다. 우엉·타임과 모두 잘 어울리는 발사믹 식초를 첨가해
보았다.

 **재료(2~3인분)**
● 마늘 … 2분의 1쪽
우엉 … 1개
올리브유 … 1큰술
소금 … 한 꼬집
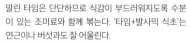
┌ ● 말린 타임 … 한 꼬집
│  설탕 … 1큰술
A │  국간장 … 2작은술
└  발사믹 식초 … 1큰술

 **만드는 법**
❶ 마늘은 으깬다. 우엉은 껍질을 벗긴 다음, 칼로 두툼하게
깎아 물에 담가 둔다.
❷ 프라이팬에 올리브유와 마늘을 넣고 강불에 올린다. 기름
이 충분히 달궈지면 물기를 뺀 우엉과 소금을 넣어 빠르게
익힌 다음, A를 넣어 조린다.

말린 타임은 단단하므로 식감이 부드러워지도록 수분
이 있는 조미료와 함께 볶는다. '타임+발사믹 식초'는
연근이나 버섯과도 잘 어울린다.

# 로즈메리 크래커와 정통 비프스튜

로즈메리의 강한 풍미가 스튜의 느끼한 맛을 잡아 준다. 정향과 올스파이스는 소고기나 레드와인과 잘 어울린다. 게다가 고기의 잡내를 잡아 주는
효과도 있다. 여기에 월계수 잎까지 넣어 국물의 맛을 더 풍부하게 했다.

##  재료(4~5인분)

소고기 통고기(넓적다리나 어깨 부위 등)
… 600g

소금 … 2작은술과 한 꼬집

● 올스파이스 분말 … 한 꼬집

● 정향 분말 … 한 꼬집

● 마늘 … 2쪽

● 양파 … 2개

양송이 … 30개 정도

레드와인 … 750ml

설탕 … 3큰술과 1과 2분의 1작은술

토마토 페이스트(6배 농축) … 2큰술

● 월계수 잎 … 1장

강력분 … 100g

● 말린 로즈메리 … 2분의 1작은술

버터 … 30g

박력분 … 2큰술

##  만드는 법

❶ 소고기를 한입 크기로 썰어 소금 2분의 1작은술, 올스파이스, 정
향으로 밑간한다. 마늘은 다진다. 양파는 반달 모양으로 썬다. 양
송이는 먼지를 털어 낸다.

❷ 냄비에 물 500ml, 레드와인, 소고기를 담아 중불에 올린다. 물
이 끓어오르면 거품을 제거한 후, 마늘과 양파, 양송이를 넣고 한
번 더 끓인다. 물이 다시 끓어오르면 거품을 살짝 걷어 낸다. 여
기에 소금 1과 2분의 1작은술, 설탕 3큰술, 토마토 페이스트, 월
계수 잎을 넣고 뚜껑을 덮은 후, 약불에 1시간 반 동안 푹 끓인다.
눌어붙지 않도록 가끔 저어 준다.

❸ 볼에 강력분, 소금 한 꼬집, 설탕 1과 2분의 1작은술, 로즈메리를
넣고 잘 섞는다. 여기에 미지근한 물 100ml를 붓고 가볍게 반죽
해 한 덩어리로 만든 다음, 볼째 비닐봉지에 넣고 밀봉한 상태로
30분 정도 휴지시킨다.

❹ ❸의 반죽을 1mm 두께로 펴고, 먹기 좋은 크기로 잘라 오븐팬
에 가지런히 놓은 다음, 전체적으로 노릇노릇해질 때까지 180℃
로 예열한 오븐에 15분간 굽는다.

❺ 프라이팬에 버터를 넣고 약불에 올린다. 버터가 반 정도 녹으면
박력분을 넣고 나무 주걱 등으로 저으며 익힌다. 밀가루 냄새가
나지 않게 되면 ❷의 국물을 조금씩 붓고, 액상에 가까워지면 ❷
의 냄비에 넣어 잘 섞는다. 그릇에 옮겨 담고 ❹를 곁들인다.

소고기가 푹 익을 때까지 장시간 끓인다. 크래커 반죽은 아주
얇게 펴서 바삭바삭해질 때까지 굽는다. 크래커는 식사 중에
부숴 먹으므로 모양이 일정치 않아도 된다.

# 허브 계열/조림 그룹 향신료 차트

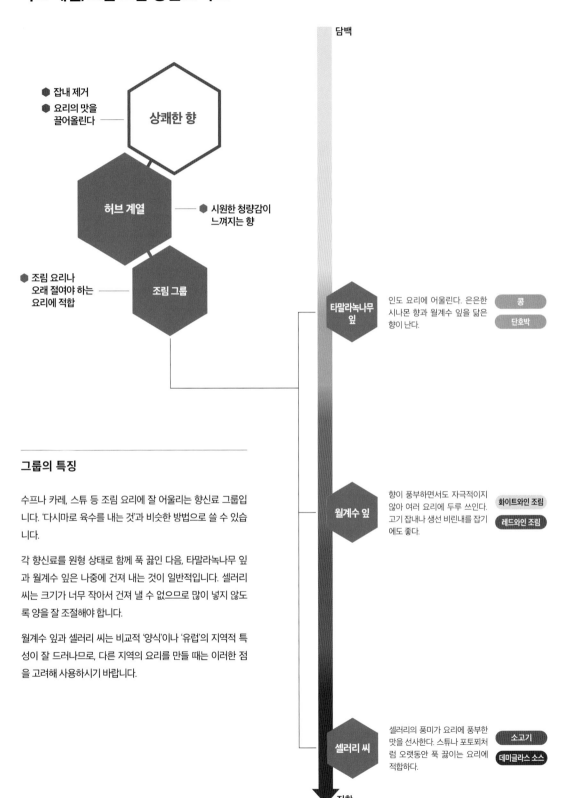

담백

● 잡내 제거
● 요리의 맛을
  끌어올린다 ── 상쾌한 향

허브 계열 ── ● 시원한 청량감이
             느껴지는 향

● 조림 요리나
  오래 절여야 하는 ── 조림 그룹
  요리에 적합

**타말라녹나무 잎**
인도 요리에 어울린다. 은은한 시나몬 향과 월계수 잎을 닮은 향이 난다.

콩
단호박

## 그룹의 특징

수프나 카레, 스튜 등 조림 요리에 잘 어울리는 향신료 그룹입니다. '다시마로 육수를 내는 것'과 비슷한 방법으로 쓸 수 있습니다.

각 향신료를 원형 상태로 함께 푹 끓인 다음, 타말라녹나무 잎과 월계수 잎은 나중에 건져 내는 것이 일반적입니다. 셀러리 씨는 크기가 너무 작아서 건져 낼 수 없으므로 많이 넣지 않도록 양을 잘 조절해야 합니다.

월계수 잎과 셀러리 씨는 비교적 '양식'이나 '유럽'의 지역적 특성이 잘 드러나므로, 다른 지역의 요리를 만들 때는 이러한 점을 고려해 사용하시기 바랍니다.

**월계수 잎**
향이 풍부하면서도 자극적이지 않아 여러 요리에 두루 쓰인다. 고기 잡내나 생선 비린내를 잡기에도 좋다.

화이트와인 조림
레드와인 조림

**셀러리 씨**
셀러리의 풍미가 요리에 풍부한 맛을 선사한다. 스튜나 포토푀처럼 오랫동안 푹 끓이는 요리에 적합하다.

소고기
데미글라스 소스

진함

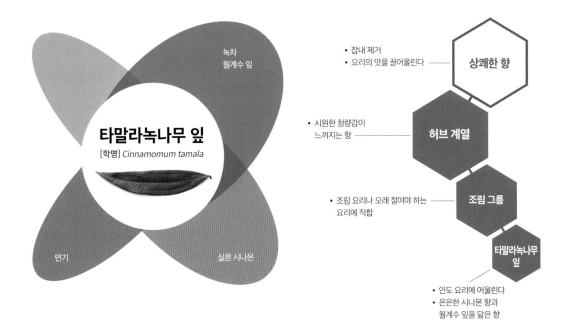

**타말라녹나무 잎**

[학명] *Cinnamomum tamala*

녹차
월계수 잎

연기

실론 시나몬

- 잡내 제거
- 요리의 맛을 끌어올린다 —— **상쾌한 향**

- 시원한 청량감이
  느껴지는 향 —— **허브 계열**

- 조림 요리나 오래 절여야 하는 —— **조림 그룹**
  요리에 적합

**타말라녹나무
잎**

- 인도 요리에 어울린다
- 은은한 시나몬 향과
  월계수 잎을 닮은 향

**말린 원형**
다른 향신료와 함께 템퍼링해서 카레
를 끓일 때 넣거나 혼합 향신료의 재
료로 쓰인다.

## 잘 어울리는 재료와 조리 방법, 조리의 예

 쌀     단호박    콩

 **밑간**

혼합 향신료의 재료로 쓰일 때가 있지만, 단독으
로 쓰기에는 향신료의 개성이 잘 드러나지 않는다.

\추천/

 **가열**

 인도 카레
(다른 향신료와 함께 템퍼링한 후 끓인다)

 가람 마살라
(다른 향신료와 함께 분말 형태로 만들어 카
레 등에 사용한다)

 **마무리**

단단하고 커서 마무리 단계에는 적합하지 않다.

## 세계 각지에서 쓰이는 법

**인도: 가람 마살라**
특히 북부 지역의 가람 마살라에 많이
쓰인다.

아시아 남부

**인도: 적미로 만든 키르**
인도 마니푸르주의 흑미로 만든 라이
스 푸딩. 카다멈을 함께 넣고 끓여서
만든다.

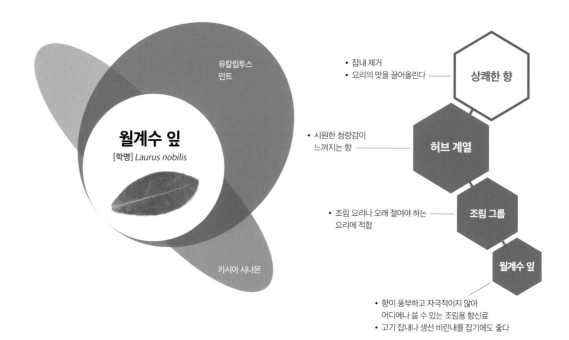

유칼립투스 민트

# 월계수 잎

[학명] *Laurus nobilis*

카시아 시나몬

- 잡내 제거
- 요리의 맛을 끌어올린다 — **상쾌한 향**

- 시원한 청량감이 느껴지는 향 — **허브 계열**

- 조림 요리나 오래 절여야 하는 요리에 적합 — **조림 그룹**

**월계수 잎**

- 향이 풍부하고 자극적이지 않아 어디에나 쓸 수 있는 조림용 향신료
- 고기 잡내나 생선 비린내를 잡기에도 좋다

**말린 원형**
잎을 그대로 넣지만, 쓴맛이 날 수 있어 향을 낸 후에는 건져 낸다.

## 잘 어울리는 재료와 조리 방법, 조리의 예

화이트와인 조림 　 닭고기 　 돼지고기 　 토마토 　 고등어 　 양고기 　 가다랑어 　 소고기 　 레드와인 조림

＼ 추천 ／
**밑간**

피클
(피클 용액에 함께 넣어 절인다)

수제 햄
(브라인 용액에 끓인다)

＼ 추천 ／
**가열**

포크 파테
(위에 올려 함께 굽는다)

비프스튜
(함께 끓인다)

닭고기 화이트와인 조림
(함께 끓인다)

**마무리**

향이 강한 데다 단단하고 커서 마무리 단계에는 적합하지 않다.

## 세계 각지에서 쓰이는 법

**이탈리아: 스피에디니**
고기 꼬치구이 사이에 끼워서 함께 굽는다.

**프랑스: 파테**
위에 올려 함께 구워 고기 잡내를 제거한다.

지중해 동부

**모로코: 타진**
유럽뿐만 아니라 세계 각지의 조림 요리에 쓰인다.

**프랑스: 고등어 마리네이드**
오븐에서 저온 조리하는 마리네이드 등에 많이 쓰인다.

- 잡내 제거
- 요리의 맛을 끌어올린다 — **상쾌한 향**

- 시원한 청량감이 느껴지는 향 — **허브 계열**

- 조림 요리나 오래 절여야 하는 요리에 적합 — **조림 그룹**

- 푹 끓이면 셀러리의 풍미가 더해져 요리에 풍부한 맛을 선사한다
- 스튜나 포토푀처럼 오랫동안 푹 끓이는 요리에 적합하다 — **셀러리 씨**

**셀러리 씨**
[학명] *Apium graveolens*

백후추

아요완
월계수 잎

우엉
흙

 **말린 씨앗**
단단하고 향이 강하므로 귀이개로 한 번 뜰 정도의 양만 넣는다.

 **말린 분말**
단단해서 밑간 등을 할 때는 분말 제품이 쓰기 편하다.

## 잘 어울리는 재료와 조리 방법, 조리의 예

쌀우엉　소고기　일본 적된장　데미글라스 소스

 **밑간**

 우엉 피클
(피클 용액에 함께 절인다)

 셀러리의 풍미를 살린 토르티야
(반죽에 섞는다)

 비프 햄버그스테이크
(소스에 섞는다)

＼ 추천 ／
 **가열**

 비프스튜
(함께 끓인다)

 수제 우스터소스
(함께 끓인다)

 **마무리**

 로스트비프에 곁들이는 셀러리 소금
(소금과 섞어 고기에 찍어 먹을 용도로 쓴다)

 우엉 프리토
(토핑)

## 세계 각지에서 쓰이는 법

유럽~
인도(불명확)

**미국: 블러디 메리**
셀러리 소금이 토마토를 베이스로 한 칵테일에 자주 쓰인다.

**이탈리아: 카포나타**
카포나타에는 셀러리의 풍미가 빠지지 않는다.
* 셀러리 씨보다는 셀러리 자체가 채소로 들어가는 경우가 많다.

## 인도풍 채소찜

타말라녹나무 잎과 템퍼링한 향신료로 간단한 채소찜을 인도풍 요리로 탈바꿈시켰다.

 **재료(3~4인분)**

주키니 호박 … 2개
양파 … 4분의 1개
토마토 … 2분의 1개
감자 … 2개
기름 … 2큰술

A {
● 블랙 커민 씨앗 … 4분의 1작은술
● 커민 … 2분의 1작은술
● 백겨자 … 2분의 1작은술
}
소금 … 3분의 1작은술
요리술 … 2큰술
● 타말라녹나무 잎 … 2장

❷ 프라이팬에 기름과 **A**를 넣고 중불에 올린다. 향신료가 튀어 오르기 시작하면 ①의 채소와 소금을 넣고, 가볍게 섞는다. 요리술과 타말라녹나무 잎을 넣은 다음, 약불로 줄이고 뚜껑을 덮는다.

❸ 눌어붙지 않도록 가끔 저으면서 감자가 다 익을 때까지 15분 정도 조린다.

 **만드는 법**

❶ 주키니 호박은 세로로 반을 자른 다음, 1cm 굵기의 반달 모양으로 썬다. 양파와 토마토는 가로세로 2cm 크기로 큼직하게 썰고, 감자는 껍질과 싹을 제거한 다음 1.5cm 크기로 깍둑썰기해서 물에 담근다.

주키니 호박, 양파, 토마토는 비슷한 크기로 썰고, 감자는 그보다 좀 더 작게 썰어야 맛이 균형을 이룬다. 타말라녹나무 잎은 손으로 살짝 찢어 넣으면 향이 더 잘 난다. 조리다가 눌어붙을 것 같을 때는 물을 조금 넣는다.

## 월계수 잎으로 향을 낸
## 돼지고기 팟 로스트

냄비에 함께 넣고 찌듯이 구우면 월계수 잎의 향이 재료에 골고루 스며든다. 잡내를 잡는 동시에 식욕을 돋우는 효과까지 있다.

### 🌸 재료(3~4인분)
돼지고기(어깨살, 등심 등) … 300g
소금 … 3분의 1과 2분의 1작은술
감자 … 3개
올리브유 … 2작은술
화이트와인 … 2큰술
● 월계수 잎 … 5장

### 🌸 만드는 법
❶ 돼지고기는 인원수에 맞게 자른 다음, 소금 3분의 1작은술을 뿌린다. 감자는 물로 씻어 껍질을 벗기지 않은 채로 반으로 자른 후, 올리브유를 묻히고 소금 2분의 1작은술을 뿌린다.
❷ 돼지고기와 감자를 작은 냄비에 담고, 화이트와인을 부은 다음, 월계수 잎을 얹고 뚜껑을 덮는다. 180℃로 예열한 오븐에 넣고, 고기가 야들야들해지고 감자가 푹 익을 때까지 1시간 동안 굽는다.

월계수 잎을 넣으면 알싸한 향이 난다. 월계수 잎 대신 생 로즈메리를 넣으면 달콤한 향이 난다.

## 셀러리의 풍미를 더한 우엉과
## 오이 누카즈케(쌀겨 절임)

간단한 누카즈케에 향신료를 첨가하면 풍미가 좋은 술안주가 된다. 흙냄새를 닮은 셀러리 씨의 풍미가 쌀겨나 우엉과 잘 어울린다.

### 🌸 재료(만들기 쉬운 분량)
우엉 … 1개
오이 … 1개
┌ 쌀겨 … 300g
│　● 셀러리 씨 … 2분의 1작은술
│　● 둥글게 썬 고추 … 3조각
A 소금 … 1큰술
│ 국간장 … 1큰술
│ 요리술 … 2큰술
└ 미림 … 2큰술

### 🌸 만드는 법
❶ 우엉은 껍질을 벗겨 용기에 담길 길이로 썬다. 두꺼운 부분은 세로로 반을 가른다. 오이도 용기에 담길 길이로 자른다.
❷ 냄비에 물을 끓이고, 우엉을 살짝 데친 후 물기를 뺀다.
❸ 볼에 A의 재료와 물 130ml 정도를 넣고 잘 섞는다. 3분의 1 정도를 용기에 얇게 깔고, 우엉과 오이를 가지런히 올린 다음, 나머지를 그 위에 올리고, 공기를 빼듯이 꾹꾹 누른다.
❹ 상온(여름철에는 시원한 곳)에 하루를 둔다. 맛이 충분히 배지 않았을 때는 냉장실에 며칠 더 두며 절인다.

우엉은 너무 오래 데치지 않도록 한다. 쌀겨는 점토 정도의 질감이 되게 물 양을 조절한다. 상온에 두면 산미가 생기므로 취향에 맞게 조절한 후 냉장 보관한다. 상온에서는 곰팡이가 슬기 쉬우므로 자주 뒤섞어 준다.

# 허브 계열/고명 그룹 향신료 차트

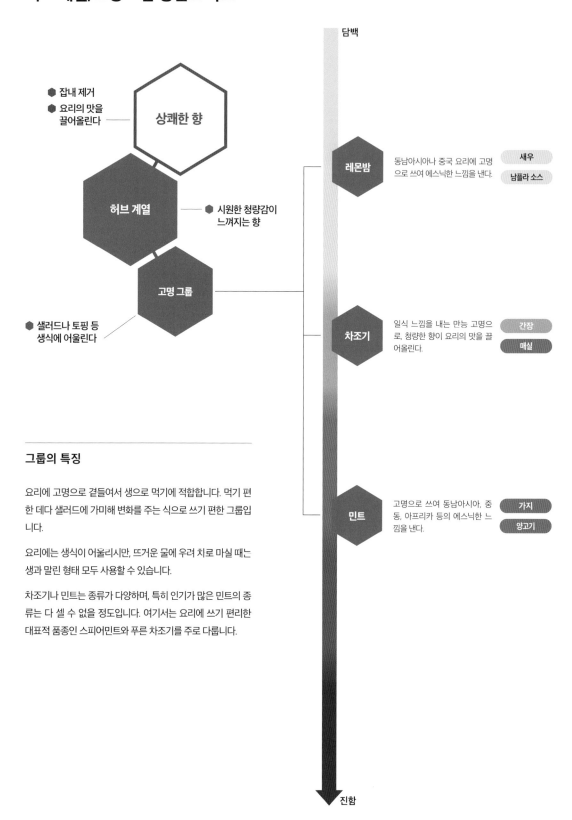

담백

● 잡내 제거
● 요리의 맛을 끌어올린다

**상쾌한 향**

**허브 계열**

● 시원한 청량감이 느껴지는 향

**고명 그룹**

● 샐러드나 토핑 등 생식에 어울린다

**레몬밤**
동남아시아나 중국 요리에 고명으로 쓰여 에스닉한 느낌을 낸다.
새우
남플라 소스

**차조기**
일식 느낌을 내는 만능 고명으로, 청량한 향이 요리의 맛을 끌어올린다.
간장
매실

**민트**
고명으로 쓰여 동남아시아, 중동, 아프리카 등의 에스닉한 느낌을 낸다.
가지
양고기

진함

## 그룹의 특징

요리에 고명으로 곁들여서 생으로 먹기에 적합합니다. 먹기 편한 데다 샐러드에 가미해 변화를 주는 식으로 쓰기 편한 그룹입니다.

요리에는 생식이 어울리시만, 뜨거운 물에 우려 차로 마실 때는 생과 말린 형태 모두 사용할 수 있습니다.

차조기나 민트는 종류가 다양하며, 특히 인기가 많은 민트의 종류는 다 셀 수 없을 정도입니다. 여기서는 요리에 쓰기 편리한 대표적 품종인 스피어민트와 푸른 차조기를 주로 다룹니다.

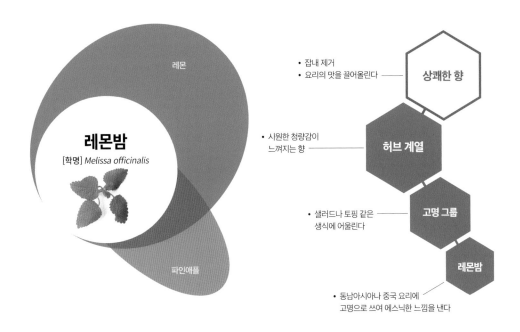

레몬

# 레몬밤

[학명] *Melissa officinalis*

파인애플

- 잡내 제거
- 요리의 맛을 끌어올린다 —— **상쾌한 향**

- 시원한 청량감이 느껴지는 향 —— **허브 계열**

- 샐러드나 토핑 같은 생식에 어울린다 —— **고명 그룹**

**레몬밤**

- 동남아시아나 중국 요리에 고명으로 쓰여 에스닉한 느낌을 낸다

**말리지 않은 원형**
달콤함이 느껴지는 은은한 레몬 향. 가열하면 향이 날아가 버리므로 생식이 적합하다.

## 잘 어울리는 재료와 조리 방법, 조리의 예

레몬    새우    닭가슴살    남플라 소스

**밑간**

향이 날아가 버리므로 적합하지 않다.

**가열**

과일 차
(뜨거운 물에 함께 우린다)

가열하면 향이 날아가 버리므로 볶음이나 조림 요리에는 적합하지 않다.

\추천/

**마무리**

칠리 새우
(고명으로 올린다)

월남쌈
(싸 먹는 재료로 들어간다)

퍼
(고명으로 올린다)

## 세계 각지에서 쓰이는 법

유럽

**유럽: 차**
은은한 향에 진정 효과가 있어 차로 애용된다.

**라오스: 라프**
볶은 고기나 생선에 신선한 허브를 곁들인 샐러드로, 레몬밤이나 근연종이 사용된다.

**베트남: 퍼**
베트남 쌀국수의 일종. 다른 허브류와 함께 레몬밤의 근연종이 고명으로 듬뿍 올라간다.

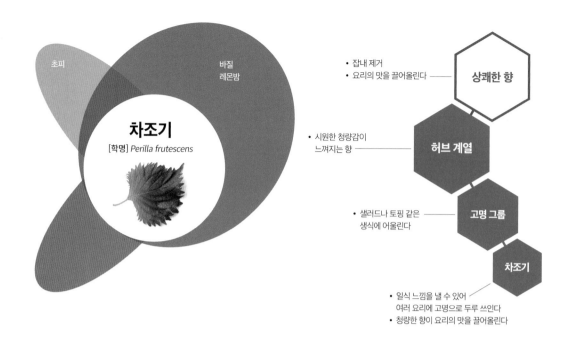

초피

바질
레몬밤

# 차조기
[학명] *Perilla frutescens*

- 잡내 제거
- 요리의 맛을 끌어올린다 ── **상쾌한 향**

- 시원한 청량감이
느껴지는 향 ── **허브 계열**

- 샐러드나 토핑 같은 ── **고명 그룹**
생식에 어울린다

**차조기**

- 일식 느낌을 낼 수 있어
여러 요리에 고명으로 두루 쓰인다
- 청량한 향이 요리의 맛을 끌어올린다

**말리지 않은 원형**
잎을 그대로 넣지만, 쓴맛이 날 수 있
어 향을 낸 후에는 건져 낸다.

**잘게 썬 생 향신료**
색이 쉽게 변해서 다른 재료와 함께
다져 넣거나 사용하기 직전에 쓴다.

## 잘 어울리는 재료와 조리 방법, 조리의 예

두부  일식  한치  간장  가지  전갱이  가다랑어  매실

＼ 추천 ／
**밑간**

매실장아찌
(붉은 차조기를 함께 절인다)

오이 차조기 절임
(함께 절인다)

＼ 추천 ／
**가열**

오징어다리 완자 튀김
(차조기를 완자에 말아 함께 튀긴다)

오징어 소금 볶음
(큼직하게 썰어서 마무리 단계에 넣는다)

＼ 추천 ／
**마무리**

전갱이 나메로
(함께 다져 버무린다)

소면 국수
(잘게 썰어 고명으로 올린다)

## 세계 각지에서 쓰이는 법

중국

**일본: 회의 장식**
회를 접시에 담아낼 때 색감을 내는 용
도로 쓰인다. 회와 함께 먹어도 된다.

**일본: 푸른 차조기 드레싱**
샐러드드레싱으로 인기가 많은 향.

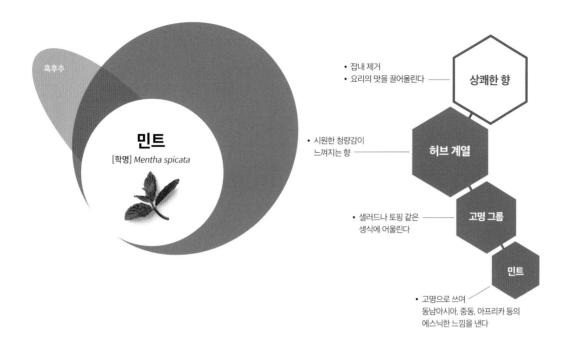

흑후추

# 민트
[학명] Mentha spicata

- 잡내 제거
- 요리의 맛을 끌어올린다 —— **상쾌한 향**

- 시원한 청량감이
  느껴지는 향 —— **허브 계열**

- 샐러드나 토핑 같은
  생식에 어울린다 —— **고명 그룹**

**민트**

- 고명으로 쓰여
  동남아시아, 중동, 아프리카 등의
  에스닉한 느낌을 낸다

**말리지 않은 원형**
고기나 생선 요리에 고명으로 곁들여
나와 입안을 개운하게 한다.

**잘게 썬 생 향신료**
색이 쉽게 변해서 다른 재료와 함께
다져 넣거나 사용하기 직전에 쓴다.

**말린 잎**
생 민트 대용으로 간편하게 쓸 수 있
지만, 향이 강하고 생 민트의 달콤한
향은 사라져 버린다.

## 잘 어울리는 재료와 조리 방법, 조리의 예

자두    수박    가지    적양배추    양고기    블루베리

\ 추천 /
**밑간**

양고기 케밥
(재료에 함께 섞는다)

과일 펀치
(시럽에 함께 절인다)

적양배추 마리네이드
(함께 절인다)

**가열**

블랙커런트 잼
(함께 끓인다)

\ 추천 /
**마무리**

탕수육
(고명으로 올린다)

에스닉 샐러드
(샐러드용 잎상추와 섞는다)

두부 꼬치구이
(고명으로 올린다)

## 세계 각지에서 쓰이는 법

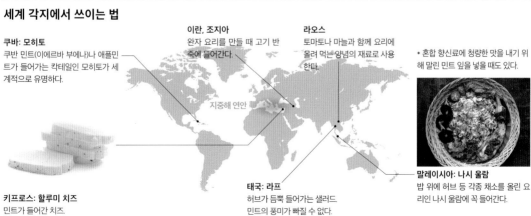

**쿠바: 모히토**
쿠반 민트(이에르바 부에나)나 애플민
트가 들어가는 칵테일인 모히토가 세
계적으로 유명하다.

**이란, 조지아**
완자 요리를 만들 때 고기 반
죽에 들어간다.

**라오스**
토마토나 마늘과 함께 요리에
올려 먹는 양념의 재료로 사용
한다.

지중해 연안

**키프로스: 할루미 치즈**
민트가 들어간 치즈.

**태국: 라프**
허브가 듬뿍 들어가는 샐러드.
민트의 풍미가 빠질 수 없다.

\* 혼합 향신료에 청량한 맛을 내기 위
해 말린 민트 잎을 넣을 때도 있다.

**말레이시아: 나시 울람**
밥 위에 허브 등 각종 채소를 올린 요
리인 나시 울람에 꼭 들어간다.

## 레몬밤을 곁들인 니쿠미소 양상추

매콤달콤한 니쿠미소(다진 돼지고기를 미소 된장으로 볶은 양념장-역주)와 발효 조미료의 향, 자극적이지 않은 레몬밤의 감귤 향이 어우러져 아시아 요리다운 느낌을 낸다.

### 🪷 재료(3~4인분)

| | |
|---|---|
| 양상추 … 2분의 1개 | 간 돼지고기 … 300g |
| 🔴 레몬밤 … 한 줌 | ⚫ 둥글게 썬 고추 … 3조각 |
| 마늘 … 2분의 1쪽 | 설탕 … 2큰술 |
| 🟣 생강 … 2분의 1조각 | 소주 … 1큰술 |
| 기름 … 1큰술 | 진간장 … 1큰술 |
| 가피* … 2분의 1작은술 | |

### 🪷 만드는 법

❶ 양상추는 먹기 좋은 크기로 찢어 찬물에 담근다. 레몬밤도 물에 담근다. 마늘은 먼저 세로로 반을 자른 다음 결 방향대로 채 썰고, 생강도 마찬가지로 결 방향대로 채 썬다.

❷ 프라이팬에 기름을 두르고 마늘, 생강, 가피를 넣은 다음 강불에 올린다. 가피가 타지 않도록 프라이팬을 기울여 기름에 잘 풀어 준다. 향이 올라오기 시작하면 돼지고기와 고추를 넣고, 고기가 뭉치지 않게 풀어 가며 볶는다. 돼지고기가 노릇노릇해지기 시작하면 설탕, 소주, 간장을 부은 다음, 수분을 날린다.

❸ 물기를 털어 낸 양상추를 접시에 담고, ❷를 올린 다음, 물기를 뺀 레몬밤을 골고루 뿌린다.

• 태국 새우젓. 동남아시아에서 많이 쓰이는 새우로 만든 발효 조미료다.

레몬밤은 고명처럼 얹어 먹을 수 있으므로 양은 기호에 맞게 적당히 조절한다. 요리술로 소주를 사용해 좀 더 동남아시아 요리의 느낌이 나게 했다.

## 차조기 버터 소스를 올린
## 포크 소테

유럽에서 볼 수 있는 세이지 버터 소스의 응용 버전이다. 차조기가 돼지고기의 잡내를 잡아 줄 뿐만 아니라, 일식과 양식이 섞인 퓨전 요리의 느낌을 낸다. 차조기의 선명한 색감이 잘 살아나도록 후추는 눈에 띄지 않는 백후추를 사용했다.

### 🌿 재료(3~4인분)
돼지 어깨 등심 … 300g
소금 … 3분의 1작은술과 한 꼬집
● 굵게 간 백후추 … 4분의 1작은술
● 푸른 차조기 … 10장
올리브유 … 1큰술
화이트와인 … 2큰술
무염 버터 … 20g

### 🌿 만드는 법
❶ 돼지고기는 5mm 두께로 썰어 소금 3분의 1작은술과 백후추를 뿌려 밑간한다. 푸른 차조기는 가로세로 5mm 정도로 잘게 다진다.
❷ 프라이팬에 올리브유를 두르고 중불에 올린다. 기름이 충분히 달궈지면 돼지고기를 올린다. 고기가 60~70% 정도 익으면 고기를 뒤집어 반대편도 완전히 익힌 다음 접시에 옮겨 담는다.
❸ 고기를 구운 프라이팬에 화이트와인과 버터, 소금 한 꼬집을 넣고, 팬을 흔들면서 유화시킨다. 여기에 푸른 차조기를 넣고, 색이 변하면 바로 ❷에 올린다.

───────

　　　주로 생식하는 차조기를 익히면 풍미가 부드러워지므로 충분한 양을 사용한다. 하지만 너무 익히면 풍미가 날아가 버리므로 살짝 익히자마자 바로 건져 낸다.

## 민트를 곁들인
## 간장맛 포크 가라아게

가라아게의 느끼함을 향긋한 민트가 잡아 준다. 중국의 혼합 향신료인 오향분을 넣어 돼지고기의 감칠맛을 한층 끌어올리고, 잡내를 제거했다. 오향분과 민트의 향으로 아시아 요리의 느낌을 냈다.

### 🌿 재료(3~4인분)
돼지 넓적다리살 … 300g
● 스피어민트 … 한 줌
┌ ● 오향분 … 한 꼬집
A 진간장 … 1작은술
└ 요리술 … 2작은술
얼레짓가루 … 4큰술
튀김용 기름 … 적당량
┌ 설탕 … 2큰술
│ 얼레짓가루 … 1작은술
B 진간장 … 1큰술
│ 미림 … 1큰술
└ 요리술 … 1큰술

### 🌿 만드는 법
❶ 돼지고기는 한입에 먹기 좋게 가로세로 3cm 크기로 썬다음, A를 버무려 10분간 재운 후 얼레짓가루 2큰술을 뿌린다. 그대로 10분간 더 두었다가 다시 얼레짓가루 2큰술과 물 1작은술을 뿌린다. 스피어민트는 물에 담가 둔다.
❷ 160℃의 기름에서 ❶을 튀겨 속까지 잘 익힌 다음 건진다. 기름 온도를 180℃로 올려 한 번 더 튀기다가 노릇노릇해지면 건져 낸다.
❸ 프라이팬에 B를 넣고 중불에 올린다. 잘 섞으면서 끓이다가 소스가 걸쭉해지기 시작하면 ❷를 넣고 골고루 버무린 다음, 접시에 옮겨 담고 물기를 뺀 스피어민트를 올린다.

───────

　　　요리용으로는 청량감이 과하지 않게 스피어민트와 비슷한 민트를 쓰는 것이 좋다. 민트는 열을 가하면 향이 날아가 버리므로 조리 중에 넣지 않고 요리에 곁들여 먹으면 한층 싱그러운 향을 느낄 수 있다.

# 그린 계열 향신료 차트

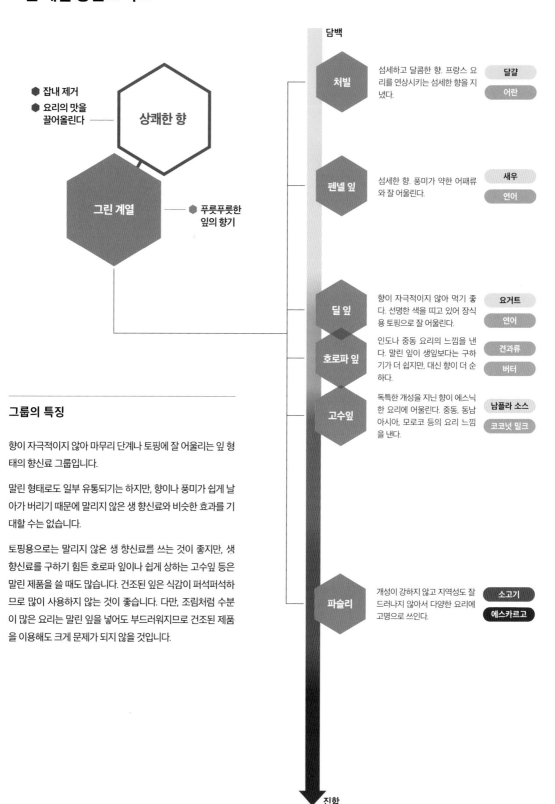

● 잡내 제거
● 요리의 맛을 끌어올린다 — **상쾌한 향**

**그린 계열** — ● 푸릇푸릇한 잎의 향기

담백

**처빌**
섬세하고 달콤한 향. 프랑스 요리를 연상시키는 섬세한 향을 지녔다.
달걀
어란

**펜넬 잎**
섬세한 향. 풍미가 약한 어패류와 잘 어울린다.
새우
연어

**딜 잎**
향이 자극적이지 않아 먹기 좋다. 선명한 색을 띠고 있어 장식용 토핑으로 잘 어울린다.
요거트
연어

**호로파 잎**
인도나 중동 요리의 느낌을 낸다. 말린 잎이 생잎보다는 구하기가 더 쉽지만, 대신 향이 더 순하다.
견과류
버터

**고수잎**
독특한 개성을 지닌 향이 에스닉한 요리에 어울린다. 중동, 동남아시아, 모로코 등의 요리 느낌을 낸다.
남플라 소스
코코넛 밀크

**파슬리**
개성이 강하지 않고 지역성도 잘 드러나지 않아서 다양한 요리에 고명으로 쓰인다.
소고기
에스카르고

진함

## 그룹의 특징

향이 자극적이지 않아 마무리 단계나 토핑에 잘 어울리는 잎 형태의 향신료 그룹입니다.

말린 형태로도 일부 유통되기는 하지만, 향이나 풍미가 쉽게 날아가 버리기 때문에 말리지 않은 생 향신료와 비슷한 효과를 기대할 수는 없습니다.

토핑용으로는 말리지 않은 생 향신료를 쓰는 것이 좋지만, 생 향신료를 구하기 힘든 호로파 잎이나 쉽게 상하는 고수잎 등은 말린 제품을 쓸 때도 많습니다. 건조된 잎은 식감이 퍼석퍼석하므로 많이 사용하지 않는 것이 좋습니다. 다만, 조림처럼 수분이 많은 요리는 말린 잎을 넣어도 부드러워지므로 건조된 제품을 이용해도 크게 문제가 되지 않을 것입니다.

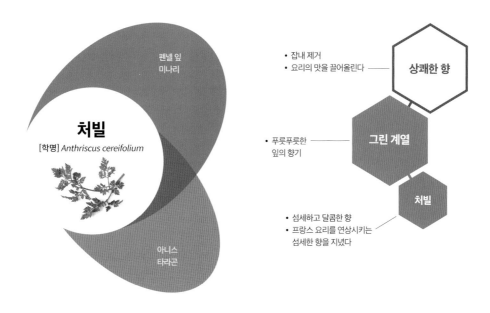

**처빌**

[학명] *Anthriscus cereifolium*

펜넬 잎
미나리

아니스
타라곤

- 잡내 제거
- 요리의 맛을 끌어올린다 ─── **상쾌한 향**

- 푸릇푸릇한 ─── **그린 계열**
  잎의 향기

**처빌**

- 섬세하고 달콤한 향
- 프랑스 요리를 연상시키는
  섬세한 향을 지녔다

**말리지 않은 원형**
레이스처럼 아름다운 외형 덕분에 고
명이나 토핑 등으로 많이 쓰인다.

**잘게 썬 생 향신료**
섬세한 향을 지녔기에 신선한 상태에
서 사용하기 직전에 쓴다.

---

## 잘 어울리는 재료와 조리 방법, 조리의 예

머스캣 포도    달걀    가리비    북쪽분홍새우    **어란**

 **밑간**

 프뤼 드 메르(해산물 모둠)
(갑각류나 조개를 미리 한 번 데칠 때)

 오믈렛
(달걀물에 섞는다)

 **가열**

섬세한 향을 지녀서 가열하기에는 적합하지 않다.

추천
 **마무리**

 차가운 연어알 요리
(토핑)

 달걀 샐러드
(버무린다)

 북쪽분홍새우 카르파초
(토핑)

---

## 세계 각지에서 쓰이는 법

러시아 남부~
유럽 동남부

**아제르바이잔: 도브가**
요거트 수프. 다른 허브와 함께 사용
된다.

**프랑스: 아스픽**
젤리 등을 올린 냉요리에 많이 쓰인다.

**일본: 케이크의 토핑**
섬세한 향이 음식의 맛을 방해하지 않
아서 생크림 케이크의 장식으로 올라
간다.

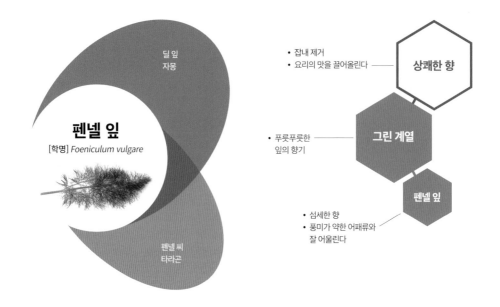

**펜넬 잎**

[학명] *Foeniculum vulgare*

딜 잎
자몽

펜넬 씨
타라곤

- 잡내 제거
- 요리의 맛을 끌어올린다 — **상쾌한 향**

- 푸릇푸릇한 잎의 향기 — **그린 계열**

**펜넬 잎**
- 섬세한 향
- 풍미가 약한 어패류와 잘 어울린다

**말리지 않은 원형**
잎이 잘 떨어지지 않아서 절임 요리 등에 많이 쓰인다.

**잘게 썬 생 향신료**
잎이 가늘고 쉽게 마르기 때문에 사용하기 직전에 썬다.

## 잘 어울리는 재료와 조리 방법, 조리의 예

오이 　 주키니 호박 　 달걀 　 새우 　 닭고기 　 당근 　 연어 　 한치 　 바지락

＼추천／
**밑간**

흰 아스파라거스 마리네이드
(마리네이드 용액에 함께 재운다)

주키니 호박 프리토
(튀김옷에 섞는다)

**가열**

섬세한 향을 지녀서 가열하기에는 적합하지 않다.

＼추천／
**마무리**

샐러드
(샐러드용 잎상추와 섞는다)

광어 카르파초
(토핑)

허브 마요네즈를 곁들인 대구 프리토
(마요네즈에 섞는다)

## 세계 각지에서 쓰이는 법

남유럽

**이탈리아: 오렌지와 펜넬 샐러드**
줄기 부분이 두툼한 플로렌스 펜넬을 채소처럼 쓴다.

\* 세계 각지에서 토핑용 향신료로 쓰이는데, 특히 연어나 어패류와 잘 어울린다.

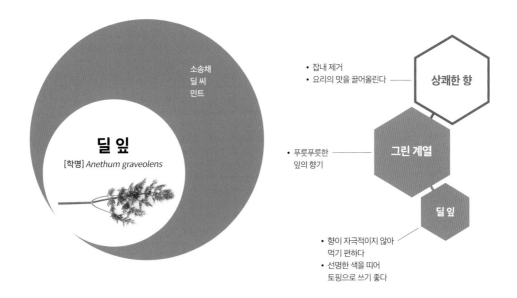

딜 잎

[학명] Anethum graveolens

소송채
딜 씨
민트

- 잡내 제거
- 요리의 맛을 끌어올린다 — **상쾌한 향**

- 푸릇푸릇한
잎의 향기 — **그린 계열**

**딜 잎**
- 향이 자극적이지 않아
먹기 편하다
- 선명한 색을 띠어
토핑으로 쓰기 좋다

 **말리지 않은 원형**
섬세하고 쉽게 손상되므로 되도록 보관하지 않고 바로 사용한다.

 **잘게 썬 생 향신료**
쉽게 손상되므로 사용하기 직전에 쓴다.

## 잘 어울리는 재료와 조리 방법, 조리의 예

레몬 　 오이 　 주키니 호박 　 갈치 　 요거트 　 연어 　 삼치 　 생크림 　 크림치즈

\추천/
**밑간**
연어 마리네이드
(마리네이드 용액에 함께 재운다)
치킨 케밥
(밑간할 때 뿌린다)

**가열**
섬세한 향을 지녀서 가열하기에는 적합하지 않다.

\추천/
**마무리**
클램차우더 수프
(토핑)
연어 카르파초
(토핑)
요거트 드레싱
(섞는다)

## 세계 각지에서 쓰이는 법

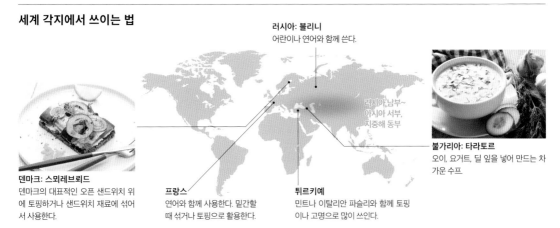

**러시아: 블리니**
어란이나 연어와 함께 쓴다.

러시아 남부~
아시아 서부,
지중해 동부

**불가리아: 타라토르**
오이, 요거트, 딜 잎을 넣어 만드는 차가운 수프

**덴마크: 스뫼레브뢰드**
덴마크의 대표적인 오픈 샌드위치 위에 토핑하거나 샌드위치 재료에 섞어서 사용한다.

**프랑스**
연어와 함께 사용한다. 밑간할 때 섞거나 토핑으로 활용한다.

**튀르키예**
민트나 이탈리안 파슬리와 함께 토핑이나 고명으로 많이 쓰인다.

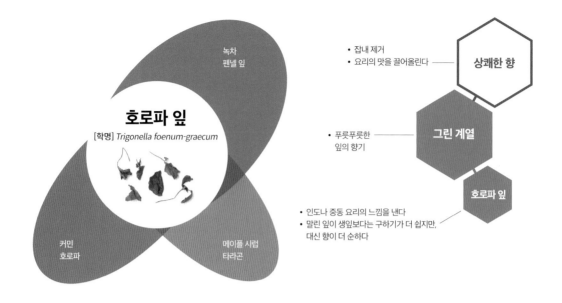

## 호로파 잎

[학명] *Trigonella foenum-graecum*

- 녹차
- 펜넬 잎
- 커민
- 호로파
- 메이플 시럽
- 타라곤

- 잡내 제거
- 요리의 맛을 끌어올린다 ── **상쾌한 향**

- 푸릇푸릇한 잎의 향기 ── **그린 계열**

**호로파 잎**
- 인도나 중동 요리의 느낌을 낸다
- 말린 잎이 생잎보다는 구하기가 더 쉽지만, 대신 향이 더 순하다

**말리지 않은 원형**
향이 자극적이지 않아 먹기 편하다. 굵게 다져서 말린 잎처럼 사용할 수 있으며, 채소처럼 쓴다.

**말린 잎(카스리메티 리프)**
달콤쌉쌀한 향이 나지만, 순하고 부드러워서 소량 정도는 토핑으로도 쓸 수 있다.

## 잘 어울리는 재료와 조리 방법, 조리의 예

`닭고기` `견과류` `버터` `시금치`

 **밑간**

 치킨 카레
(닭고기를 밑간할 때)

\추천/
 **가열**

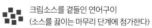 달 커리
(템퍼링해서 다른 향신료와 함께 뺑는다)

크림소스를 곁들인 연어구이
(소스를 끓이는 마무리 단계에 첨가한다)

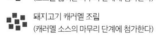 돼지고기 캐러멜 조림
(캐러멜 소스의 마무리 단계에 첨가한다)

\추천/
 **마무리**

 카레
(토핑)

 달걀 샐러드
(버무린다)

잎이 퍼석퍼석하므로 양 조절에 주의한다.

## 세계 각지에서 쓰이는 법

아시아 서부
유럽 동남부

**조지아: 차카풀리**
허브를 듬뿍 넣은 수프. 타라곤이나 고수잎 등 다른 허브와 함께 조림 요리 등에 사용하기도 한다.

**인도: 메티 무르그**
호로파 생잎이 들어간 인도 북부의 치킨 커리.

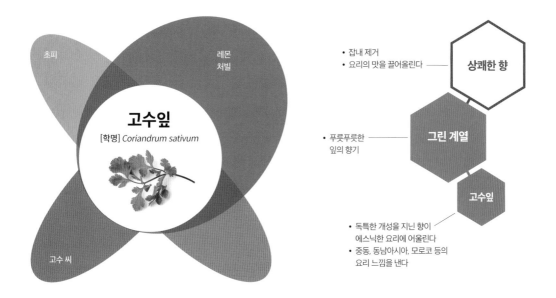

# 고수잎

[학명] *Coriandrum sativum*

초피

레몬
처빌

고수 씨

- 잡내 제거
- 요리의 맛을 끌어올린다 ── **상쾌한 향**

- 푸릇푸릇한 ── **그린 계열**
  잎의 향기

**고수잎**

- 독특한 개성을 지닌 향이
  에스닉한 요리에 어울린다
- 중동, 동남아시아, 모로코 등의
  요리 느낌을 낸다

 **말리지 않은 원형**
수확 시기나 토양에 따라 향의 강도
가 크게 차이 난다. 잎이 쉽게 손상되
므로 빨리 사용하는 것이 좋다.

 **잘게 썬 생 향신료**
칼로 썬 순간부터 잎이 손상되기 시
작하므로 사용하기 직전에 썬다.

 **말린 잎**
유통은 되지만, 향이 약하다. 생잎을
도저히 구할 수 없는 경우에만 생잎
대신 사용한다.

## 잘 어울리는 재료와 조리 방법, 조리의 예

오이 　 새우 　 닭고기 　 남플라 소스 　 바지락 　 돼지고기 　 코코넛 밀크 　 토마토 　 굴

**밑간**

에스닉 스타일의 새우 바비큐
(밑간할 때 뿌린다)

닭고기 완자 꼬치
(반죽에 섞는다)

＼ 추천 ／
**가열**

똠얌꿍
(줄기, 뿌리를 함께 끓인다)

태국식 커리
(다른 향신료와 함께 다져서 커리 페이스트
를 만든다)

＼ 추천 ／
**마무리**

오이무침
(버무린다)

굴 튀김
(고명으로 올린다)

## 세계 각지에서 쓰이는 법

**태국: 남찜 카우만까이**
태국식 닭고기덮밥인 카우만까이에 뿌려 먹는 소스
에 들어간다. 이 밖에도 베트남처럼 요리에 고명으로
올릴 때가 많다.

지중해 연안
서아시아

**조지아: 카르초**
소고기와 호두를 넣은 수프 함께 끓여
서 사용한다.

**인도, 동남아시아**
카레에 토핑으로 올리거나 볶음 요리
에 함께 넣는 등 채소처럼 다양하게
쓴다.

**베트남: 반미**
반미 샌드위치의 재료 등으로 쓰인다.
다른 요리에도 토핑으로 많이 쓰인다.

**멕시코: 세비체**
어패류 무침. 일식에 쓰이는 파처럼 온
갖 요리에 고명이나 토핑으로 쓰인다.

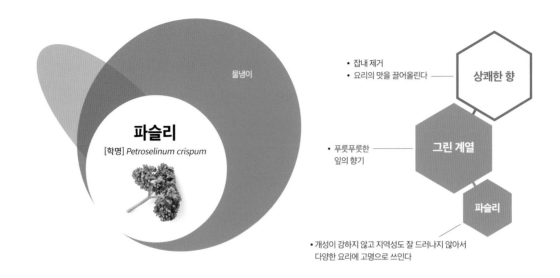

물냉이

# 파슬리

[학명] *Petroselinum crispum*

- 잡내 제거
- 요리의 맛을 끌어올린다 ── **상쾌한 향**

- 푸릇푸릇한 ── **그린 계열**
  잎의 향기

**파슬리**

- 개성이 강하지 않고 지역성도 잘 드러나지 않아서
  다양한 요리에 고명으로 쓰인다

**말리지 않은 원형**
이탈리안 파슬리와 컬리 파슬리가 있다. 이탈리안 파슬리가 더 순하고 부드러워 먹기 편하다.

**잘게 썬 생 향신료**
다른 잎에 비해 변색이 되지 않아 쓰기 편하다.

**말린 잎**
향이 거의 나지 않아서 장식용으로 간편하게 쓸 수 있다.

## 잘 어울리는 재료와 조리 방법, 조리의 예

가리비 　닭고기　 아몬드　 토마토　 정어리　 도미　 소고기　 에스카르고

**밑간**

가리비 튀김
(튀김옷에 섞는다)

빵가루를 묻힌 도미구이
(빵가루에 섞는다)

**가열**

에스카르고용 버터에 구운 바지락
(에스카르고용 버터에 섞는다)

파슬리 버터에 구운 스테이크
(버터에 섞는다)

／ 추천 ＼

**마무리**

채 썬 양배추&파슬리
(양배추에 섞는다)

탑불레 스타일의 샐러드
(콩이나 쿠스쿠스와 함께 버무린다)

## 세계 각지에서 쓰이는 법

**이탈리아: 피카다**
파슬리와 견과류 등을 갈아 만든 페이스트. 조미료처럼 넣거나 곁들여 낸다.

지중해 동부

**프랑스: 에스카르고용 버터**
에스카르고 요리에 고명으로 올라가는 버터지만, 다른 식재료에도 많이 쓰인다. 메트르 도텔 버터(다진 파슬리와 레몬즙을 섞은 버터) 등도 있다.

**아르헨티나: 치미추리**
파슬리를 넣은 소스. 구운 고기에 소스로 쓴다.

**튀르키예: 탑불레**
파슬리를 넣은 샐러드. 쿠스쿠스, 토마토, 오이 등과 함께 버무린다. 이 밖에도 딜 잎이나 민트와 함께 고명이나 색감을 내는 용도로 다양한 요리에 들어간다.

## 백명란과 처빌을 얹은
## 매시드 포테이토

섬세한 식감을 지닌 요리에 그만큼 섬세한 풍미를 지닌 처빌을
첨가했다. 육두구의 달콤한 향이 감자의 풋내를 잡고, 처빌의
달콤한 향과도 잘 어우러진다.

###  재료(2~3인분)
- 양하 ⋯ 1개
- 백명란 ⋯ 1덩이
- 처빌 ⋯ 한 줌
- 감자 ⋯ 2개

  ┌ 생크림 ⋯ 5큰술
  │ ● 육두구 분말 ⋯ 약간
  A │ 소금 ⋯ 한 꼬집
  │ 설탕 ⋯ 1작은술
  └ 우유 ⋯ 5큰술
- 올리브유 ⋯ 1큰술

###  만드는 법
❶ 양하는 둥글게 썰어 물에 담근다. 백명란은 부드럽게 풀어
   준다. 처빌은 물에 담가 둔다.
❷ 감자는 껍질을 벗기지 않고 찐 다음, 식기 전에 껍질을 벗
   겨 으깬다. 여기에 A를 첨가해 부드럽게 한 다음, 접시에
   깐다.
❸ ②에 백명란과 양하를 얹었고 올리브유를 두른 다음, 그 위
   에 처빌을 올린다.

매콤한 향신료를 넣지 않고, 부드러운 식감을 살린 요
리다. 매시드 포테이토는 흘러내릴 만큼 너무 부드럽지
는 않으면서도 백명란과 함께 입에 넣었을 때 위화감이
들지 않을 정도의 식감이 적당하므로 감자의 상태에 따
라 우유나 생크림의 양을 조절하도록 한다.

## 깔깔새우와 펜넬 칵테일

펜넬의 달콤한 향이 새우의 단맛을 끌어올린다. 알싸한 생양파
를 넣어 새우 비린내를 잡았다.

###  재료(2~3인분)
- 깔깔새우(생식용) ⋯ 10마리
- 양파 ⋯ 10분의 1개
- 양하 ⋯ 1개
- 파프리카 ⋯ 16분의 1개
- 펜넬 잎 ⋯ 2줄기
- 소금 ⋯ 4분의 1작은술
- 레몬즙 ⋯ 4분의 1개 분량

###  만드는 법
❶ 깔깔새우는 머리, 껍질, 내장을 제거한 다음 1cm 너비로
   자른다. 양파와 양하는 2~3mm 굵기로 다진 후, 찬물에
   담가 둔다. 파프리카도 2~3mm 굵기로 다진다. 펜넬은 줄
   기를 제거한 후, 5mm 길이로 썬다.
❷ 볼에 깔깔새우, 물기를 뺀 양파와 양하, 파프리카, 펜넬 잎,
   소금을 넣은 다음, 레몬즙을 짜서 골고루 버무린다. 차갑
   게 식혀 그릇에 담는다.

그릇에 담기 전에 차갑게 식히는 것이 좋다. 시간이 지
나면 레몬즙 때문에 새우 표면의 단백질이 굳어 버리므
로 너무 오래 두지 않도록 주의하자. 펜넬이나 양파, 양
하나 파프리카의 양을 늘려 샐러드처럼 만들어도 좋다.

## 가다랑어포와 딜을 넣은
## 오이무침

피클만 봐도 알 수 있듯이 궁합이 잘 맞는 오이와 딜을 일식 느
낌으로 살려 보았다.

### 🪷 재료(2~3인분)
오이 … 1개
🔘 딜 잎 … 4~5줄기
가다랑어포 … 5g
진간장 … 2작은술

### 🪷 만드는 법
❶ 오이는 1~2mm 두께로 둥글게 썰고, 딜은 딱딱한 줄기를
  제거한 다음 1cm 길이로 큼직하게 썰어 볼에 담는다.
❷ ①에 가다랑어포를 뿌리고 간장을 부은 다음, 골고루 버
  무린다.

감칠맛이 충분히 나는 좋은 가다랑어포와 간장을 사용
하면 오이의 풋풋한 맛과 소스의 감칠맛이 조화를 이룬
다. 간장은 풍미가 강한 진간장을 쓰는 것이 좋다.

## 호로파 잎과 강황 가루를 넣은
## 닭고기 감자조림

간장을 넣어 익숙한 맛에 말린 호로파 잎의 달콤한 향을 입히고
강황 가루로 색을 내 변화를 주었다.

### 🪷 재료(3~4인분)
닭다리살 … 1장
감자 … 2개
🔘 양파 … 2분의 1개
🔘 겨자유 … 2큰술
🔘 카스리메티 리프(말린 호로파 잎) … 1큰술
🔘 강황 가루 … 2분의 1작은술
┌ 소금 … 2분의 1작은술
│ 설탕 … 1작은술
A
│ 국간장 … 1작은술
└ 요리술 … 2큰술

### 🪷 만드는 법
❶ 닭고기는 힘줄을 제거하고, 한입 크기로 썬다. 감자도 껍
  질을 벗긴 다음, 한입 크기로 썰어 찬물에 담근다. 양파는
  결 방향대로 얇게 썬다.
❷ 냄비에 겨자유를 둘러 중불에 올린다. 기름이 살짝 달궈지
  면 카스리메티 리프와 강황 가루를 붓고, 곧바로 양파를
  넣어 가볍게 섞는다. 양파를 섞자마자 A와 물 200ml를
  첨가해 잘 섞는다.
❸ ②에 닭고기와 감자도 넣는다. 끓어오르면 불을 약불로
  줄이고 뚜껑을 덮은 후, 감자가 푹 익을 때까지 20분 정도
  조린다.

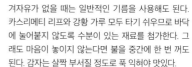 

겨자유가 없을 때는 일반적인 기름을 사용해도 된다.
카스리메티 리프와 강황 가루 모두 타기 쉬우므로 바닥
에 눌어붙지 않도록 수분이 있는 재료를 첨가한다. 그
래도 마음이 놓이지 않는다면 불을 중간에 한 번 꺼도
된다. 감자는 살짝 부서질 정도로 푹 익혀야 맛있다.

## 고수잎을 곁들인 오징어튀김

영양이 풍부한 오징어에 가람 마살라와 고수잎의 진한 풍미를 첨가해서 오징어의 비린내를 잡는 동시에 맛을 한층 더 끌어올렸다.

### 🌿 재료(2~3인분)

오징어 … 2마리
소금 … 4분의 1작은술
● 가람 마살라 … 한 꼬집
요리술 … 1작은술
● 고수잎 … 5~6장
○ 레몬 … 2분의 1개
박력분, 달걀, 빵가루 … 적당량
튀김용 기름 … 적당량

### 🌿 만드는 법

❶ 오징어를 손질한 후, 몸통 부분을 1cm 너비로 둥글게 썰고, 다리는 먹기 좋은 크기로 자른다. 자른 오징어에 소금, 가람 마살라, 요리술을 넣어 밑간한다. 고수잎은 단단한 줄기를 제거하고, 레몬은 반달 모양으로 자른다.

❷ 오징어에 박력분을 묻힌 후, 남은 박력분과 달걀을 섞어 만든 튀김옷에 담갔다 꺼낸다. 빵가루를 묻혀 중간 온도에서 바싹 튀긴다.

❸ 오징어튀김을 접시에 담고 레몬과 고수잎을 곁들인다.

시판 중인 가람 마살라 중에는 카레 가루에 가까운 풍미를 내는 제품도 있으므로 정향이나 카다멈을 첨가해 풍미를 끌어올리면 오징어와 더 잘 어울린다. 오징어 대신 굴 등을 사용해도 좋다.

## 퀴노아를 넣은 탑불레와 양고기 케밥

양고기의 강한 풍미를 이탈리안 파슬리의 강한 풍미가 한층 끌어올린다. 커민과 고수 씨를 넣어 밑간해서 양고기의 누린내를 잡고, 에스닉한 느낌을 냈다.

### 🌿 재료(2~3인분)

양고기 … 300g
● 이탈리안 파슬리 … 10줄기 정도
● 양파 … 4분의 1개
퀴노아 … 2큰술
● 커민 … 1작은술
● 고수 씨 … 1작은술
● 한국산 고춧가루 … 2분의 1작은술
● 마늘 … 4분의 1쪽
소금 … 2분의 1과 4분의 1작은술
○ 레몬즙 … 4분의 1개 분량
올리브유 … 1큰술

### 🌿 만드는 법

❶ 힘줄을 제거한 양고기를 가로세로 2~3cm 크기로 썬다. 이탈리안 파슬리는 단단한 줄기를 제거한다. 양파는 2~3mm 굵기로 얇게 썰어 물에 담가 둔다.

❷ 냄비에 퀴노아와 물 100ml를 넣고 중불에 올린다. 물이 끓어오르면 뚜껑을 덮고, 약불로 줄여 3분간 더 끓인다. 불을 끄고, 10분간 뜸을 들였다가 체에 건져 한 김 식힌다.

❸ 커민, 고수 씨를 절구에 넣어 굵게 빻는다. 여기에 한국산 고춧가루와 간 마늘, 소금 2분의 1작은술을 섞는다. 이렇게 혼합한 향신료를 양고기에 골고루 묻힌 다음, 양고기를 꼬치에 끼운다.

❹ 양고기를 그릴 팬에 올려 속까지 잘 익도록 굽는다.

❺ 이탈리안 파슬리, 물기를 뺀 양파, 퀴노아를 볼에 담고, 소금 4분의 1작은술과 레몬즙을 뿌린 다음, 잘 버무린다. 올리브유를 둘러 ④와 함께 접시에 담아 낸다.

초봄에 수확한 이탈리안 파슬리는 연해서 먹기 좋다. 커민과 고수 씨는 직접 빻아 넣어야 향이 더 좋지만, 간편한 분말 제품을 이용하고 싶을 때는 각각 4분의 1작은술을 넣는다.

# 삼림 계열/씨앗 그룹 향신료 차트

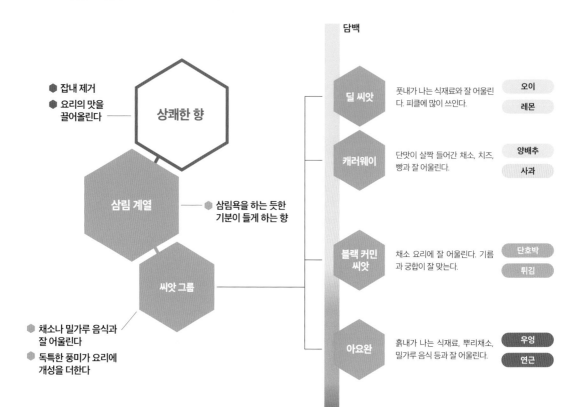

담백

● 잡내 제거
● 요리의 맛을
　끌어올린다 ── 상쾌한 향

삼림 계열 ── ● 삼림욕을 하는 듯한
　　　　　　　기분이 들게 하는 향

씨앗 그룹

● 채소나 밀가루 음식과
　잘 어울린다
● 독특한 풍미가 요리에
　개성을 더한다

**딜 씨앗** — 풋내가 나는 식재료와 잘 어울린다. 피클에 많이 쓰인다. — 오이 / 레몬

**캐러웨이** — 단맛이 살짝 들어간 채소, 치즈, 빵과 잘 어울린다. — 양배추 / 사과

**블랙 커민 씨앗** — 채소 요리에 잘 어울린다. 기름과 궁합이 잘 맞는다. — 단호박 / 튀김

**아요완** — 흙내가 나는 식재료, 뿌리채소, 밀가루 음식 등과 잘 어울린다. — 우엉 / 연근

진함

## 그룹의 특징

숲 향기처럼 청량한 향을 풍기며, 씨앗 형태로 쓰이는 일이 많은 그룹입니다. 채소 요리나 밀가루 음식과 잘 어울리지만, 독특한 풍미로 혼합 향신료나 시즈닝에 개성을 더하는 용도로도 이용할 수 있습니다

캐러웨이, 블랙 커민 씨앗, 아요완은 빵 같은 밀가루 음식의 반죽에 섞어 쓸 때가 많은데, 단조로운 빵에 청량한 느낌을 더해 줍니다. 저마다 매우 독특한 향을 풍기므로 양 조절에 주의해야 합니다.

딜 씨앗은 범용성이 그리 넓지 않아 주로 오이 같은 피클을 만들 때 쓰입니다.

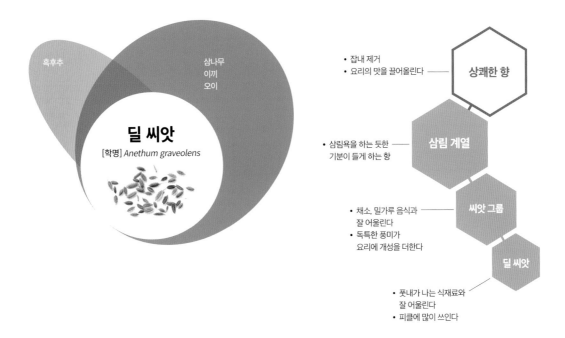

- 잡내 제거
- 요리의 맛을 끌어올린다 ── **상쾌한 향**

- 삼림욕을 하는 듯한 ── **삼림 계열**
  기분이 들게 하는 향

- 채소, 밀가루 음식과 ── **씨앗 그룹**
  잘 어울린다
- 독특한 풍미가
  요리에 개성을 더한다

  **딜 씨앗**

- 풋내가 나는 식재료와
  잘 어울린다
- 피클에 많이 쓰인다

**말린 씨앗**
가열해도 딱딱해서 그대로 먹기에는
적합하지 않다.

**말린 분말**
잘 갈리지 않아 입자가 굵지만, 밑간
등을 할 때는 편리하다.

## 잘 어울리는 재료와 조리 방법, 조리의 예

레몬    오이    민트    한치

\ 추천 /

**밑간**

오이 피클
(피클 용액에 함께 재운다)

오징어 레몬구이
(밑간할 때 뿌린다)

**가열**

혼합 향신료의 재료로 쓰일 때도 있지만, 가열하면 향
이 쉽게 날아가 버려 적합하지 않다.

**마무리**

딜의 풍미를 더한 드레싱
(섞는다)

## 세계 각지에서 쓰이는 법

**러시아~북유럽: 딜 비니거**
딜 씨앗을 재운 식초를 생선 요리에
쓴다.

러시아 남부
아시아 서부
지중해 동부

**미국: 딜 피클**
햄버거나 핫도그에 넣는 오이 피클에
는 딜 씨앗의 향이 첨가되어 있다.

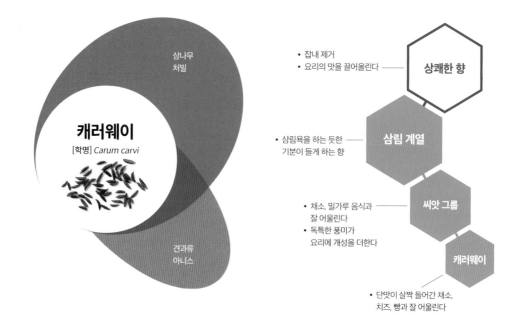

**캐러웨이**

[학명] *Carum carvi*

삼나무
처빌

견과류
아니스

- 잡내 제거
- 요리의 맛을 끌어올린다 ──── **상쾌한 향**

- 삼림욕을 하는 듯한 ──── **삼림 계열**
  기분이 들게 하는 향

- 채소, 밀가루 음식과 ──── **씨앗 그룹**
  잘 어울린다
- 독특한 풍미가
  요리에 개성을 더한다

**캐러웨이**

- 단맛이 살짝 들어간 채소,
  치즈, 빵과 잘 어울린다

**말린 씨앗**
견과류 같은 고소한 단맛과 청량감이
느껴진다. 입자가 비교적 작아서 씨
앗 상태로도 먹기 편하다.

## 잘 어울리는 재료와 조리 방법, 조리의 예

양배추　　사과　　아몬드　　당근　　빵　　반경질 치즈

\추천/

**밑간**

 당근 케이크
(반죽에 섞는다)

 당근 마리네이드
(함께 재운다)

**가열**

 사과잼
(함께 끓인다)

 치즈 토스트
(토핑으로 올려 함께 굽는다)

 사우어크라우트 조림
(함께 조린다)

**마무리**

 샐러드
(볶아서 토핑으로 올린다)

 버터 라이스(간장 버터 비빔밥)
(볶아서 섞는다)

## 세계 각지에서 쓰이는 법

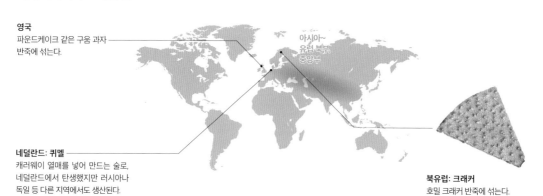

**영국**
파운드케이크 같은 구운 과자
반죽에 섞는다.

아시아~
유럽 북부
중앙부

**네덜란드: 퀴멜**
캐러웨이 열매를 넣어 만드는 술로,
네덜란드에서 탄생했지만 러시아나
독일 등 다른 지역에서도 생산된다.

**북유럽: 크래커**
호밀 크래커 반죽에 섞는다.

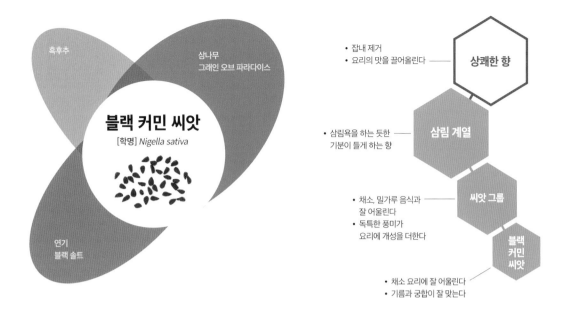

흑후추

삼나무
그래인 오브 파라다이스

## 블랙 커민 씨앗

[학명] *Nigella sativa*

연기
블랙 솔트

- 잡내 제거
- 요리의 맛을 끌어올린다 ——— **상쾌한 향**

- 삼림욕을 하는 듯한
  기분이 들게 하는 향 ——— **삼림 계열**

- 채소, 밀가루 음식과
  잘 어울린다 ——— **씨앗 그룹**
- 독특한 풍미가
  요리에 개성을 더한다

**블랙 커민 씨앗**

- 채소 요리에 잘 어울린다
- 기름과 궁합이 잘 맞는다

**말린 씨앗**
그대로는 청량한 숲 향기가 나지만,
템퍼링을 하면 견과류 같은 고소한
향이 난다.

## 잘 어울리는 재료와 조리 방법, 조리의 예

콜리플라워 · 단호박 · 빵 · 튀김 · 연근 · 토란 · 시금치

\추천/
**밑간**

빵
(반죽에 섞는다)

채소 프리토
(튀김옷에 섞는다)

단호박 크로켓
(반죽에 섞는다)

\추천/
**가열**

콩조림
(템퍼링한 후에 함께 조린다)

콜리플라워 화이트와인 조림
(함께 조린다)

\추천/
**마무리**

카레
(템퍼링해서 기름째 붓는다)

토란 간장 샐러드
(템퍼링해서 기름째 버무린다)

## 세계 각지에서 쓰이는 법

유럽 남부
아시아 서부

**인도: 콜리플라워 볶음**
채소볶음이나 튀김, 콩을 넣은 커리
등에 사용한다.

**튀르키예: 빵**
빵 반죽에 섞어 사용한다.

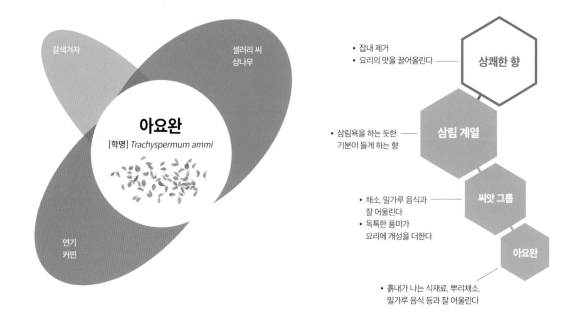

갈색겨자

셀러리 씨
삼나무

# 아요완

[학명] *Trachyspermum ammi*

연기
커민

- 잡내 제거
- 요리의 맛을 끌어올린다 —— **상쾌한 향**

- 삼림욕을 하는 듯한 —— **삼림 계열**
  기분이 들게 하는 향

- 채소, 밀가루 음식과 —— **씨앗 그룹**
  잘 어울린다
- 독특한 풍미가
  요리에 개성을 더한다

**아요완**

- 흙내가 나는 식재료, 뿌리채소,
  밀가루 음식 등과 잘 어울린다

**말린 씨앗**
청량감이 있는 복잡한 향이 토란이나
밀가루 음식의 묵직한 맛을 산뜻하게
해 준다.

**말린 분말**
씨앗이 단단해서 빻아도 입자가 굵지
만, 밑간 등을 할 때 많이 쓰인다. 즉
석에서 바로 빻아서 써야 한다.

## 잘 어울리는 재료와 조리 방법, 조리의 예

( 당근 ) ( 단호박 ) ( 콩 ) ( 빵 ) ( 우엉 ) ( 연근 ) ( 루콜라 )

\ 추천 /

**밑간**

통밀 피타빵
(반죽에 섞는다)

채소구이
(밑간에 사용)

적양배추 마리네이드
(함께 절인다)

**가열**

우엉 소테
(템퍼링해서 함께 볶는다)

콩조림
(함께 조린다)

**마무리**

루콜라 피자
(토핑)

무 샐러드
(드레싱에 섞는다)

## 세계 각지에서 쓰이는 법

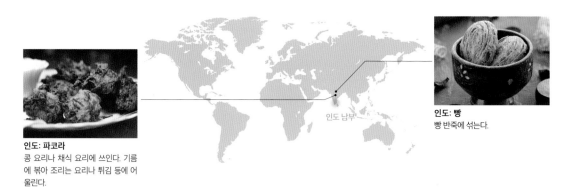

인도 남부

**인도: 빵**
빵 반죽에 섞는다.

**인도: 파코라**
콩 요리나 채식 요리에 쓰인다. 기름
에 볶아 조리는 요리나 튀김 등에 어
울린다.

## 양배추 단 식초 절임

채소가 양배추 하나밖에 없어도 여기에 딜을 첨가하면 질리지 않는 풍미를 낼 수 있다. 딜의 향이 양배추의 풋내를 잡아 준다.

 **재료(만들기 쉬운 분량)**
양배추 … 2분의 1통
소금 … 4분의 1작은술
● 딜 씨앗 … 2분의 1작은술
┌ 소금 … 4분의 1작은술
A 설탕 … 2작은술
└ 식초 … 1큰술

 **만드는 법**
❶ 양배추는 딱딱한 겉잎을 벗긴 다음, 부드러운 잎을 한입 크기로 썰고, 심 부분은 잘게 다진다. 소금을 뿌려 그대로 10분간 둔다.
❷ 딜 씨앗을 절구에 빻는다. 절반 정도 빻은 씨앗을 A와 함께 볼에 담아 잘 섞은 다음, 소금과 설탕을 붓고 녹여 절임액을 만든다.
❸ 비닐봉지에 물기를 뺀 양배추와 ❷의 절임액을 담고, 공기를 뺀 다음 잘 밀봉해서 그대로 냉장실에 1시간 정도 둔다.

딜 씨앗은 빻아서 표면에 흠집을 내면 풍미가 더 잘 난다. 양배추는 물기를 완전히 제거해야 맛이 더 잘 밴다. 양배추 대신 두드린 오이나 배추 등도 쓸 수 있다.

## 캐러웨이의 풍미를 더한 사과잼

사과의 새콤달콤한 풍미와 캐러웨이의 고소한 풍미가 어우러진 맛을 즐길 수 있다.

 **재료(만들기 쉬운 분량)**
사과 … 2개
설탕 … 8큰술
럼주 … 1작은술
● 캐러웨이 … 4분의 1작은술

 **만드는 법**
❶ 사과는 껍질을 벗겨 심을 제거한 후, 한입 크기로 썬다.
❷ 냄비에 사과, 설탕, 럼주, 캐러웨이, 물 1큰술을 넣고, 중불에 올린 후 뚜껑을 덮는다. 타지 않도록 때때로 저으면서 사과가 완전히 익을 때까지 20분 정도 졸인다.
❸ 사과가 다 익었으면 주걱으로 눌러 으깬 다음, 용기에 옮겨 담는다.

사과는 큼직하게 썰어 졸여야 식감이 좋다. 사과가 탈 것 같을 때마다 물을 조금 부으면서 상태를 살핀다.

## 타마린드의 풍미를 더한 두부튀김 볶음

커민과 블랙 커민 씨앗만으로 마살라의 일종인 판치 포론을 간편하게 만들어 쓸 수 있다. 식초 대신 타마린드 액을 사용하고, 마무리 단계에서 양파와 고수잎을 넣어 한층 인도 요리의 느낌이 나게 했다.

### ❀ 재료(3~4인분)

두껍게 썰어 튀긴 두부 … 3장
⬢ 고수잎 … 2~3줄기
⬢ 양파 … 8분의 1개
기름 … 2큰술
⬢ 커민 … 2분의 1작은술
⬢ 블랙 커민 씨앗 … 2분의 1작은술

A
- ⬢ 한국산 굵은 고춧가루 … 2분의 1작은술
- ⬢ 타마린드 액 … 1작은술
- 설탕 … 1큰술
- 진간장 … 2작은술
- 남플라 소스 … 1작은술

### ❀ 만드는 법

❶ 두껍게 썰어 튀긴 두부는 한입 크기로 자른다. 고수잎은 2~3cm 너비로 큼직하게 썰고, 양파는 반으로 자른 뒤 결 방향에 맞춰 4~5mm 두께로 얇게 썬다.
❷ 프라이팬에 기름과 기민, 블랙 커민 씨앗을 넣고 약불에 올린다. 씨앗 주변에 거품이 보글보글 올라오면 튀긴 두부를 넣고 살짝 데우는 정도로만 볶는다.
❸ 물 2큰술과 A를 넣고, 수분을 날리듯이 볶은 다음, 불을 끄고 고수잎과 양파를 넣어 살짝 버무린다.

*** 타마린드 액 만드는 법(만들기 쉬운 분량)**
타마린드 50g과 물 5큰술을 볼에 담고, 타마린드가 부드러워질 때까지 주무른 다음, 체에 물기를 짜내듯이 거른다.

> 커민과 블랙 커민 씨앗은 태우지 않는 것이 중요하므로 색이 나기 전에 튀긴 두부를 넣고, 시간이 너무 오래 지나기 전에 수분이 있는 재료를 첨가해 타는 것을 방지한다. 고수잎과 양파는 거의 익히지 않고 향과 알싸한 맛을 남겨 고명으로 쓴다.

## 구운 채소를 넣은 아요완 풍미의 피타 샌드위치

단조로운 피타 샌드위치에 아요완이 깔끔한 향으로 악센트를 더한다. 파프리카 분말로 중동의 느낌을 냈다.

### ❀ 재료(2~3인분)

A
- 강력분 … 200g
- 전립분 … 50g
- 인스턴트 드라이 이스트 … 1g
- ⬢ 아요완 … 한 꼬집
- 소금 … 3g
- 설탕 … 13g

취향껏 구운 채소(여기서는 가지와 우엉을 사용) … 적당량
소금 … 적당량
요거트 … 3큰술
⬢ 파프리카 분말 … 4분의 1작은술

### ❀ 만드는 법

❶ 피타빵을 만든다. A를 볼에 담아 잘 섞는다. 물 150ml를 넣고 반죽해서 한 덩어리로 뭉친 다음, 부피가 2배 정도 부풀 때까지 45℃에서 1시간 반 정도 발효시킨다.
❷ ①을 3등분해서 둥글게 빚은 다음, 지름이 20cm가 되게 늘인다. 프라이팬을 중불에 올리고, 팬이 충분히 달궈지면 반죽을 올린다. 반죽에 2~3cm 크기의 기포가 올라오기 시작하면 반죽을 뒤집어 기포가 완전히 부풀 때까지 굽는다. 다 구워진 빵은 마르지 않게 천 등으로 감싼다.
❸ ②를 반으로 잘라 속을 가르고, 그 안에 소금을 뿌려 구운 채소를 채워 넣는다. 요거트를 바른 다음 파프리카 분말을 뿌린다.

> 피타빵이 잘 부풀지 않았을 때는 바싹 구워서 랩 샌드위치처럼 재료를 올려 돌돌 말거나 오븐에 넣어 딱딱하게 구운 다음, 손으로 부숴 크래커처럼 다른 요리에 곁들여 먹어도 된다.

*Column 04* | **견과류나 건조식품은 향신료일까?**

견과류나 건조식품 등 일반적으로는 향신료로 여겨지지 않는 식품도 세계 각지의 요리나 혼합 향신료에서 마치 향신료처럼 취급될 때가 있습니다. 그렇기에 이런 식재료가 지닌 저마다의 특징을 알아 두면 스스로 향신료로 활용할 수 있게 됩니다. 여기서는 대표적인 견과류와 건조식품을 소개하려고 합니다.

### 깨

깨의 원산지는 아프리카로 알려져 있으나, 예부터 향신료와 함께 거래되어 전 세계에서 널리 쓰이고 있다. 일본의 시치미토가라시나 이집트의 둑까, 튀르키예의 자타르 같은 혼합 향신료에도 들어간다. 견과류 같은 단맛과 고소함을 더해 요리에 포인트를 주거나 혼합 향신료의 전체적인 맛이 순해지게 한다.

### 김·기타 해조류

일본에서는 혼합 향신료인 시치미토가라시에 들어가기도 하며, 오코노미야키나 야키소바 같은 음식에 고명처럼 뿌리기도 한다. 프랑스 북부에서는 버터에 섞어 사용한다. 독특한 감칠맛과 풍미를 지닌 개성 강한 식재료라 혼합 향신료로 쓸 때는 양을 잘 조절해 맛의 균형을 잡아야 한다.

### 작은 새우(벚꽃새우, 젓새우 등)

일본에서는 후리카케 등에 들어가며, 동남아시아에서는 향신료 페이스트의 재료로 쓰인다. 해조류만큼 풍미가 개성적이지 않으며, 잘 말리면 분말로 만들기 쉽다는 장점이 있다. 에스닉한 향을 내는 향신료와 특히 잘 어울린다.

### 몰디브 피시·기타 말린 생선

스리랑카에서는 카레에 가다랑어를 건조한 몰디브 피시가 쓰인다. 일본의 가쓰오부시보다 훈제 향이 강한 것이 특징이다. 세네갈 같은 아프리카 지역에서도 숭어나 꼼치 등을 소금에 절여 말린 게지(Guedji)가 향신료와 함께 요리에 쓰인다. 일본에서 쉽게 구할 수 있는 멸치나 치어도 갈아서 향신료와 섞어 사용하기도 한다.

### 쌀가루

라오스나 태국에서는 고기나 생선을 익혀 채소와 함께 버무려 내는 라브 같은 무침 요리에 볶은 쌀가루를 사용한다. 깨나 견과류와는 다른 독특한 식감이 특징이다.

### 헤이즐넛

이집트의 혼합 향신료인 둑까의 주재료다. 부드러운 식감과 자극적이지 않은 풍미를 지닌 것이 특징이다.

### 포피 시드(양귀비 씨)

일본에서는 시치미토가라시의 재료로 들어가며, 북유럽이나 다른 유럽 지역에서는 빵이나 과자를 만들 때 쓴다. 자극적이지 않은 풍미와 고소한 식감을 지닌 것이 특징이다.

### 땅콩

아프리카 서부에서는 땅콩버터를 요리에 많이 사용한다. 요리에 부드럽고 진한 풍미를 첨가하기에 안성맞춤인 식재료다. 태국에서는 마사만 커리에 들어가는 향신료 페이스트나 토핑 등에 쓰인다.

이 밖에도 모로코나 유럽에서는 생 아몬드와 말린 아몬드를 모두 원형 그대로 조림 요리 등에 사용하며, 이란을 비롯한 주변 지역에서는 페이스트 상태로 만든 호두를 요리에 많이 이용합니다. 또 건과일을 요리에 자주 활용하는 지역도 많습니다. '향신료'라는 표현에 얽매이다 보면 시야가 좁아지기 마련이지만, '건조식품'으로 한데 묶어 생각하면 향신료나 견과류, 건어물, 건과일 모두 같은 종류의 식재료입니다. 고정관념에 사로잡히지 말고 자유로운 발상을 요리에 활용하면 만들 수 있는 요리가 무한대로 늘어날 것입니다.

# 삼림 계열/향나무 그룹 향신료 차트

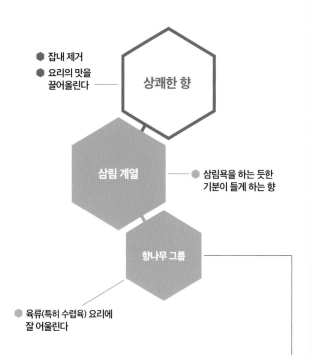

담백

● 잡내 제거
● 요리의 맛을
　끌어올린다 ── 상쾌한 향

삼림 계열 ── ● 삼림욕을 하는 듯한
　　　　　　　　기분이 들게 하는 향

향나무 그룹

● 육류(특히 수렵육) 요리에
　잘 어울린다

주니퍼베리　수렵육이나 풍미가 강한 고기 요
　　　　　　리에 잘 어울린다.

레몬
오리고기

진함

## 그룹의 특징

숲 향기처럼 청량한 향을 풍기는 향신료 중에서도 향나무속에
속하는 두송의 열매인 주니퍼베리는 채소나 밀가루 음식보다
는 육류 요리에 더 잘 어울리는 향신료입니다.

씨앗 그룹과는 달리 건과일처럼 반건조 상태라 비교석 무느러
워 식칼로 다질 수도 있습니다.

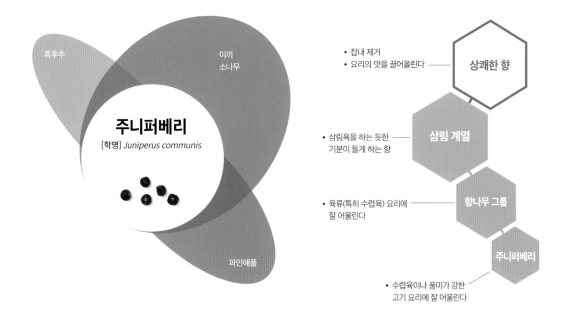

주니퍼베리
[학명] *Juniperus communis*

흑후추

이끼
소나무

파인애플

- 잡내 제거
- 요리의 맛을 끌어올린다 ── **상쾌한 향**

- 삼림욕을 하는 듯한 ──
  기분이 들게 하는 향 ── **삼림 계열**

- 육류(특히 수렵육) 요리에 ──
  잘 어울린다 ── **향나무 그룹**

- ── **주니퍼베리**

- 수렵육이나 풍미가 강한 ──
  고기 요리에 잘 어울린다

**말린 원형**
향이 나는 데에 시간이 걸린다. 건과
일처럼 반건조 상태다. 산미도 조금
있다.

**말려서 굵게 간 분말**
단시간에 조리할 때는 반건조 상태인
주니퍼베리 원형을 식칼 등으로 잘게
다져 사용한다.

---

## 잘 어울리는 재료와 조리 방법, 조리의 예

레몬 　 닭고기 　 화이트와인 　 돼지고기 　 버섯 　 블루베리 　 블랙커런트 　 오리고기 　 사슴고기

\추천/

**밑간**

화이트와인 상그리아
(와인에 넣는다)

오리고기구이
(밑간할 때)

\추천/

**가열**

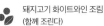
돼지고기 화이트와인 조림
(함께 조린다)

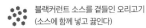
블랙커런트 소스를 곁들인 오리고기
(소스에 함께 넣고 끓인다)

비니거 포테이토
(함께 볶는다)

**마무리**

사슴고기구이
(토핑)

블랙커런트 소스를 곁들인 사슴고기
(소스에 함께 넣고 끓인다)

향이 강하므로 소량만 넣는다.

---

## 세계 각지에서 쓰이는 법

**스웨덴: 사슴고기 조림**
수렵육을 조릴 때는 주니퍼베리가 꼭 들어간다.

원산지 불명

**노르웨이: 가말로스트 치즈**
블루 치즈로, 주니퍼베리 진액을 묻힌
짚 위에서 숙성시킨다.

**핀란드: 카렐리안 스튜**
고기와 채소를 넣은 스튜. 올스파이스
나 주니퍼베리를 함께 넣고 끓인다.

## 주니퍼베리를 넣은 레드와인 소스를 곁들인 오리고기구이

주니퍼베리의 산뜻한 향이 오리고기의 누린내를 잡아 주고, 야성적인 맛을 더 끌어올린다.

### 🪷 재료(2~3인분)

오리 가슴살 … 400g

A ┌ ● 다진 주니퍼베리 … 2분의 1작은술
  └ 소금 … 2분의 1작은술

양송이 … 1팩

만가닥버섯 … 1팩

B ┌ ● 다진 주니퍼베리 … 4분의 1작은술
  │ 소금 … 2분의 1작은술
  │ 꿀 … 1큰술
  └ 레드와인 … 3큰술

### 🪷 만드는 법

① 오리고기는 껍질 쪽에 군데군데 칼집을 낸 다음, A를 뿌린다. 양송이는 얇게 썰고, 만가닥버섯은 밑동을 잘라 내어 손으로 가닥 가닥 뜯는다.

② 프라이팬을 강불에 올려 충분히 달군 후, 오리고기를 껍질 쪽이 바닥으로 가게 놓고 굽는다. 노릇노릇해지면 뒤집어 반대쪽도 바싹 구운 다음 불을 끄고, 껍질 쪽이 바닥에 놓인 상태에서 뚜껑을 덮어 잠시 식힌다. 속까지 잘 익도록 여러 번 반복한 다음 스테인리스 용기에 옮겨 담아 식힌 뒤, 썰어서 접시에 담는다.

③ 고기를 구운 프라이팬에 B를 넣고, 강불에 올린다. 끓어오르면 양송이, 만가닥버섯을 넣고 걸쭉해질 때까지 끓인 다음, 구운 오리고기 위에 붓는다.

주니퍼베리는 풍미가 잘 스며들도록 밑간할 때 넣어 잠시 재워 두는 것이 좋다. 오리고기는 입맛에 따라 익히는 정도를 조절한다. 고기를 굽자마자 바로 썰면 육즙이 새어 나오므로 한 김 식은 뒤에 자르도록 한다.

## *Column 05* │ 향신료의 역사

예부터 인류와 함께해 온 향신료의 역사를 간략하게 살펴봅시다.

기원전 3000년대, 고대 이집트에서는 피라미드를 건설하는 노동자들에게 마늘과 양파를 강장제로 나누어 주었습니다. 또 미라를 만들 때에는 시나몬이나 커민, 아니스 등을 방부제로 사용했습니다.

고대에는 향신료가 주로 약용이나 주술, 보존제로 사용되었으나 기원전 1700년대에 만들어진 바빌로니아의 점토판에서 커민이나 고수 씨를 이용한 요리법이 발견되었습니다. 고대 인도에서는 기원전 3000년경부터 후추나 정향 등이 요리에 쓰였으며, 기원전 1000년경에는 중국에서도 고기를 말릴 때 시나몬이나 생강으로 밑간을 했습니다. 아메리카 대륙에서는 기원전 1500년경에 이미 고추가 재배되었습니다.

이윽고 문명이 발달해 세계 각지에 제국이 세워지자 궁중요리가 생겨나면서 식문화가 크게 발달하기 시작했습니다. 실크로드나 해로를 통해 들어오는 먼 나라의 값비싼 향신료는 부를 과시하는 수단으로 쓰이게 되었습니다.

고대 페르시아의 키루스 2세 보졸그의 저녁 식사에는 커민, 딜, 셀러리, 겨자, 케이퍼 등이 사용되었으며, 그리스도 요리에 차츰 향신료를 사용하게 되었습니다. 로마 제국 또한 이를 계승하고 더욱 발전시켜 가히 '의식동원(의약과 음식 모두 인간의 생명과 건강을 유지하는 데에 꼭 필요하므로 그 근원은 같다-역주)'이라 일컬어질 만큼 향신료를 활발히 사용하기 시작했습니다. 요리도 더욱 호화스럽고 다채로워져 후추, 커민, 아니스, 캐러웨이, 시나몬, 고수 씨, 카다멈 같은 다양한 향신료가 쓰였으며, 정원에는 로즈메리나 파슬리 등을 키웠다고 알려져 있습니다.

이러한 의식동원의 경향은 인도에도 나타났는데, 마우리아 왕조에서는 고기에 향신료나 고명을 곁들였고, 설탕을 넣은 달콤한 과자에는 향신료나 꽃으로 풍미를 첨가했습니다. 3세기에는 이미 오늘날 인도 요리의 원형이라 할 만한 요리가 만들어졌습니다.

중세에 접어들자 페르시아에서 발달한 다양한 향신료 사용법이 이슬람 문화로 번지면서 세계 각지로 퍼져 나갔습니다. 오늘날의 아프리카 북서부 일대에 해당하는 마그레브 지역에서는 베르베르인이 페르시아의 식문화를 계승하는 동시에 강황이나 시나몬, 생강 같은 비교적 순한 향신료에 카다멈이나 커민 같은 강렬한 향신료를 섞는 식으로 복잡하면서도 세련되고 독특한 향신료 사용법을 발전시켰습니다.

이슬람의 영향은 인도에까지 미쳤습니다. 그 특징 중 하나가 카다멈, 정향, 장미 등을 사용하는 것이었습니다. 대표적인 향신료 요리 중 하나인 비리야니도 이러한 풍조를 이어받았습니다. 이후 번성한 오스만

제국도 그 영향을 이어받기는 했지만, 기존의 페르시아 요리보다는 차츰 향신료의 향이 약해졌습니다.

한편 기독교적인 식문화에서는 빵과 와인을 중심으로, 그와 관련된 향신료 사용법이 로마 제국에서 비잔틴 제국으로 이어져 내려왔습니다. 빵으로 걸쭉하게 농도를 맞춘 다음 시나몬이나 정향으로 풍미를 더한 소스, 향신료를 넣어 따뜻하게 데운 와인, 향신료와 꿀로 맛을 낸 구움과자 등이 대표적인 예입니다. 이처럼 발달한 식문화가 서민층에까지 퍼지는 과정에서 그 지역에 자생하던 타임이나 로즈메리 같은 허브와 그 지역의 식재료가 합쳐져 다양한 요리가 탄생하게 되었습니다.

이에 제국 확장과 향신료에 대한 열망이 맞물려 여러 국가가 향신료의 산지인 아시아나 아메리카 대륙에 독자적인 수입 항로를 필사적으로 개척하기에 이르렀습니다. 이른바 대항해시대의 막이 오른 것입니다.

포르투갈은 1510년에 인도의 고아, 정향이나 육두구의 무역 중계지였던 믈라카, 마카오, 서아프리카 연안 등을 장악해 향신료 항로를 손에 넣는 동시에 기독교의 식문화를 이들 지역에 전파하게 되었습니다.

16세기 초에는 아메리카 대륙을 대부분 손에 넣은 스페인의 영향으로 고추와 카카오가 전 세계에 퍼져 나갔습니다. 특히 고추가 지닌 독특한 매운맛은 큰 사랑을 받으며 전 세계의 식문화를 크게 바꿔 놓았습니다.

그 후 네덜란드가 포르투갈과 스페인이 벌인 식민지 쟁탈전에 뛰어들고, 영국이 그 뒤를 이으면서 세계 정세는 더욱 복잡해졌습니다. 17세기가 되자 영국, 네덜란드, 프랑스 등 유럽 각국이 저마다 아시아 지역과의 무역 독점권을 지닌 동인도회사를 설립했습니다. 이러한 무역이 식민지화를 점차 가속해 인도는 대부분 영국의 식민지가 되었으며, 다른 아시아 지역도 차츰 유럽의 식민지가 되었습니다.

이처럼 무역 항로의 확장이나 식민지화를 통해 다양한 식문화가 융합되는 과정에서 요리가 좀 더 복잡하게 발달해 나갔습니다. 그런 상황에서 향신료는 점차 '그 지역다운 특징'이나 '개성적인 맛'을 표현하는 수단이 되었습니다.
오늘날에는 정보의 세계화로 다양한 지역의 향신료 요리가 널리 알려지게 되면서 새로운 향신료 요리가 끊임없이 탄생하고 있습니다.

# 생강 계열/생강 그룹 향신료 차트

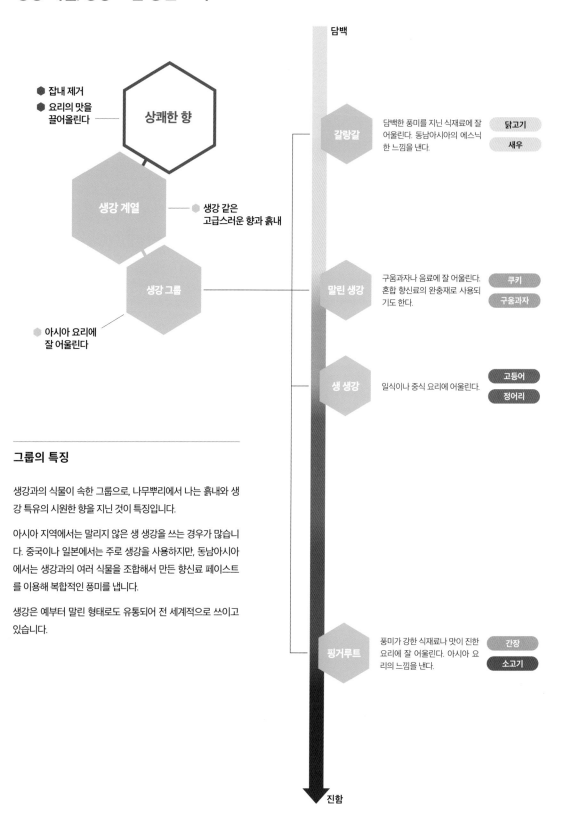

- 잡내 제거
- 요리의 맛을 끌어올린다

**상쾌한 향**

**생강 계열**

- 생강 같은 고급스러운 향과 흙내

**생강 그룹**

- 아시아 요리에 잘 어울린다

담백

**갈랑갈** | 담백한 풍미를 지닌 식재료에 잘 어울린다. 동남아시아의 에스닉한 느낌을 낸다. | 닭고기 / 새우

**말린 생강** | 구움과자나 음료에 잘 어울린다. 혼합 향신료의 완충재로 사용되기도 한다. | 쿠키 / 구움과자

**생 생강** | 일식이나 중식 요리에 어울린다. | 고등어 / 정어리

**핑거루트** | 풍미가 강한 식재료나 맛이 진한 요리에 잘 어울린다. 아시아 요리의 느낌을 낸다. | 간장 / 소고기

진함

## 그룹의 특징

생강과 식물이 속한 그룹으로, 나무뿌리에서 나는 흙내와 생강 특유의 시원한 향을 지닌 것이 특징입니다.

아시아 지역에서는 말리지 않은 생 생강을 쓰는 경우가 많습니다. 중국이나 일본에서는 주로 생강을 사용하지만, 동남아시아에서는 생강과의 여러 식물을 조합해서 만든 향신료 페이스트를 이용해 복합적인 풍미를 냅니다.

생강은 예부터 말린 형태로도 유통되어 전 세계적으로 쓰이고 있습니다.

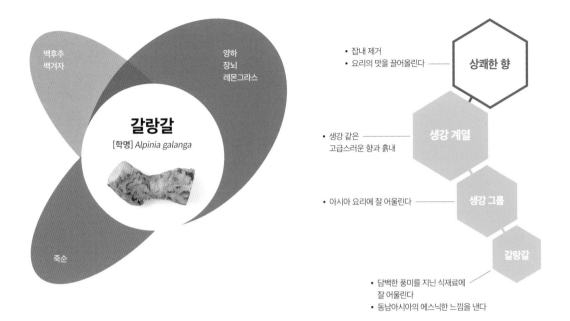

**갈랑갈**
[학명] Alpinia galanga

백후추
백겨자

양하
장뇌
레몬그라스

죽순

- 잡내 제거
- 요리의 맛을 끌어올린다 ——— **상쾌한 향**

- 생강 같은 ———
  고급스러운 향과 흙내 **생강 계열**

- 아시아 요리에 잘 어울린다 ——— **생강 그룹**

**갈랑갈**

- 담백한 풍미를 지닌 식재료에
  잘 어울린다
- 동남아시아의 에스닉한 느낌을 낸다

---

**말리지 않은 원형**
고급스럽고 섬세한 향이 난다. 갈변되지 않은 하얗고 깨끗한 것을 골라 사용한다.

**잘게 썬 생 향신료**
생강처럼 잘게 다져서 볶음 요리 등에 넣는다.

**생 향신료를 간 것**
절구에 빻거나 강판에 갈아서 쓴다.

---

## 잘 어울리는 재료와 조리 방법, 조리의 예

죽순　　도미　　새우　　닭고기　　바나나　　망고　　한치

＼ 추천 ／
 **밑간**

**에스닉 피클**
(얇게 썰어 함께 재운다)

**생선찜구이**
(밑간할 때 뿌린다)

＼ 추천 ／
 **가열**

**똠얌**
(얇게 썰어 함께 끓인다)

**새우볶음**
(템퍼링해서 함께 볶는다)

＼ 추천 ／
 **마무리**

**도미의 에스닉 카르파초**
(채 썰어 토핑한다)

**새우 망고 샐러드**
(드레싱에 섞는다)

---

## 세계 각지에서 쓰이는 법

**인도네시아: 렌당**
소고기 조림. 갈랑갈 등 다양한
생 향신료가 듬뿍 들어간다.

자바섬

**태국: 그린 커리**
그린 커리 페이스트의 재료. 절구에
빻아서 쓴다.

**인도네시아: 아얌 붐부 발리**
다양한 생강류가 듬뿍 들어간다. 여러
종류의 갈랑갈을 사용한다.

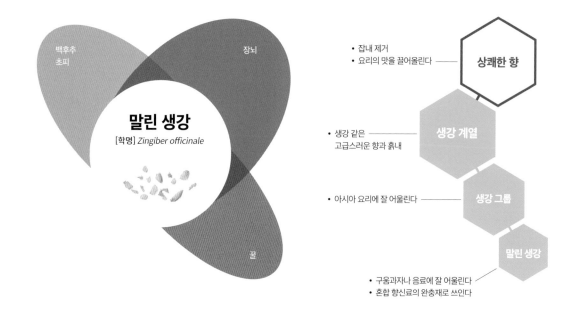

백후추
초피

장뇌

# 말린 생강
[학명] Zingiber officinale

꿀

- 잡내 제거
- 요리의 맛을 끌어올린다 ——— 상쾌한 향

- 생강 같은 —— 생강 계열
  고급스러운 향과 흙내

- 아시아 요리에 잘 어울린다 ——— 생강 그룹

말린 생강

- 구움과자나 음료에 잘 어울린다
- 혼합 향신료의 완충재로 쓰인다

**말린 원형**
얇게 썬 제품과 굵은 분말 제품이 있다. 음료 등에 재우기에는 원형 제품이 알맞다.

**말린 분말**
구움과자 등에 사용한다. 식이섬유가 풍부하다.

## 잘 어울리는 재료와 조리 방법, 조리의 예

우유  쿠키  구움과자

／ 추천 ／

 **밑간**

 화이트와인 상그리아
(재운다)

파운드케이크
(반죽에 섞는다)

 **가열**

 아이스 진저라떼
(우린다)

 생강 시럽
(우린다)

 **마무리**

가루가 완전히 녹지 않고 남으므로 마무리 단계에는 적합하지 않다.

## 세계 각지에서 쓰이는 법

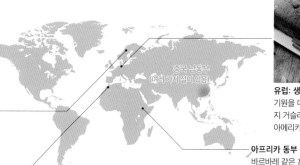

중국 남동부
(여러 가지 설이 있음)

**유럽: 생강빵**
기원을 따지자면 고대 그리스 시대까지 거슬러 올라간다. 유럽인이 건너간 아메리카 대륙에까지 전파되었다.

**스웨덴: 페파카코**
생강이나 향신료를 넣은 쿠키. 크리스마스를 대표하는 음식이다.

**모로코: 쿠스쿠스**
혼합 향신료에 많이 쓰인다.

**아프리카 동부**
바르바레 같은 혼합 향신료에 들어가기도 하며, 고추와 생강 등의 간결한 조합으로 풍미를 낸 요리가 많다.

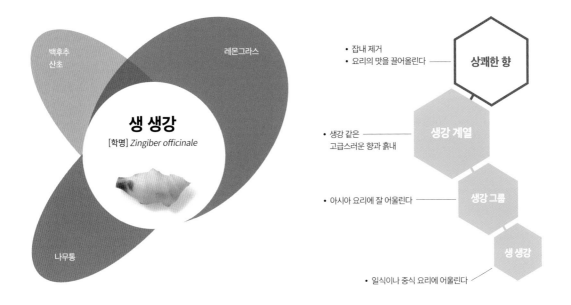

**생 생강**

[학명] *Zingiber officinale*

백후추
산초

레몬그라스

나무통

- 잡내 제거
- 요리의 맛을 끌어올린다 ─── **상쾌한 향**

- 생강 같은 ───
  고급스러운 향과 흙내 **생강 계열**

- 아시아 요리에 잘 어울린다 ─── **생강 그룹**

**생 생강**

- 일식이나 중식 요리에 어울린다

**말리지 않은 원형**
햇생강은 담백한 요리에, 묵은 생강은 풍미가 강한 식재료에 잘 어울린다.

**잘게 썬 생 향신료**
볶음이나 무침 요리 등에 사용한다. 다졌을 때보다 채를 썰었을 때 향이 더 순하다.

**생 향신료를 간 것**
생강즙에는 쓴맛이 들어 있으므로 맛을 보면서 즙을 적절히 짜내는 것이 좋다.

---

## 잘 어울리는 재료와 조리 방법, 조리의 예

〈 두부 〉 〈 닭고기 〉 〈 돼지고기 〉 〈 토마토 〉 〈 고등어 〉 〈 정어리 〉 〈 우엉 〉 〈 소고기 〉

\ 추천 /

**밑간**

양배추의 단 식초 절임
(채 썰어 함께 절인다)

정어리 완자
(반죽에 섞는다)

**가열**

고등어 미소 된장 조림
(얇게 썰어 함께 조린다)

도미 밥
(채 썰어 함께 넣고 밥을 짓는다)

돼지고기 생강구이
(양념장에 섞어 함께 조린다)

\ 추천 /

**마무리**

망고 생강 소스를 곁들인 가다랑어 월남쌈
(채 썰어 소스에 버무린다)

튀김
(쓰유와 섞는다)

---

## 세계 각지에서 쓰이는 법

**중국: 고추잡채**
얇게 썬 생강을 파 등과 함께 템퍼링해서 볶음 요리를 만드는 것이 중국 요리 기법 중 하나다.

중국 남동부
(여러 가지 설이 있음)

**중국: 기름을 두른 생선찜**
주재료 위에 채 썬 생강을 얹고, 뜨거운 기름을 뿌린다. 생선 요리 등에 사용한다.

**일본: 회**
구운 생선이나 회에 고명처럼 곁들인다. 소고기 다타키 등에도 곁들여 낸다.

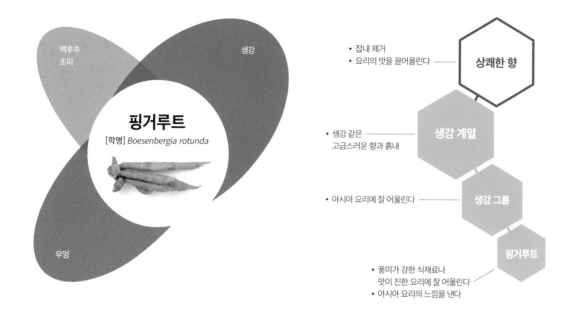

백후추
초피

생강

## 핑거루트

[학명] *Boesenbergia rotunda*

우엉

- 잡내 제거
- 요리의 맛을 끌어올린다 —— **상쾌한 향**

- 생강 같은
  고급스러운 향과 흙내 —— **생강 계열**

- 아시아 요리에 잘 어울린다 —— **생강 그룹**

- 풍미가 강한 식재료나
  맛이 진한 요리에 잘 어울린다
- 아시아 요리의 느낌을 낸다 —— **핑거루트**

**말리지 않은 원형**
흠집이나 주름, 움푹 팬 부분이 적고
최대한 신선한 것을 고른다.

**잘게 썬 생 향신료**
단독으로 사용하기에는 개성이 너무
강해서 마늘 같은 다른 동남아시아계
향신료와 섞어 사용할 때가 많다.

**생 향신료를 간 것**
빻아서 페이스트 상태로 쓴다.

## 잘 어울리는 재료와 조리 방법, 조리의 예

간장 　 고등어 　 우엉 　 소고기 　 간

\ 추천 /
**밑간**

생선튀김
(밑간할 때 뿌린다)

사테
(밑간할 때 뿌린다)

\ 추천 /
**가열**

닭 간 조림
(얇게 썰어 함께 넣고 조린다)

소고기 생강 조림
(채 썰어 함께 넣고 조린다)

**마무리**

불고기 양념
(양념에 섞는다)

## 세계 각지에서 쓰이는 법

동남아시아(불명확)

**태국: 레드 커리**
다른 향신료와 함께 빻아 페이스트
상태로 만들어서 레드 커리나 마사만
커리 등 맛이 진한 태국식 커리에 사
용한다.

**인도네시아: 사유르 바얌**
맑은 채소 수프 국물을 낼 때 핑거루
트를 사용한다.

# 갈랑갈과 단 식초로 버무린 삶은 새우 바나나 샐러드

갈랑갈을 넣어 샐러드에 풍미를 더했다.
게다가 동남아시아에서 많이 쓰이는 마늘과 레몬그라스를 함께 넣어 에스닉한 느낌을 강조했다.

### 재료(2~3인분)

흰다리새우 … 250g
소금 … 4분의 1작은술
요리술 … 2작은술
● 카피르 라임의 잎 … 2장
바나나 … 2개

A —
┌ 갈랑갈 … 2조각
│ 레몬그라스 … 2분의 1줄기
│ 마늘 … 2분의 1쪽
│ 설탕 … 1큰술
│ 남플라 소스 … 1작은술
└ 식초 … 2큰술

### 만드는 법

❶ 새우는 껍질과 내장을 제거한 후, 소금과 요리술을 뿌려 버무린다. 갈랑갈은 껍질을 벗긴 다음 마늘, 레몬그라스와 함께 다진다. 카피르 라임의 잎은 잘게 채 썬다.

❷ 냄비에 물을 담아 강불에 끓인다. 물이 끓으면 새우를 넣고 색이 변할 때까지 2~3분간 삶은 뒤, 체로 건져 식힌다.

❸ 바나나는 껍질을 벗겨 1cm 너비로 둥글게 썬다. A와 바나나를 볼에 담아 버무린 다음, 새우를 넣고 다시 버무린다. 접시에 옮겨 담고, 잘게 채 썬 카피르 라임의 잎을 뿌린다.

흰색을 띠는 향신료로만 새우와 바나나를 버무려 보기에는 자극적이지 않지만 강렬한 향을 풍기는 요리로 완성했다. 카피르 라임의 잎은 골고루 버무리지 않고, 요리를 마무리할 때 위에 살짝 뿌려 색감을 살린다.

## 생강 오렌지 소스를 넣은 치킨

새콤한 오렌지 소스에 생강을 첨가해 국적을 알 수 없는 퓨전 요리를 만들었다. 눈에 잘 띄지 않는 백후추를 함께 넣어 요리의 맛을 끌어올렸다.

### 🌿 재료(3~4인분)

닭가슴살 … 2개
소금 … 2분의 1작은술
요리술 … 2작은술
● 오렌지 … 1개
● 생강 … 2조각

┌ 소금 … 2분의 1작은술
│ 설탕 … 1과 2분의 1큰술
A ┤ 얼레짓가루 … 2분의 1작은술
└ 식초 … 1작은술
기름 … 1큰술
● 굵게 간 백후추 … 한 꼬집

### 🌿 만드는 법

① 닭가슴살은 껍질을 제거해 한입 크기로 얇게 저미고, 소금 2분의 1작은술과 요리술을 부어 버무린다.
② 오렌지는 껍질을 제스터로 갈고 과즙은 짜서 각각 볼에 담는다. 생강은 껍질을 벗겨 결대로 채를 썬 다음, A와 함께 볼에 담아 섞는다.

③ 프라이팬에 기름을 둘러 강불에 올리고, 닭고기를 가지런히 올려 굽는다. 바닥에 닿은 면이 눌어붙기 전에 뒤집어 고기가 80% 정도 익으면 스테인리스 용기 등에 잠시 건져 둔다.
④ 고기를 구운 프라이팬에 ②를 부은 다음, 끓어오르면 ③을 다시 프라이팬에 옮겨 담는다. 팬을 흔들어 소스를 고기에 잘 버무린 다음 접시에 담고, 백후추를 갈아서 뿌린다.

닭가슴살은 퍽퍽하거나 질겨지지 않도록 결과 수직 방향으로 써는 것이 좋다. 또 최대한 약불로 익히면 고기가 더욱 촉촉해진다.

## 생강과 초피를 넣은 파운드케이크

초피 열매와 오렌지라는 동서양 식재료의 낯선 조합을 생강이 중간에서 연결해 준다. 생강이 같은 일식 재료인 초피의 향을 더 돋보이게 하고, 오렌지의 강한 풍미를 누그러뜨린다.

###  재료(16cm 길이의 틀 1개 분량)

| | |
|---|---|
| 버터 … 50g | 박력분 … 90g |
| ● 오렌지 필 … 50g | 아몬드 분말 … 20g |
| 럼주 … 1큰술 | ● 생강 분말 … 1작은술 |
| 설탕 … 90g과 60g | ● 초피 분말 … 2분의 1작은술 |
| 기름 … 30g | |
| 달걀 … 1개 | |

### 만드는 법

❶ 버터는 실온에 녹인다. 오렌지 필은 깍둑썰기해서 럼주에 재워 둔다. 오븐은 220℃로 예열하고, 파운드케이크 틀에는 오븐 시트를 깔아 둔다.

❷ 버터, 기름, 설탕 90g을 볼에 담고, 흰색을 띨 때까지 거품기로 충분히 섞는다. 흰색을 띠면 달걀을 넣고 다시 충분히 젓는다.

❸ 박력분, 아몬드 분말, 생강 분말의 절반 분량을 체에 거른 다음, 럼주에 재운 오렌지 필 절반 분량을 넣고 한 번 섞는다. 나머지 절반 분량의 분말류도 체에 거른 다음, 나머지 절반 분량의 오렌지 필을 넣고, 가루가 남지 않을 때까지 잘 섞어 틀에 붓는다.

❹ 220℃로 예열한 오븐에 10분 굽고, 오븐 온도를 160℃로 낮추어 다시 30분간 구운 다음, 꺼내 식힘망 등에 올린다.

❺ 설탕 60g과 물 2큰술을 작은 냄비에 담는다. 설탕이 녹으면 1작은술 정도만 남기고, 나머지를 ❹의 전면에 바른다. 남겨 놓은 설탕물에 초피를 섞어 파운드케이크 윗면의 갈라진 틈에 바른다. 한 김 식으면 랩으로 잘 감싸서 냉장고 등에 하룻밤 둔다.

초피의 섬세한 향은 가열하는 도중에 쉽게 날아가 버리므로 파운드케이크가 다 구워진 후에 첨가한다. 초피로 향을 낸 설탕물을 케이크 일부에만 바르면 풍미에 강약이 생긴다. 그대로 하룻밤 동안 두면 초피의 향이 케이크 전체에 밴다.

## 핑거루트를 넣은 소고기 간장조림

우엉을 닮은 핑거루트의 풍미가 소고기와 잘 어울린다. 소고기의 잡내를 제거하는 동시에 요리에 에스닉한 느낌을 낸다. 타이 스위트 바질 특유의 향이 핑거루트의 독특한 풍미를 누그러뜨린다.

###  재료(4~5인분)

소 넓적다리살 … 500g
소금 … 2분의 1작은술
● 핑거루트 … 손가락처럼 긴 줄기 부분 10개 정도*
요리술 … 2큰술

```
   ┌ 설탕 … 1큰술
 A │ 진간장 … 2큰술
   └ 남플라 소스 … 2큰술
```

● 타이 스위트 바질 잎 … 20장 정도

### 만드는 법

❶ 소고기는 한입 크기로 썰어 소금을 뿌린다. 핑거루트는 지저분한 부분만 껍질을 벗기고, 나머지 부분은 껍질을 벗기지 않은 채로 결대로 얇게 썬다.

❷ 냄비에 물 500ml, 소고기, 요리술을 넣고 강불에 올린다. 끓어오르면 거품을 걷어 낸 후, 불을 약불로 줄이고 뚜껑을 덮은 채로 소고기가 부드러워질 때까지 1시간 반 정도 삶는다.

❸ ❷에 A와 핑거루트를 넣고 수분을 날리면서 조린다. 국물이 반으로 줄어들면 타이 스위트 바질 잎을 넣어 가볍게 섞는다.

* 핑거루트는 하나의 뿌리줄기에서 손가락처럼 긴 줄기가 여러 개 자란다.

핑거루트의 풍미가 살도록 다른 향신료는 되도록 넣지 않는다. 타이 스위트 바질 잎이 없을 때는 일반 스위트 바질이나 푸른 차조기 등을 대신 넣는다.

# 생강 계열/카다멈 그룹 향신료 차트

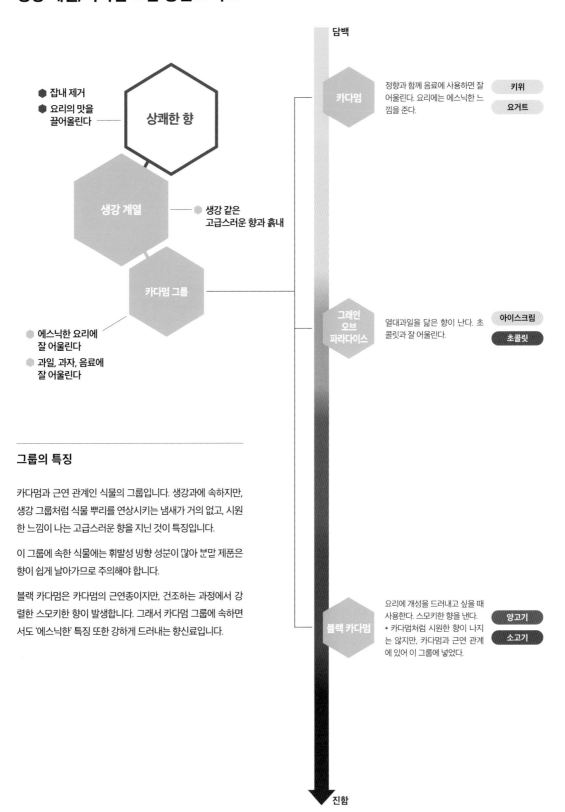

담백

● 잡내 제거
● 요리의 맛을
끌어올린다

**상쾌한 향**

**생강 계열**

● 생강 같은
고급스러운 향과 흙내

**카다멈 그룹**

● 에스닉한 요리에
잘 어울린다
● 과일, 과자, 음료에
잘 어울린다

**카다멈**

정향과 함께 음료에 사용하면 잘 어울린다. 요리에는 에스닉한 느낌을 준다.

키위
요거트

**그래인 오브 파라다이스**

열대과일을 닮은 향이 난다. 초콜릿과 잘 어울린다.

아이스크림
초콜릿

**블랙 카다멈**

요리에 개성을 드러내고 싶을 때 사용한다. 스모키한 향을 낸다.
* 카다멈처럼 시원한 향이 나지는 않지만, 카다멈과 근연 관계에 있어 이 그룹에 넣었다.

양고기
소고기

진함

## 그룹의 특징

카다멈과 근연 관계인 식물의 그룹입니다. 생강과에 속하지만, 생강 그룹처럼 식물 뿌리를 연상시키는 냄새가 거의 없고, 시원한 느낌이 나는 고급스러운 향을 지닌 것이 특징입니다.

이 그룹에 속한 식물에는 휘발성 빙향 성분이 많아 분말 제품은 향이 쉽게 날아가므로 주의해야 합니다.

블랙 카다멈은 카다멈의 근연종이지만, 건조하는 과정에서 강렬한 스모키한 향이 발생합니다. 그래서 카다멈 그룹에 속하면서도 '에스닉한' 특징 또한 강하게 드러내는 향신료입니다.

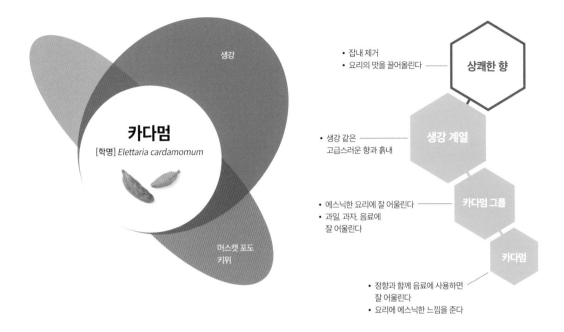

생강

# 카다멈
[학명] *Elettaria cardamomum*

머스캣 포도
키위

- 잡내 제거
- 요리의 맛을 끌어올린다 ── **상쾌한 향**

- 생강 같은 고급스러운 향과 흙내 ── **생강 계열**

- 에스닉한 요리에 잘 어울린다 ── **카다멈 그룹**
- 과일, 과자, 음료에 잘 어울린다

**카다멈**

- 정향과 함께 음료에 사용하면 잘 어울린다
- 요리에 에스닉한 느낌을 준다

**말린 원형**
씨가 나오도록 깍지를 반으로 가르면 향이 더 잘 난다.

**말린 분말**
씨만 골라내어 갈면 고급스러운 향이 난다. 전동 분쇄기가 있으면 깍지째 갈아도 된다.

## 잘 어울리는 재료와 조리 방법, 조리의 예

키위 | 머스캣 포도 | 요거트 | 닭고기 | 우유 | 파인애플 | 소고기

\추천/
🥄 **밑간**

- 과일 마리네이드
  (마리네이드 용액에 넣는다)
- 상그리아
  (재운다)

\추천/
🍲 **가열**

- 우유 푸딩
  (우유와 함께 끓인다)
- 향신료를 넣은 코코아
  (함께 끓인다)
- 치킨 커리
  (템퍼링한 후에 함께 끓인다)

\추천/
🍴 **마무리**

- 키위 마리네이드
  (버무린다)
- 요거트
  (토핑)

## 세계 각지에서 쓰이는 법

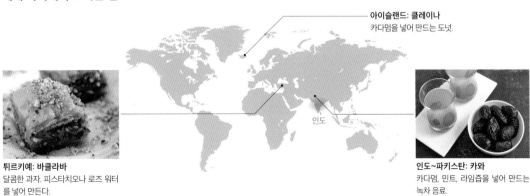

**아이슬랜드: 클레이나**
카다멈을 넣어 만드는 도넛.

인도

**튀르키예: 바클라바**
달콤한 과자. 피스타치오나 로즈 워터를 넣어 만든다.

**인도~파키스탄: 카와**
카다멈, 민트, 라임즙을 넣어 만드는 녹차 음료.

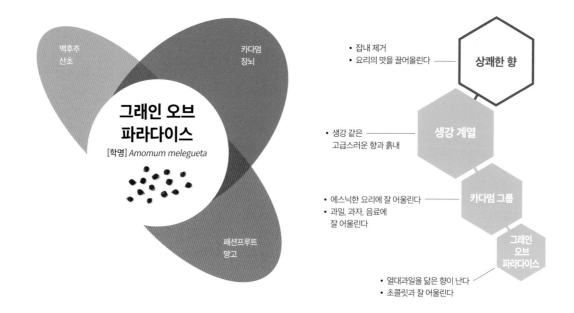

**그래인 오브 파라다이스**

[학명] *Amomum melegueta*

- 백후추
  산초
- 카다멈
  장뇌
- 패션프루트
  망고

- 잡내 제거
- 요리의 맛을 끌어올린다 — **상쾌한 향**

- 생강 같은
  고급스러운 향과 흙내 — **생강 계열**

- 에스닉한 요리에 잘 어울린다
- 과일, 과자, 음료에
  잘 어울린다 — **카다멈 그룹**

  **그래인 오브 파라다이스**

- 열대과일을 닮은 향이 난다
- 초콜릿과 잘 어울린다

**말린 원형**
차가운 음식에 잘 어울린다. 열을 가하면 향이 날아가기 쉬우므로 마무리 단계에 넣는 것이 좋다.

**말려서 굵게 간 분말**
분말 형태로 만들면 향이 쉽게 날아가 버리므로 사용하기 직전에 굵게 빻는 것이 좋다.

## 잘 어울리는 재료와 조리 방법, 조리의 예

아이스크림　망고　냉육　초콜릿

 **밑간**

 사블레
(반죽에 넣는다)

**가열**

가열하면 향이 쉽게 날아가 버려 적합하지 않다.

추천

**마무리**

생초콜릿
(반죽에 섞는다)

파테
(토핑)

아이스크림
(토핑)

## 세계 각지에서 쓰이는 법

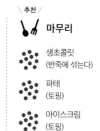

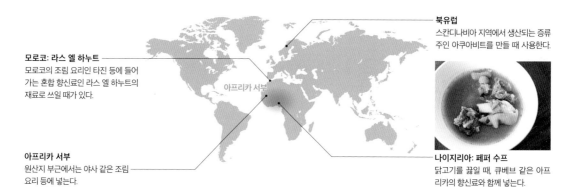

**북유럽**
스칸디나비아 지역에서 생산되는 증류주인 아쿠아비트를 만들 때 사용한다.

**모로코: 라스 엘 하누트**
모로코의 조림 요리인 타진 등에 들어가는 혼합 향신료인 라스 엘 하누트의 재료로 쓰일 때가 있다.

아프리카 서부

**아프리카 서부**
원산지 부근에서는 야샤 같은 조림 요리 등에 넣는다.

**나이지리아: 페퍼 수프**
닭고기를 끓일 때, 큐베브 같은 아프리카의 향신료와 함께 넣는다.

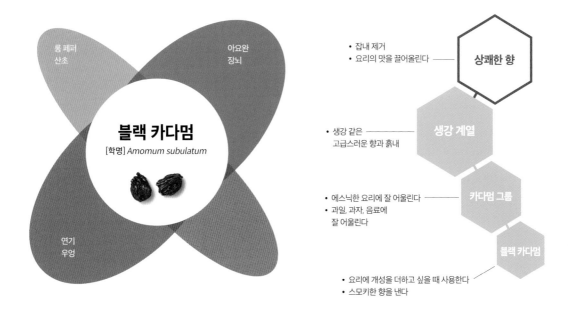

블랙 카다멈

[학명] *Amomum subulatum*

- 롱 페퍼 산초
- 아요완 장뇌
- 연기 우엉

- 잡내 제거
- 요리의 맛을 끌어올린다 — 상쾌한 향

- 생강 같은 고급스러운 향과 흉내 — 생강 계열

- 에스닉한 요리에 잘 어울린다 — 카다멈 그룹
- 과일, 과자, 음료에 잘 어울린다

블랙 카다멈

- 요리에 개성을 더하고 싶을 때 사용한다
- 스모키한 향을 낸다

**말린 원형**
크기가 커서 반으로 갈라 사용하면
향이 더 잘 난다.

**말린 분말**
강판 등에 간다.

## 잘 어울리는 재료와 조리 방법, 조리의 예

양고기   우엉   소고기   시금치   물냉이   오징어   멸치

\추천/
**밑간**

양고기구이
(밑간할 때 뿌린다)

스테이크
(밑간할 때 살짝 뿌린다)

\추천/
**가열**

양고기 카레
(템퍼링해서 함께 끓인다)

카레
(카레 가루로 쓸 혼합 향신료에 넣는다)

\추천/
**마무리**

우엉 샐러드
(토핑)

크림 파스타
(토핑)

## 세계 각지에서 쓰이는 법

**카슈미르: 바르**
고형의 향신료 페이스트. 요리에 뿌리
거나 만능 향신료로 사용한다.

히말라야 동부

**인도: 비하리 마살라**
북인도 지방의 마살라에 많이 쓰인다.

## 카다멈의 풍미를 더한 과일 마리네이드

녹색 과일과 잘 어울리는 카다멈. 과일의 풋내를 잡아 주는 동시에 화려하고 이국적인 풍미까지 더해 준다.

### 🪷 재료(4~5인분)

키위 ⋯ 4개  설탕 ⋯ 3큰술
머스캣 포도 ⋯ 2분의 1송이  ● 카다멈 분말 ⋯ 1작은술 미만
화이트와인 ⋯ 2작은술  그릭 요거트 ⋯ 400g

### 🪷 만드는 법

❶ 키위는 껍질을 벗겨 한입 크기로 썰고, 머스캣 포도는 반으로 잘라 볼에 담고 화이트와인을 뿌린다.

❷ 설탕과 카다멈을 섞어 ①과 함께 버무린다.

❸ 접시에 그릭 요거트를 깔고, ②를 올린다.

②의 상태에서 맛이 잘 배도록 2~3시간 정도 냉장실에 넣어 두면 더 좋다. 또 ②를 유리잔에 담고 그 위에 스파클링 와인을 따르면 근사한 웰컴 드링크가 된다.

## 그래인 오브 파라다이스를 넣은
## 생초콜릿

초콜릿의 이국적인 풍미에 그래인 오브 파라다이스의 이국적인 향과 매콤한 맛으로 개성을 더했다.

 **재료(만들기 쉬운 분량)**
생크림 ⋯ 120ml
설탕 ⋯ 30g
초콜릿(카카오 함유율 70%) ⋯ 180g
럼주 ⋯ 1큰술
 그래인 오브 파라다이스 ⋯ 1작은술
 카카오 파우더 ⋯ 적당량

 **만드는 법**
❶ 생크림과 설탕을 작은 냄비에 담고, 끓기 직전까지 데워 설탕을 녹인 후, 초콜릿을 담은 볼에 부어서 초콜릿을 녹인다.
❷ ①에 럼주, 절구 등에 빻은 그래인 오브 파라다이스를 넣어 잘 섞은 다음, 랩을 깐 용기에 붓고, 윗부분도 랩으로 덮어 냉장실에서 하룻밤 동안 차갑게 굳힌다.
❸ 틀에서 꺼내 먹기 좋은 크기로 자른 다음, 카카오 파우더를 뿌린다.

그래인 오브 파라다이스는 딱딱하므로 씹기 불편하지 않은 크기로(절반~4분의 1) 빻는다. 빻은 후에는 시간이 지날수록 향이 날아가 버리기 때문에 사용하기 직전에 빻는다.

## 훈제 향이 첨가된
## 베이커 오믈렛

훈제 베이커의 향에 스모키한 블랙 카다멈의 향이 더해져 한층 개성적인 요리가 된다.

 **재료(1개 분량)**
훈제 베이컨 ⋯ 50g
달걀 ⋯ 2개
올리브유 ⋯ 2큰술
 블랙 카다멈 ⋯ 3분의 1개 분량
소금 ⋯ 적당량

 **만드는 법**
❶ 훈제 베이컨을 작게 썰어 달걀과 함께 볼에 담은 후, 잘 섞는다.
❷ 프라이팬에 올리브유를 둘러 강불에 올린다. 팬에 ①을 붓고 형태를 잡아 가며 구운 다음, 접시에 옮겨 담는다.
❸ 블랙 카다멈을 강판 등에 갈아 오믈렛에 뿌리고, 소금도 뿌린다.

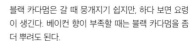
블랙 카다멈은 갈 때 뭉개지기 쉽지만, 하다 보면 요령이 생긴다. 베이컨 향이 부족할 때는 블랙 카다멈을 좀 더 뿌려도 된다.

# 감귤 계열/과일 그룹 향신료 차트

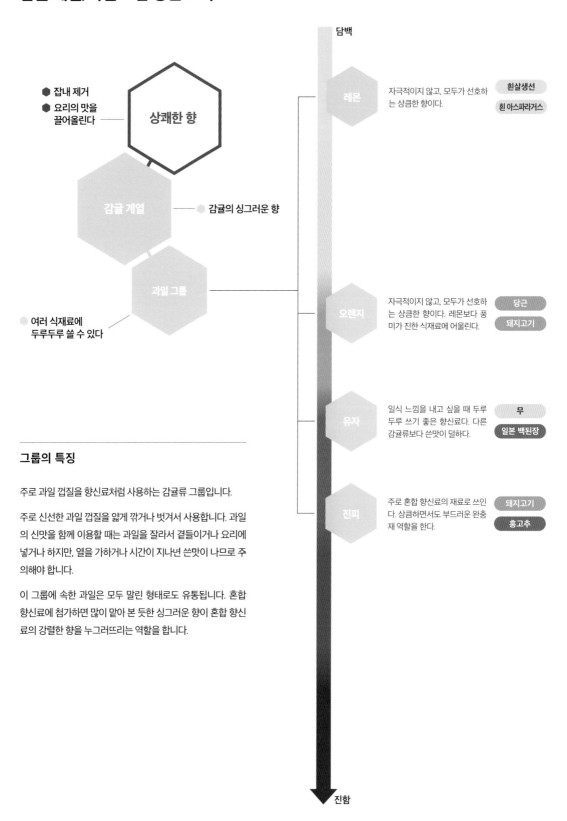

● 잡내 제거
● 요리의 맛을
    끌어올린다

**상쾌한 향**

**감귤 계열** ── ● 감귤의 싱그러운 향

**과일 그룹**

● 여러 식재료에
    두루두루 쓸 수 있다

담백

**레몬**
자극적이지 않고, 모두가 선호하는 상큼한 향이다.

흰살생선
흰 아스파라거스

**오렌지**
자극적이지 않고, 모두가 선호하는 상큼한 향이다. 레몬보다 풍미가 진한 식재료에 어울린다.

당근
돼지고기

**유자**
일식 느낌을 내고 싶을 때 두루두루 쓰기 좋은 향신료다. 다른 감귤류보다 쓴맛이 덜하다.

무
일본 백된장

**진피**
주로 혼합 향신료의 재료로 쓰인다. 상큼하면서도 부드러운 완충재 역할을 한다.

돼지고기
홍고추

진함

## 그룹의 특징

주로 과일 껍질을 향신료처럼 사용하는 감귤류 그룹입니다.

주로 신선한 과일 껍질을 얇게 깎거나 벗겨서 사용합니다. 과일의 신맛을 함께 이용할 때는 과일을 잘라서 곁들이거나 요리에 넣거나 하지만, 열을 가하거나 시간이 지나면 쓴맛이 나므로 주의해야 합니다.

이 그룹에 속한 과일은 모두 말린 형태로도 유통됩니다. 혼합 향신료에 첨가하면 많이 맡아 본 듯한 싱그러운 향이 혼합 향신료의 강렬한 향을 누그러뜨리는 역할을 합니다.

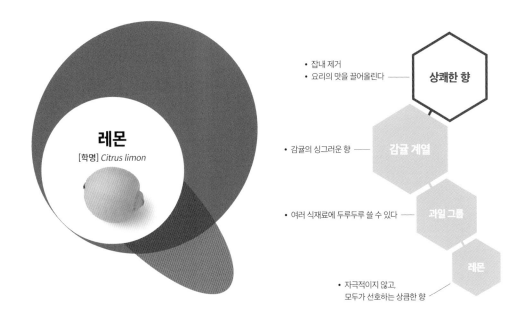

# 레몬

[학명] *Citrus limon*

**상쾌한 향**
- 잡내 제거
- 요리의 맛을 끌어올린다

**감귤 계열**
- 감귤의 싱그러운 향

**과일 그룹**
- 여러 식재료에 두루두루 쓸 수 있다

**레몬**
- 자극적이지 않고, 모두가 선호하는 상큼한 향

 **말리지 않은 원형**
껍질을 얇게 깎아 사용한다. 깎은 껍질을 그대로 쓰거나 가늘게 채 썰어 쓴다.

 **생 향신료를 간 것**
레몬의 새콤한 맛은 다양한 식재료와 잘 어울리지만, 레몬 껍질은 담백한 풍미의 식재료와 궁합이 잘 맞는다.

## 잘 어울리는 재료와 조리 방법, 조리의 예

양상추   흰살생선   순무   흰 아스파라거스   게   생크림   **만능**

\추천/
🥄 **밑간**

고등어 마리네이드
(마리네이드 용액에 함께 재운다)

마들렌
(반죽에 넣는다)

치즈케이크
(반죽에 넣는다)

\추천/
🍲 **가열**

레몬크림 파스타
(가열을 마무리하는 단계에 넣는다)

과일 콩포트
(함께 끓인다)

\추천/
**마무리**

광어 카르파초
(토핑)

차갑게 식힌 흰 아스파라거스
(토핑)

## 세계 각지에서 쓰이는 법

**스페인**
푸딩이나 구움과자 같은 과자에 많이 쓰인다.

**프랑스: 뷔뉴**
카니발 기간에 즐겨 먹던 튀김과자. 반죽에 레몬 껍질을 넣는다. 또 생선 요리에 레몬 소스를 곁들이는 경우도 많다.

히말라야 동부

**미국: 레몬과 버터를 곁들인 게**
삶은 게나 새우를 레몬과 버터와 함께 먹는다.

**그리스: 해산물 프리토**
해산물 프리토에는 레몬을 곁들이는 경우가 대부분이다. 레몬을 짜면 레몬 껍질의 향까지 함께 밴다.

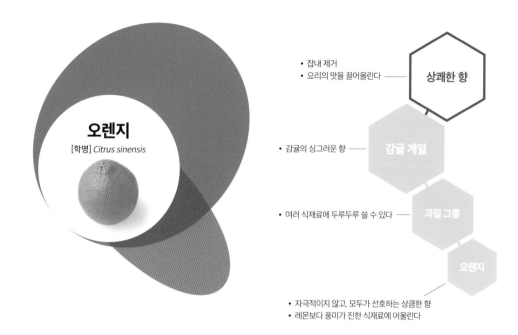

# 오렌지

[학명] *Citrus sinensis*

- 잡내 제거
- 요리의 맛을 끌어올린다 —— **상쾌한 향**

- 감귤의 싱그러운 향 —— **감귤 계열**

- 여러 식재료에 두루두루 쓸 수 있다 —— **과일 그룹**

**오렌지**

- 자극적이지 않고, 모두가 선호하는 상큼한 향
- 레몬보다 풍미가 진한 식재료에 어울린다

**말리지 않은 원형**
껍질을 얇게 깎아서 사용한다. 과육도 달아서 껍질과 과육을 모두 쓸 수 있다.

**생 향신료를 간 것**
자극적이지 않은 부드러운 향을 지녀서 쓰기 편하다.

**그랑 마르니에, 쿠앵트로**
오렌지 껍질의 향을 담은 리큐어도 폭넓게 쓰인다.

---

## 잘 어울리는 재료와 조리 방법, 조리의 예

새우　당근　돼지고기　다짐육　양고기　방어　가다랑어

 ＼추천／
**밑간**

상그리아
(오렌지를 껍질째 얇게 썰어 함께 재운다)

스페어 립구이
(밑간할 때 뿌린다)

 ＼추천／
**가열**

카레
(가열을 마무리하는 단계에 넣는다)

생강 오렌지 소스를 곁들인 도미구이
(소스를 거의 다 끓였을 때 넣는다)

＼추천／
**마무리**

샐러드
(오렌지를 껍질째 얇게 썰어 버무린다)

가다랑어 카르파초
(토핑)

---

## 세계 각지에서 쓰이는 법

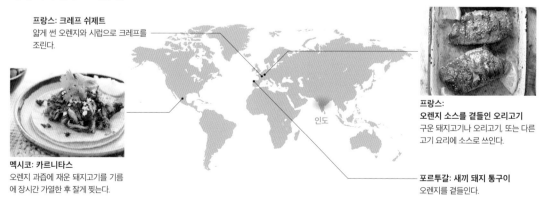

**프랑스: 크레프 쉬제트**
얇게 썬 오렌지와 시럽으로 크레프를 조린다.

인도

**프랑스:**
**오렌지 소스를 곁들인 오리고기**
구운 돼지고기나 오리고기, 또는 다른 고기 요리에 소스로 쓰인다.

**멕시코: 카르니타스**
오렌지 과즙에 재운 돼지고기를 기름에 장시간 가열한 후 잘게 찢는다.

**포르투갈: 새끼 돼지 통구이**
오렌지를 곁들인다.

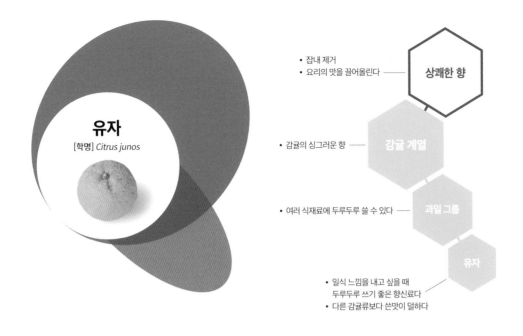

# 유자

[학명] *Citrus junos*

- 잡내 제거
- 요리의 맛을 끌어올린다 ——— **상쾌한 향**

- 감귤의 싱그러운 향 ——— **감귤 계열**

- 여러 식재료에 두루두루 쓸 수 있다 ——— **과일 그룹**

**유자**
- 일식 느낌을 내고 싶을 때
  두루두루 쓰기 좋은 향신료다
- 다른 감귤류보다 쓴맛이 덜하다

**말리지 않은 원형**
레몬처럼 껍질을 얇게 벗기거나 깎아서 쓴다.

**생 향신료를 간 것**
은은한 향을 내고 싶을 때에는 소량을 다져서 뿌린다.

**말린 분말**
주로 혼합 향신료에 쓴다.

기본적으로는 노란 유자를 쓰지만, 초가을에 나오는 청유자는 상쾌한 풍미를 지녀 담백한 요리에 잘 어울린다.

## 잘 어울리는 재료와 조리 방법, 조리의 예

무  배추  닭고기  돼지고기  크림  일본 백된장  가다랑어  방어

\추천/
**밑간**

순무 유자 절임
(절임액에 넣는다)

생선 유안야키*
(밑간할 때 넣는다)

* 생선이나 닭고기에 간장, 요리술, 미림, 감귤류 과즙으로 만든 양념을 발라 구운 요리-역주

\추천/
**가열**

유자 나베(전골)
(함께 넣고 끓인다)

유자 앙금
(흰 앙금을 만드는 가열 단계를 마무리할 때 넣는다)

\추천/
**마무리**

국
(얇게 잘라 얹는다)

유도후(두부탕)
(육수에 섞는다)

## 세계 각지에서 쓰이는 법

중국

**프랑스: 초콜릿**
초콜릿이나 케이크에 독특한 느낌을 가미하고 싶을 때, 반죽에 섞어 사용한다.

**일본: 유베시**
속을 파낸 유자 껍질에 미소 된장을 채워 찐 다음 건조한 저장식품.

113

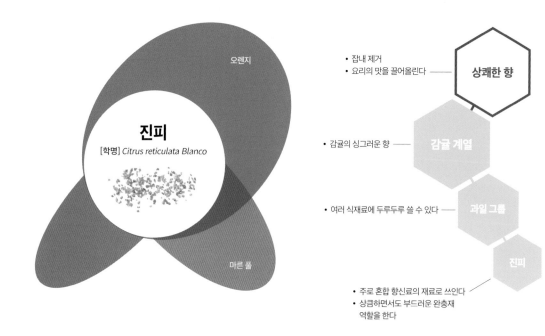

오렌지

# 진피

[학명] *Citrus reticulata Blanco*

마른 풀

- 잡내 제거
- 요리의 맛을 끌어올린다 —— **상쾌한 향**

- 감귤의 싱그러운 향 —— **감귤 계열**

- 여러 식재료에 두루두루 쓸 수 있다 —— **과일 그룹**

**진피**

- 주로 혼합 향신료의 재료로 쓰인다
- 상큼하면서도 부드러운 완충재 역할을 한다

**말려서 굵게 간 분말**
다소 굵게 간 제품이 많다. 부드러운 햇살을 연상시키는 향과 감귤류 특유의 상큼한 향이 난다.

---

## 잘 어울리는 재료와 조리 방법, 조리의 예

〔돼지고기〕 〔홍고추〕 〔버섯〕 〔잿방어〕

＼ 추천 ／

**밑간**

잿방어 튀김
(튀김옷에 섞는다)

교자만두
(만두소에 섞는다)

**가열**

양상추 굴소스 볶음
(가열 단계를 마칠 때쯤 넣는다)

배추와 고기 완자를 넣은 수프
(가열 단계를 마칠 때쯤 넣는다)

**마무리**

버섯을 넣은 으깬 두부무침
(양념에 섞는다)

---

## 세계 각지에서 쓰이는 법

동남아시아

**중국: 진피 소고기 완자**
얌차 메뉴 가운데 하나다. 완자 반죽에 진피를 섞어 찐다.

**일본: 시치미토가라시**
주재료 가운데 하나. 진피를 많이 넣으면 풍미가 부드러워진다.

# 흰살생선 레몬 카르파초

레몬의 상큼한 풍미로 생선 비린내를 잡았다.
레몬을 껍질째 사용해 쌉싸름한 맛으로 요리에 포인트를 주었다. 황부추를 고명처럼 뿌려 요리의 맛을 끌어올렸다.

### 🪷 재료(만들기 쉬운 분량)

| | |
|---|---|
| 레몬 … 4분의 3개 | 소금 … 4분의 1작은술 |
| 브로콜리 새싹 … 10개 정도 | 도미(횟감용) … 150g |
| ● 황부추 … 2~3줄기 | 올리브유 … 2큰술 |
| 국간장 … 2작은술 | |

### 🪷 만드는 법

❶ 레몬 4분의 1개 분량은 매우 얇게 부채꼴로 썰고, 브로콜리 새싹과 황부추는 1cm 길이로 자른다.

❷ 양념을 만든다. 레몬 2분의 1개 분량의 과즙과 간장, 소금을 섞는다.

❸ 도미를 얇게 썰어 접시에 가지런히 담고 ❷를 뿌린 다음, 얇게 썬 레몬과 브로콜리 새싹, 황부추를 뿌린 후 올리브유를 두른다.

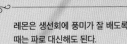

레몬은 생선회에 풍미가 잘 배도록 얇게 썬다. 황부추가 없을 때는 파로 대신해도 된다.

## 유자 크림소스를 넣은
## 치킨 소테

양식 요리에 유자 향을 첨가해 일식의 느낌을 가미했다.

 **재료(3~4인분)**

닭다리살 … 2장
● 노란 유자 … 1개
소금 … 2분의 1작은술
● 마늘 … 2분의 1쪽
올리브유 … 1큰술
┌ 생크림 … 3큰술
A │ 소금 … 4분의 1작은술
│ 설탕 … 1작은술
└ 화이트와인 … 3큰술

 **만드는 법**

❶ 닭고기는 힘줄을 제거한 후 유자 과즙, 소금 2분의 1작은
술을 뿌려 버무린다. 마늘은 으깬다.
❷ 프라이팬에 올리브유와 마늘을 넣고 강불에 올린다. 향이
나기 시작하면 닭고기를 칼집 낸 부분이 바닥을 향하게 놓
은 다음, 꾹꾹 눌러 가며 바싹 굽는다. 노릇노릇하게 구워
지면 반대로 뒤집은 다음, 불을 중불로 줄이고 뚜껑을 덮
어 고기가 다 익을 때까지 굽는다. 다 구워지면 닭고기를
건져 한 김 식힌 뒤, 적당한 크기로 썰어 접시에 담는다.
❸ 고기를 구운 프라이팬에 A를 붓고 중불에 올린다. 소스가
걸쭉해지면 닭고기를 넣고 유자 껍질을 갈아 넣는다.

구운 닭고기를 '젓가락으로 집기 편하게' 먹기 좋은 크
기로 썰어 담으면 일식의 느낌이 난다. 유자 과즙에 든
산미는 고기를 밑간할 때 쓰이며, 크림 소스의 분리를
방지한다.

## 오렌지와 오레가노를 넣은
## 참치 데코네즈시*

서로 다른 그룹에 속하는 산뜻한 향의 향신료를 여러 가지 섞어
서 복합적인 향을 내는 퓨전 요리를 만들었다.

 **재료(3~4인분)**

● 오렌지 … 2분의 1개
● 생강 … 2조각
● 마늘 … 2분의 1쪽
● 오레가노 생잎 … 15장 정도
참치(횟감용) … 120g
국간장 … 1과 2분의 1큰술
밥 … 450g
┌ 소금 … 2분의 1작은술
A │ 설탕 … 1큰술
└ 식초 … 1큰술

 **만드는 법**

❶ 오렌지는 껍질을 곱게 간다. 생강과 마늘은 껍질을 벗겨
결대로 얇게 채 썰고, 오레가노 잎도 곱게 다진 후 토핑으
로 쓸 소량을 따로 덜어 놓는다. 참치는 한입 크기로 잘라
간장에 재운다.
❷ 밥에 A와 오렌지 껍질, 생강, 마늘, 오레가노 잎을 넣고, 주
걱을 이용해 밥을 자르듯이 섞는다. 골고루 다 잘 섞이면
참치를 넣고 살짝 버무려 접시에 옮겨 담고, 토핑용 오레
가노 잎을 뿌린다.

* 붉은살생선을 간장 양념에 한 번 재운 후, 초밥과 합쳐 먹는 요리-역주

밥은 조금 고슬고슬하게 짓는다. 오렌지 껍질은 깨끗이
씻은 다음 강판이나 제스터로 표면만 간다. 생강과 마
늘은 다지지 말고 채를 썰어야 더 부드러운 풍미를 느
낄 수 있다. 매우 가늘게 써는 것이 중요하다.

## 진피를 넣은 완자 수프

진피와 차조기의 산뜻한 향이 돼지고기의 누린내를 잡아 주고, 팔각이 지방의 단맛을 끌어올린다.

### 🪷 재료(5인분)

| A | | B | | | |
|---|---|---|---|---|---|
| 간 돼지고기 ⋯ 400g | 소금 ⋯ 2분의 1작은술 | 소금 ⋯ 1작은술 | ● 생강 ⋯ 1조각 |
| ● 푸른 차조기 ⋯ 2장 | 얼레짓가루 ⋯ 1작은술 | 설탕 ⋯ 1작은술 | ● 고수잎 ⋯ 2~3줄기 |
| ● 굵게 간 진피 ⋯ 1작은술 | 국간장 ⋯ 1작은술 | 요리술 ⋯ 2큰술 | |
| ● 팔각 분말 ⋯ 한 꼬집 | | | |

### 🪷 만드는 법

❶ 푸른 차조기는 잘게 다진다. A를 볼에 넣고 골고루 치댄다.

❷ B와 물 800㎖를 냄비에 담아 강불에 올린다. 물이 끓어오르면 불을 중불로 줄이고, ①을 5등분해서 공기를 뺀 다음 둥글게 빚어 냄비에 넣는다. 물이 다시 끓어오르면 불을 약불로 줄이고 뚜껑을 덮어 완자가 다 익을 때까지 15분 정도 삶는다.

❸ 생강은 껍질을 벗겨 결대로 채 썰고, 고수잎은 큼직하게 다져서 그릇에 담은 ② 위에 토핑한다.

고기 반죽은 끈기가 생길 때까지 충분히 치댄다. 생강과 고수 잎은 토핑으로 올리기 직전에 썰어야 향이 더 좋다.

# 감귤 계열/잎 그룹 향신료 차트

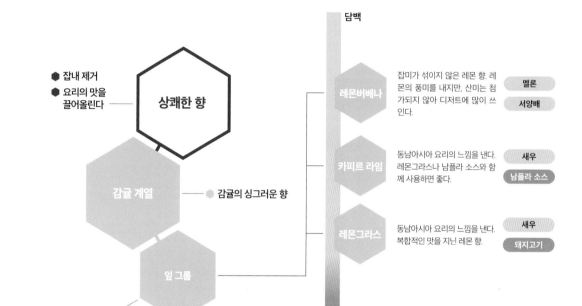

담백

● 잡내 제거
● 요리의 맛을
끌어올린다

**상쾌한 향**

**감귤 계열** ● 감귤의 싱그러운 향

**잎 그룹**

● 쓴맛을 내지 않고
감귤 향을 낸다

**레몬버베나**

잡미가 섞이지 않은 레몬 향. 레몬의 풍미를 내지만, 산미는 첨가되지 않아 디저트에 많이 쓰인다.

멜론

서양배

**카피르 라임**

동남아시아 요리의 느낌을 낸다. 레몬그라스나 남플라 소스와 함께 사용하면 좋다.

새우

남플라 소스

**레몬그라스**

동남아시아 요리의 느낌을 낸다. 복합적인 맛을 지닌 레몬 향.

새우

돼지고기

진함

## 그룹의 특징

이 그룹에 속하는 잎은 공통적으로 레몬과 유사한 향을 냅니다.

모두 상큼한 레몬 향을 풍기는데, 잎 자체를 먹기보다는 주로 잎을 끓이거나 재워서 향을 추출해 요리에 활용합니다. 실제 감귤류와는 달리 쓴맛이 질 나지 않이 요리에 자주 쓰입니다.

특히 카피르 라임의 잎과 레몬그라스를 함께 사용하면 동남아시아의 지역적 특성이 나타납니다.

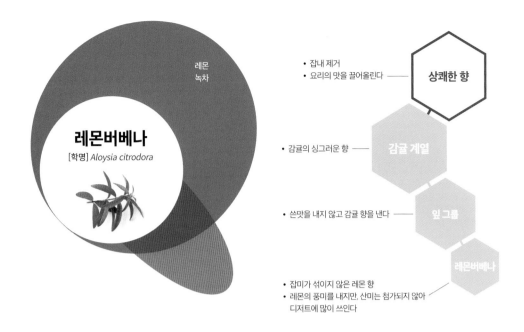

레몬
녹차

# 레몬버베나
[학명] Aloysia citrodora

- 잡내 제거
- 요리의 맛을 끌어올린다 —— **상쾌한 향**

- 감귤의 싱그러운 향 —— **감귤 계열**

- 쓴맛을 내지 않고 감귤 향을 낸다 —— **잎 그룹**

- 잡미가 섞이지 않은 레몬 향
- 레몬의 풍미를 내지만, 산미는 첨가되지 않아
  디저트에 많이 쓰인다 —— **레몬버베나**

**말리지 않은 원형**
산뜻한 레몬 향. 가열하면 향이 난다.

**말린 잎**
생잎이 없을 때 대신 사용하거나 차
로 마신다. 말린 잎 특유의 냄새가 살
짝 난다.

## 잘 어울리는 재료와 조리 방법, 조리의 예

머스캣 포도   멜론   서양배   오이   농어   가리비   파인애플   생크림

\추천/
**밑간**

파인애플 시럽 절임
(시럽에 재운다)

\추천/
**가열**

찜닭
(소스에 넣어 끓인다)

살구를 첨가한 커스터드 소스
(소스에 함께 넣어 가열한다)

**마무리**

농어 카르파초(토핑)
(부드러운 생잎을 구할 수 있다면 가능하다)

## 세계 각지에서 쓰이는 법

**프랑스**
커스터드 소스에 부드러운 레몬 향을
첨가하는 등 크림 스타일의 소스에 쓰
인다(레몬을 사용하면 산에 의해 응고
되어 버린다).

칠레~아르헨티나

**프랑스: 티젠(대용차)**
허브티로 사용할 수 있다.

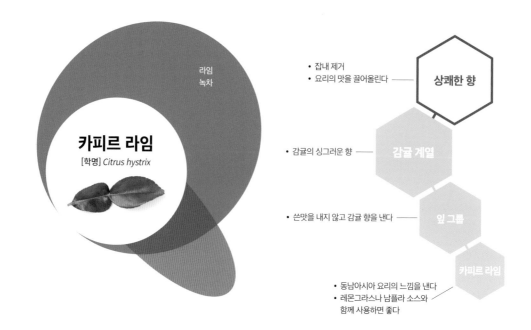

라임
녹차

# 카피르 라임

[학명] *Citrus hystrix*

- 잡내 제거
- 요리의 맛을 끌어올린다 —— **상쾌한 향**

- 감귤의 싱그러운 향 —— **감귤 계열**

- 쓴맛을 내지 않고 감귤 향을 낸다 —— **잎 그룹**

**카피르 라임**

- 동남아시아 요리의 느낌을 낸다
- 레몬그라스나 남플라 소스와
  함께 사용하면 좋다

**말리지 않은 원형**
부드러운 레몬 향. 단단해서 조림 요
리 등에 사용한다.

**잘게 썬 생 향신료**
단단해서 조리할 때는 잘게 썰어서
사용한다. 다른 향신료와 함께 빻아
서 쓸 때도 있다.

**말린 잎**
조림 요리에만 생잎 대용으로 쓸 수
있지만, 향이 약하다.

## 잘 어울리는 재료와 조리 방법, 조리의 예

( 흰살생선 )　( 새우 )　( 게 )　( 닭고기 )　( 바지락 )　( 남플라 소스 )

\ 추천 /
**밑간**

에스닉한 치킨 가라아게
(밑간할 때)

에스닉한 새우 신조
(반죽에 섞는다)

\ 추천 /
**가열**

옥돔 코코넛 조림
(함께 조린다)

돼지고기 탕수육
(가열을 마무리하는 단계에)

\ 추천 /
**마무리**

도미 카르파초
(양념에 섞는다)

견과류 튀김을 섞은 밥
(버무린다)

## 세계 각지에서 쓰이는 법

**태국: 똠얌**
조림 요리에 잎을 넣어 함께
끓인다.

동남아시아

**말레이시아: 아얌 리마우**
매운 닭고기 조림. 카피르 라임의 잎
이나 과육이 들어간다.

**말레이시아: 나시고렝**
잘게 다져 함께 볶는다. 소고
기 조림인 렌당에도 쓰인다.

**인도네시아: 땅콩 전병**
땅콩 전병에 카피르 라임 잎을 가늘게
채 썰어 넣는다.

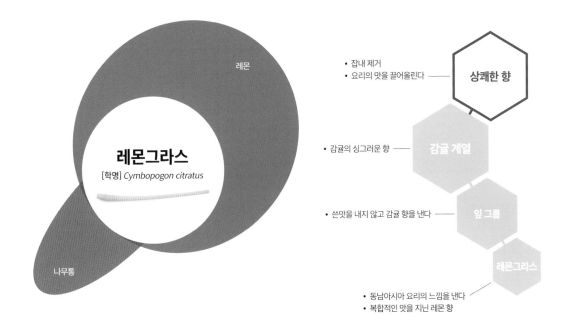

레몬

# 레몬그라스

[학명] *Cymbopogon citratus*

나무통

- 잡내 제거
- 요리의 맛을 끌어올린다 —— **상쾌한 향**

- 감귤의 싱그러운 향 —— **감귤 계열**

- 쓴맛을 내지 않고 감귤 향을 낸다 —— **잎 그룹**

**레몬그라스**

- 동남아시아 요리의 느낌을 낸다
- 복합적인 맛을 지닌 레몬 향

 **말리지 않은 원형**
요리에는 뿌리 쪽의 흰 부분을 사용하며, 잎은 차로 마신다.

 **잘게 썬 생 향신료**
단단해서 먹을 때는 잘게 썰어서 넣는다. 다른 향신료와 함께 빻아서 쓸 때도 있다.

 **말린 잎**
차 전용.

## 잘 어울리는 재료와 조리 방법, 조리의 예

주키니 호박    새우    닭고기    망고    돼지고기    가지

\추천/
🥄 **밑간**

에스닉한 피클
(두드려 으깨 절임액에 함께 절인다)

닭고기 완자
(반죽에 섞는다)

다진 새우를 넣은 토스트
(반죽에 섞는다)

\추천/
🍲 **가열**

똠얌꿍
(함께 끓인다)

향신료를 섞은 흰살생선튀김
(채 썰어 튀김옷에 섞는다)

바지락 볶음탕
(두드려 으깨 함께 넣고 가열한다)

\추천/
🍴 **마무리**

에스닉한 유도후(두부탕)
(육수에 섞는다)

새우구이
(양념에 섞는다)

## 세계 각지에서 쓰이는 법

**태국: 넴느엉**
레몬그라스 줄기에 닭고기 완자를 끼워 숯불에 굽는다.

인도~
스리랑카(불명확)

**멕시코: 차로 마신다**
레몬그라스 차를 즐겨 마신다.

**인도네시아: 락사**
다른 향신료와 함께 페이스트 상태로 만들어 육수에 넣는다.

## 레몬버베나 소스를 끼얹은 녹차 젤리

녹차의 쌉싸름한 맛을 어느 정도 남기면서도 산뜻한 레몬버베나의 풍미를 더해 맛을 한층 살렸다.

###  재료(2~3인분)

| | |
|---|---|
| 판 젤라틴 ⋯ 11g | 화이트와인 ⋯ 2작은술 |
| 녹차 ⋯ 350ml | ● 레몬버베나 ⋯ 7~8장 |
| 설탕 ⋯ 120g과 65g | |

###  만드는 법

① 판 젤라틴은 물에 담그고, 녹차는 진하게 우린다.

② 뜨거운 녹차를 볼에 담고 설탕 120g을 부어 녹인다. 물기를 짠 젤라틴을 넣고 서서히 저어 섞은 후, 한 김 식으면 냉장고에 12시간 정도 넣어 차갑게 굳힌다.

③ 작은 냄비에 설탕 65g, 화이트와인, 물 50ml를 담아 중불에 올린다. 끓어오르면 레몬버베나를 넣어 2~3분 정도 끓인 뒤, 그대로 식혀 체에 한 번 거른다.

④ ②를 그릇에 담고, ③을 끼얹는다.

녹차는 쌉싸름한 맛이 충분히 느껴지도록 진하게 우린다. 레몬버베나 시럽은 향이 섬세하므로 되도록 빨리 먹는다.

## 에스닉한 새우 라구 비빔면

카피르 라임 잎과 레몬그라스를 함께 넣어 동남아시아 요리의
느낌을 냈다. 카피르 라임을 듬뿍 넣어 가피의 풍미에 버금가
는 산뜻한 향을 냈다. 흑후추가 전체적인 맛을 끌어올린다.

 **재료(3~4인분)**

새우 … 250g
● 마늘 … 1쪽
● 생강 … 1조각
● 카피르 라임 잎 … 10장
● 레몬그라스 … 2분의 1조각
기름 … 3큰술
가피(p.72 참조) … 1작은술

A ┌ ● 굵게 간 흑후추 … 1작은술
  │ 진간장 … 1큰술
  │ 남플라 소스 … 2작은술
  └ 요리술 … 1큰술
중화면 … 3인분

 **만드는 법**

❶ 새우는 껍질과 내장을 제거한 후, 식칼로 으깨 굵게 다진
   다. 마늘과 생강은 껍질을 벗겨 다지고, 카피르 라임 잎과
   레몬그라스도 잘게 다진다.
❷ 프라이팬에 기름과 마늘, 생강, 카피르 라임 잎, 레몬그라
   스, 가피를 넣고 약불에 올린다. 가피가 녹도록 기름에 버
   무리다가 향이 나기 시작하면 새우를 넣고 풀어 주듯이 볶
   는다. 여기에 A를 넣고 더 볶은 후, 볼에 담는다.
❸ 중화면을 삶아 물기를 뺀 다음, 곧바로 ❷의 볼에 넣어 재
   빠르게 버무려 접시에 담는다.

고추가 아닌 흑후추를 넣어 깔끔한 매운맛이 식욕을 더
자극한다. 새우는 으깨 넣어야 풍미가 더 잘 살아나고,
면에도 잘 달라붙는다.

## 해산물 레몬그라스 튀김

지중해 지역의 음식인 해산물 프리토에 레몬그라스의 향을 더
해 에스닉한 느낌을 더했다. 요리에 개성을 부여하는 동시에 해
산물의 비린내를 잡는 효과도 있다.

 **재료(3~4인분)**

한치 … 2마리
가시진흙새우 … 20마리 정도
● 레몬그라스 … 2줄기
소금 … 2분의 1작은술
강력분 … 7큰술
튀김용 기름 … 적당량

 **만드는 법**

❶ 한치는 손질해서 몸통을 1cm 너비로 둥글게 썬다. 다리는
   먹기 좋은 크기로 자른다. 레몬그라스는 아주 얇게 송송
   썰어 뭉치지 않게 흩트려 놓는다.
❷ 볼에 한치, 가시진흙새우, 레몬그라스, 소금을 넣은 다음,
   강력분을 뿌려 골고루 묻힌다. 여기에 물 2큰술을 넣어 튀
   김옷이 한치나 새우에 잘 달라붙게 버무린다.
❸ 180℃의 기름에 바싹 튀긴다.

튀김옷은 묽지 않아야 한다. 소량의 수분만으로 식재료
와 레몬그라스, 강력분을 가볍게 뭉친다는 느낌으로 해
야 튀겼을 때 바삭바삭하다. 레몬그라스를 미리 흩트려
놓아야 튀겼을 때 먹기 좋다.

# 달콤한 향을 지닌 향신료

# 달콤한 향을 지닌 향신료 매트릭스

● **잡내 제거** ······ 달콤한 향으로, 식재료의 잡내를 알아차리지 못하게 한다(마스킹 효과)

● **요리의 맛을 끌어올린다** ······ 달콤한 향이 달콤한 식재료나 요리의 단맛을 한층 끌어올린다

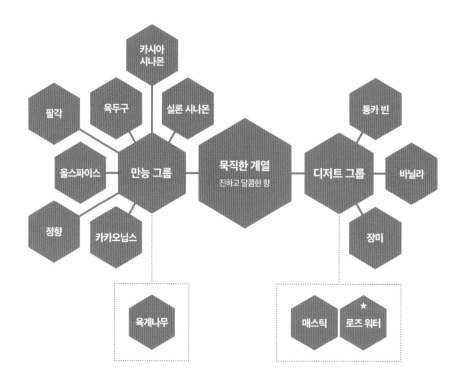

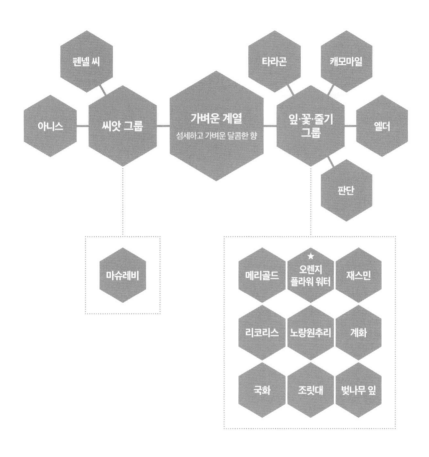

펜넬 씨

타라곤

캐모마일

아니스

씨앗 그룹

가벼운 계열
섬세하고 가벼운 달콤한 향

잎·꽃·줄기
그룹

엘더

판단

마슈레비

메리골드

★
오렌지
플라워 워터

재스민

리코리스

노랑원추리

계화

국화

조릿대

벚나무 잎

★: 한 가지 향신료가 원료로 들어가
마치 향신료처럼 쓰이는 향신료 가공품

# 묵직한 계열/만능 그룹 향신료 차트

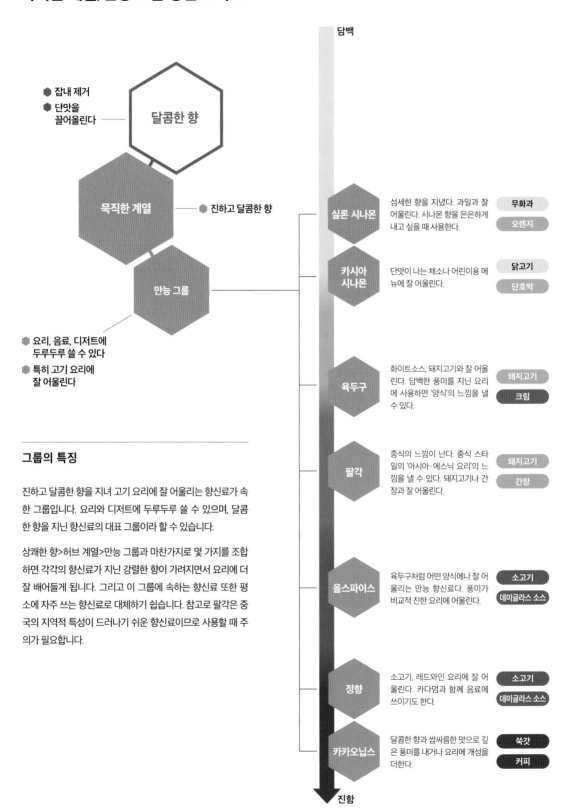

담백

● 잡내 제거
● 단맛을 끌어올린다 ─── 달콤한 향

묵직한 계열 ─── ● 진하고 달콤한 향

만능 그룹

● 요리, 음료, 디저트에 두루두루 쓸 수 있다
● 특히 고기 요리에 잘 어울린다

**실론 시나몬** — 섬세한 향을 지녔다. 과일과 잘 어울린다. 시나몬 향을 은은하게 내고 싶을 때 사용한다. [무화과] [오렌지]

**카시아 시나몬** — 단맛이 나는 채소나 어린이용 메뉴에 잘 어울린다. [닭고기] [단호박]

**육두구** — 화이트소스, 돼지고기와 잘 어울린다. 담백한 풍미를 지닌 요리에 사용하면 '양식'의 느낌을 낼 수 있다. [돼지고기] [크림]

**팔각** — 중식의 느낌이 난다. 중식 스타일의 '아시아·에스닉 요리'의 느낌을 낼 수 있다. 돼지고기나 간장과 잘 어울린다. [돼지고기] [간장]

**올스파이스** — 육두구처럼 어떤 양식에나 잘 어울리는 만능 향신료. 풍미가 비교적 진한 요리에 어울린다. [소고기] [데미글라스 소스]

**정향** — 소고기, 레드와인 요리에 잘 어울린다. 카다멈과 함께 음료에 쓰이기도 한다. [소고기] [데미글라스 소스]

**카카오닙스** — 달콤한 향과 쌉싸름한 맛으로 깊은 풍미를 내거나 요리에 개성을 더한다. [쑥갓] [커피]

진함

## 그룹의 특징

진하고 달콤한 향을 지녀 고기 요리에 잘 어울리는 향신료가 속한 그룹입니다. 요리와 디저트에 두루두루 쓸 수 있으며, 달콤한 향을 지닌 향신료의 대표 그룹이라 할 수 있습니다.

상쾌한 향>허브 계열>만능 그룹과 마찬가지로 몇 가지를 조합하면 각각의 향신료가 지닌 강렬한 향이 가려지면서 요리에 더 잘 배어들게 됩니다. 그리고 이 그룹에 속하는 향신료 또한 평소에 자주 쓰는 향신료로 대체하기 쉽습니다. 참고로 팔각은 중국의 지역적 특성이 드러나기 쉬운 향신료이므로 사용할 때 주의가 필요합니다.

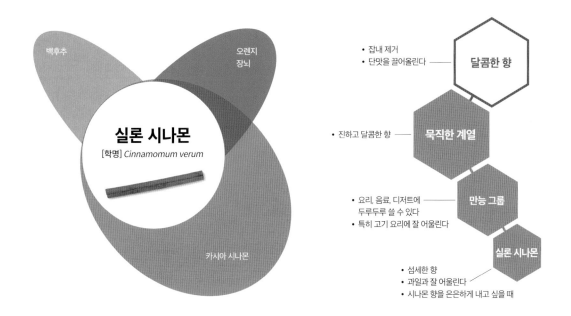

실론 시나몬

[학명] Cinnamomum verum

백후추

오렌지
장뇌

카시아 시나몬

• 잡내 제거
• 단맛을 끌어올린다 —— **달콤한 향**

• 진하고 달콤한 향 —— **묵직한 계열**

• 요리, 음료, 디저트에
  두루두루 쓸 수 있다 —— **만능 그룹**
• 특히 고기 요리에 잘 어울린다

**실론 시나몬**

• 섬세한 향
• 과일과 잘 어울린다
• 시나몬 향을 은은하게 내고 싶을 때

**말린 원형**
종이처럼 얇고 섬세한 것이 특징이
다. 두께감이 있는 카시아 시나몬과
구별된다.

**말린 분말**
시중 제품은 대부분 카시아 시나몬이
다. 요리의 완성도를 높이고 싶다면
실론 시나몬을 직접 갈아도 좋다.

## 잘 어울리는 재료와 조리 방법, 조리의 예

무화과  사과  닭고기  오렌지  감  버찌

\추천/
**밑간**

화이트와인 상그리아
(함께 재운다)

무화과 타르트
(반죽에 섞는다)

\추천/
**가열**

채소찜
(함께 찐다)

복숭아차
(함께 끓인다)

**마무리**

샹티이 크림
(토핑)

감 마리네이드
(버무린다)

## 세계 각지에서 쓰이는 법

카시아 시나몬과 명확히 구분해서 쓰
는 지역이 드물어 다음 페이지에 시나
몬으로 통합해서 정리했다.

스리랑카

129

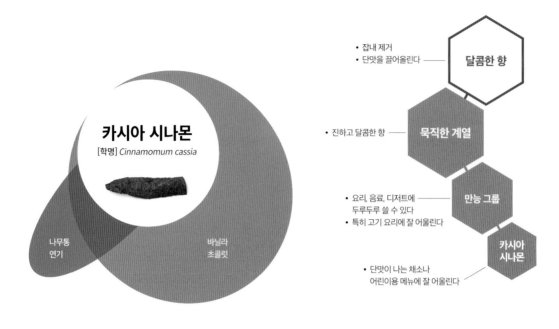

## 달콤한 향

- 잡내 제거
- 단맛을 끌어올린다

## 묵직한 계열

- 진하고 달콤한 향

## 만능 그룹

- 요리, 음료, 디저트에 두루두루 쓸 수 있다
- 특히 고기 요리에 잘 어울린다

## 카시아 시나몬

- 단맛이 나는 채소나 어린이용 메뉴에 잘 어울린다

### 카시아 시나몬
[학명] Cinnamomum cassia

나무통 연기

바닐라 초콜릿

 **말린 원형**
막대 형태나 나무껍질처럼 얇게 벗겨진 형태, 작게 잘린 형태가 있다.

 **말린 분말**
시중에 시나몬 분말로 판매되는 제품은 대부분 카시아 시나몬이다.

## 잘 어울리는 재료와 조리 방법, 조리의 예

사과　닭고기　오렌지　바나나　견과류　단호박　팥앙금　돼지고기　**케첩**

＼ 추천 ／
**밑간**

미트볼
(반죽에 섞는다)

바나나 머핀
(반죽에 섞는다)

＼ 추천 ／
**가열**

비리아니
(템퍼링해서 함께 넣고 밥을 짓는다)

미트소스
(함께 끓인다)

폭찹
(가열을 마무리하는 단계에서)

＼ 추천 ／
**마무리**

치킨 너겟
(케첩에 섞는다)

안미쓰*
(토핑)

＊ 삶은 붉은 완두콩에 과일과 한천 묵, 찹쌀 경단, 팥앙금 등을 올린 화과자의 일종-역주

## 세계 각지에서 쓰이는 법

**미국: 애플파이**
미국식 디저트에는 시나몬이 빠지지 않는다

**그리스: 무사카**
가지와 화이트소스, 미트소스를 층층이 쌓아 굽는 요리. 양고기로 만드는 미트소스에 시나몬을 섞는다.

인도 북부~미얀마

**튀르키예: 코프타**
다진 양고기에 시나몬이나 견과류를 섞어 둥글게 빚은 요리. 양고기와 시나몬이 잘 어울린다.

**인도: 파르시 브라운 라이스**
인도 요리인 단삭에 곁들이는 밥으로, 시나몬과 양파 등을 넣어 짓는다.

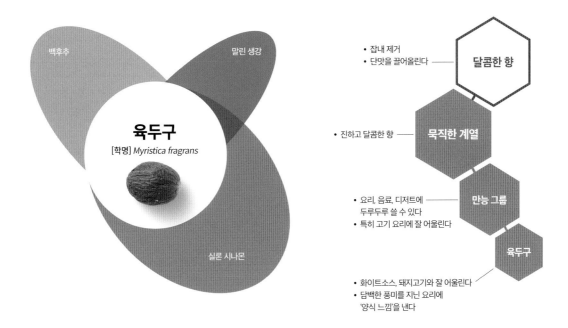

백후추

말린 생강

## 육두구

[학명] *Myristica fragrans*

실론 시나몬

**달콤한 향**
- 잡내 제거
- 단맛을 끌어올린다

**묵직한 계열**
- 진하고 달콤한 향

**만능 그룹**
- 요리, 음료, 디저트에 두루두루 쓸 수 있다
- 특히 고기 요리에 잘 어울린다

**육두구**
- 화이트소스, 돼지고기와 잘 어울린다
- 담백한 풍미를 지닌 요리에 '양식 느낌'을 낸다

**말린 원형**
원형 그대로 사용하는 일은 거의 없다. 강판 등에 갈아서 사용하면 싱그러운 향을 즐길 수 있다.

**말린 분말**
분말 제품은 즉석에서 갈았을 때보다 파우더리한 향이 두드러지지만, 향이 강렬하지 않아 사용하기 좋다.

**메이스**
육두구 씨의 껍질을 말린 것으로 섬세한 향을 낸다. 과일이나 디저트에 잘 어울린다.

## 잘 어울리는 재료와 조리 방법, 조리의 예

콩　　돼지고기　　토란　　고구마　　감자　　콜리플라워　　연근　　크림　　버터

＼추천／
**밑간**

포크 햄버그스테이크
(반죽에 섞는다)

새우튀김
(밑간할 때 뿌린다)

＼추천／
**가열**

화이트소스
(함께 넣고 끓인다)

크로크무슈
(뿌려서 굽는다)

＼추천／
**마무리**

포타주
(토핑)

감자튀김
(토핑)

## 세계 각지에서 쓰이는 법

반다제도

**이탈리아: 파사텔리 인 브로도**
빵가루, 치즈 등을 넣어 만드는 파스타. 육두구나 레몬을 넣은 맑은 수프에 넣어 먹는 것이 일반적이다.

**프랑스: 엔다이브 그라탕**
그라탕 도피누아처럼 베샤멜 소스와 함께 쓰일 때가 많다.

**인도네시아: 쿠에 라피스**
네덜란드를 통해 전해진 바움쿠헨을 닮은 구움과자. 인도네시아의 특산품인 육두구와 메이스가 들어간다.

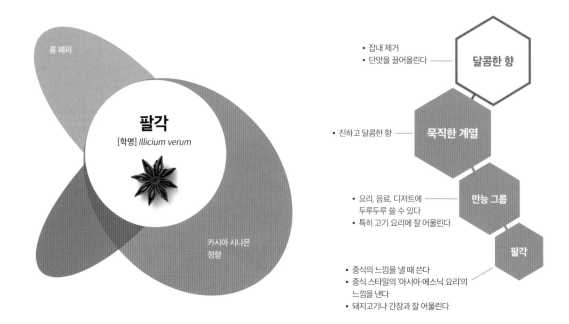

롱 페퍼

**팔각**

[학명] *Illicium verum*

카시아 시나몬
정향

• 잡내 제거
• 단맛을 끌어올린다 —— **달콤한 향**

• 진하고 달콤한 향 —— **묵직한 계열**

• 요리, 음료, 디저트에 ——
  두루두루 쓸 수 있다
• 특히 고기 요리에 잘 어울린다 **만능 그룹**

**팔각**

• 중식의 느낌을 낼 때 쓴다
• 중식 스타일의 '아시아·에스닉 요리'의
  느낌을 낸다
• 돼지고기나 간장과 잘 어울린다

 **말린 원형**
한 개를 통째로 넣으면 향이 과할 때
가 많으므로 한 조각씩 넣어야 향을
조절하기 편하다.

 **말린 분말**
양을 조절하기 편하고, 단시간에 조
리해야 하는 요리에 알맞다.

## 잘 어울리는 재료와 조리 방법, 조리의 예

문어  돼지고기  간장  참기름  장어  굴

＼ 추천 ／

🥄 **밑간**

차슈
(고기를 조릴 양념에 넣고 끓인다)

사오마이
(만두소에 넣는다)

＼ 추천 ／

🍲 **가열**

돼지고기 조림
(함께 넣고 끓인다)

볶은 콩 미소 된장 조림
(가열을 마무리하는 단계에 넣는다)

🍴 **마무리**

중국식 죽
(육수에 섞는다)

## 세계 각지에서 쓰이는 법

중국 남부~
베트남

**인도네시아: 케찹 마니스**
단맛이 든 간장 조미료. 팔각 향이 나
는 것이 특징이다.

**중국: 고기만두**
고기 요리에 많이 쓰인다. 팔각의 향
이 강한 혼합 향신료인 오향분이 쓰일
때도 있다.

**베트남: 소고기 퍼**
간장 맛이나 소고기 등에 쓰인다.

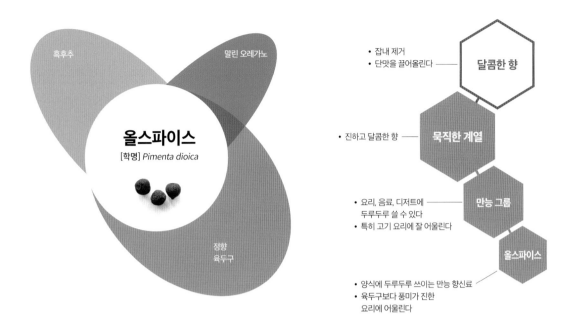

흑후추

말린 오레가노

**올스파이스**

[학명] *Pimenta dioica*

정향
육두구

- 잡내 제거
- 단맛을 끌어올린다 ── **달콤한 향**

- 진하고 달콤한 향 ── **묵직한 계열**

- 요리, 음료, 디저트에
  두루두루 쓸 수 있다
- 특히 고기 요리에 잘 어울린다 ── **만능 그룹**

**올스파이스**

- 양식에 두루두루 쓰이는 만능 향신료
- 육두구보다 풍미가 진한
  요리에 어울린다

**말린 원형**
푹 절이거나 끓여야 하는 요리에 잘
어울린다. 분말 제품보다 후추를 닮
은 향이 강하게 난다.

**말린 분말**
말린 원형을 갈면 싱그러운 향이 강
한 반면, 시중의 분말 제품은 향이 비
교적 순해 요리에 잘 녹아든다.

## 잘 어울리는 재료와 조리 방법, 조리의 예

적양배추　버섯　우엉　소고기　레드와인　데미글라스 소스　피망　오징어　발사믹 식초

\ 추천 /
**밑간**

자색 양파 마리네이드
(함께 절인다)

멘치카츠
(반죽에 섞는다)

\ 추천 /
**가열**

비프스튜
(함께 끓인다)

야키소바
(가열을 마무리하는 단계에 넣는다)

**마무리**

숙성 스테이크
(굵게 갈아 토핑한다)

* 향이 진하지만, 풍미가 강한 고기 등에 굵게 갈아 넣
으면 후추와 비슷한 향이 올라온다.

## 세계 각지에서 쓰이는 법

**유럽~북미: 피클링 스파이스**
대표적인 혼합 향신료인 피클링 스파
이스에 꼭 들어간다.

**미국 남부: 잠발라야**
텍스멕스나 케이준 요리에도 많이 쓰
인다. 그 대표적인 요리 중 하나가 잠
발라야다.

서인도제도~
중앙아메리카

**자메이카: 저크 치킨**
올스파이스의 원산지이기도 해서 다
양한 요리에 쓰인다. 자메이카의 전통
소스인 저크 소스가 들어가는 요리에
는 빠지지 않는다.

**자메이카: 고구마 푸딩**
고구마로 만든 구움과자. 올스파이스
가 들어가 향긋하고 에스닉한 풍미가
난다.

**스웨덴: 세트불레**
북유럽에서 많이 쓰인다. 고기 요리에
잘 어울린다.

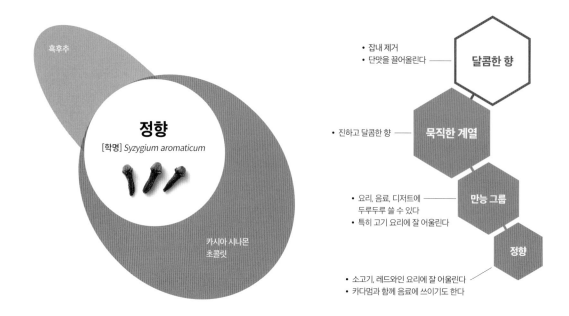

흑후추

# 정향

[학명] *Syzygium aromaticum*

카시아 시나몬
초콜릿

- 잡내 제거
- 단맛을 끌어올린다 —— **달콤한 향**

- 진하고 달콤한 향 —— **묵직한 계열**

- 요리, 음료, 디저트에 두루두루 쓸 수 있다
- 특히 고기 요리에 잘 어울린다 **만능 그룹**

**정향**

- 소고기, 레드와인 요리에 잘 어울린다
- 카다멈과 함께 음료에 쓰이기도 한다

**말린 원형**
나중에 건져 낼 수 있어 은은한 향을 내고 싶을 때 많이 쓰인다.

**말린 분말**
향이 진하므로 귀이개로 한 번 뜰 정도의 소량부터 양을 조절하는 것이 좋다.

## 잘 어울리는 재료와 조리 방법, 조리의 예

( 오렌지 ) ( 무화과 ) ( 소고기 ) ( 레드와인 ) ( 데미글라스 소스 ) ( 블랙커런트 ) ( 시금치 ) ( 간 ) ( 오리고기 )

\ 추천 /
**밑간**

로스트비프
(양념에 넣어 함께 재운다)

비프 햄버그스테이크
(반죽에 섞는다)

\ 추천 /
**가열**

간 레드와인 조림
(함께 조린다)

따뜻하게 데운 와인
(카다멈과 함께 가열한다)

시금치 소테
(가열을 마무리하는 단계에 넣는다)

**마무리**

향이 강해서 마무리 단계에는 어울리지 않는다.

## 세계 각지에서 쓰이는 법

**말레이시아: 비프 렌당**
정향의 산지인 말레이시아에서는 소고기 조림에도 많이 쓴다. 렌당에는 시나몬 같은 다른 향신료가 함께 들어간다.

말루쿠제도

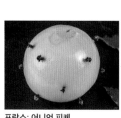

**프랑스: 어니언 피케**
포토푀나 조림 요리를 만들 때, 정향을 쉽게 건져 낼 수 있도록 양파에 꽂아서 끓인다.

**탄자니아: 필라우**
탄자니아는 플랜테이션을 통해 여러 향신료의 산지가 되었는데, 정향도 그러한 작물 가운데 하나다. 각종 재료를 넣어 밥을 지을 때도 쓰인다.

**인도네시아: 크레텍 담배**
인도네시아에서는 정향이 담배의 향료로 쓰인다. 또한 요리보다 디저트에 쓰일 때가 많다.

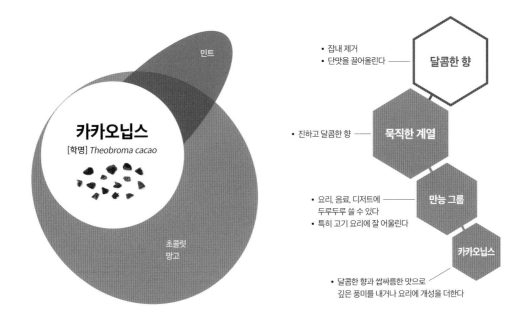

민트

# 카카오닙스
[학명] *Theobroma cacao*

초콜릿
망고

**달콤한 향**
- 잡내 제거
- 단맛을 끌어올린다

**묵직한 계열**
- 진하고 달콤한 향

**만능 그룹**
- 요리, 음료, 디저트에 두루두루 쓸 수 있다
- 특히 고기 요리에 잘 어울린다

**카카오닙스**
- 달콤한 향과 쌉싸름한 맛으로 깊은 풍미를 내거나 요리에 개성을 더한다

**말린 원형**
잘게 부순 제품이 향신료로 쓰기에 편하다.

**말린 분말**
유분이 많아 잘 갈리지 않지만, 밑간 등을 하기에 알맞다. 전동 분쇄기를 사용하는 것이 좋다.

**카카오 파우더**
카카오닙스에서 기름을 짜내고 남은 것을 분말로 만든 것. 카카오닙스처럼 초콜릿 같은 향이 나지만, 기름을 짜냈기 때문에 고소한 풍미는 나지 않는다.

## 잘 어울리는 재료와 조리 방법, 조리의 예

단호박   우엉   소고기   쑥갓   커피

 **밑간**

비프스테이크
(고기를 두드린 후, 밑간할 때 흑후추와 함께 쓴다)

 **가열**

비프스튜
(맛을 더 좋게 하기 위해 함께 넣고 끓인다)

쑥갓 소테
(가열을 마무리하는 단계에 넣는다)

＼ 추천 ／

 **마무리**

라즈베리 아이스크림
(토핑)

단호박 튀김
(토핑)

## 세계 각지에서 쓰이는 법

**유럽 등: 초콜릿**
초콜릿은 세계적으로 많이 이용되는 재료다.

남미

**멕시코: 몰레 소스**
무당 초콜릿으로 만드는 소스. 구운 고기에 뿌려 먹는다.

**멕시코: 참푸라도**
옥수숫가루와 초콜릿이 들어가는 멕시코의 대중적인 음료다. 시나몬 등도 들어간다.

## 향신료를 넣은 배 콩포트

배의 섬세한 향과 식감에는 카시아 시나몬보다 상쾌한 향을 지
난 실론 시나몬과 생강이 잘 어울린다. 아니스를 넣어 단맛이
도드라지게 했다.

 **재료(2~3인분)**

배 … 1개
화이트와인 … 1큰술

┌ ● 말린 생강 … 2분의 1작은술
│ ● 실론 시나몬 스틱 … 1개
A ● 아니스 … 2분의 1작은술
└ 설탕 … 8큰술

 **만드는 법**

❶ 배는 껍질을 깎고 심을 제거한 다음, 한입 크기로 썬다. 실
  론 시나몬은 반으로 부러뜨린다.
❷ 냄비에 배, 물 200ml, 화이트와인을 넣고 중불에 올린다.
  끓어오르면 거품을 걷어 낸 후, A를 넣고 배가 익을 때까
  지 20분 정도 끓인 다음 볼 등에 담아 그대로 식힌다.
❸ 향신료가 들어가지 않게 배만 접시에 담은 후, 체에 거른
  시럽을 붓는다.

배의 아삭아삭한 식감을 어느 정도 남기면서 향신료의
향이 충분히 배게 끓인다. 향신료를 건져 내기가 귀찮
다면 육수망 등에 넣어 끓여도 되지만, 그냥 넣고 끓여
야 향이 더 잘 난다. 탄산수에 섞어 음료로 마셔도 된다.

## 시나몬의 풍미를 더한
## 간 고기 감자 샐러드

카시아 시나몬이 돼지고기의 기름진 맛과 감자의 단맛을 끌어
올린다. 일식 스타일의 요리에 넣으면 더 색다른 느낌을 낼 수
있다.

 **재료(2~3인분)**

● 마늘 … 2분의 1쪽
● 파 … 2줄기
기름 … 1큰술
간 돼지고기 … 100g

┌ ● 카시아 시나몬 분말 … 4분의 1작은술
│ 설탕 … 1작은술
A 미림 … 1큰술
└ 진간장 … 1과 2분의 1큰술
감자 … 3개

 **만드는 법**

❶ 마늘은 결대로 얇게 저민다. 파는 얇게 송송 썬다.
❷ 프라이팬에 기름과 마늘을 넣고 강불에 올린다. 기름이 끓
  기 시작하면 간 돼지고기를 넣고 뭉치지 않게 풀어 가며
  볶는다. 고기가 다 익으면 A를 넣어 골고루 섞은 후, 볼에
  옮겨 담는다.
❸ 껍질을 벗기지 않은 감자를 찜기에 찐다. 감자가 다 익으
  면 껍질을 벗겨 ❷의 볼에 담는다. 감자를 적당히 으깨 고
  기와 섞은 다음, 접시에 담고 파를 뿌린다.

돼지고기는 충분히 익힌다. 시나몬 분말은 액체와 잘
섞이지 않으므로 뭉치지 않게 간장이나 미림 등을 조금
씩 부어 가며 섞는다.

## 감자 포타주

육두구의 달콤한 향이 감자나 생크림의 단맛을 도드라지게 하고, 알싸한 향이 요리의 전체적인 맛을 끌어올린다.

###  재료(3~4인분)
닭가슴살 … 1장(300g)
● 월계수 잎 … 1장
● 양파 … 4분의 1개 분량
감자 … 3개
소금 … 3분의 1작은술
설탕 … 1작은술
생크림 … 100ml
● 육두구 … 약간

###  만드는 법
❶ 닭가슴살과 물 500ml를 냄비에 넣어 중불에 올린다. 물이 끓어오르면 거품을 걷어 낸 후, 월계수 잎과 양파를 넣고, 불을 약불로 줄인 후 뚜껑을 덮는다. 그대로 30분간 끓인 뒤, 체에 거른다.
❷ 감자는 껍질을 벗기지 않은 상태에서 반으로 잘라 찜기에 넣는다. 감자가 다 익으면 껍질을 벗긴다.
❸ ①의 닭 육수 150ml와 ②를 믹서에 넣고 돌린다. ①의 남은 육수를 조금씩 부어 300ml가 되게 한다. 여기에 소금, 설탕, 생크림을 넣고 믹서를 다시 돌린 후 접시에 담고, 육두구를 갈아서 뿌린다.

육두구는 강판에 두세 번 가볍게 갈아 넣는다. 감자의 상태에 따라서도 점도가 차이 나므로 입맛에 맞게 닭 육수의 양을 조절한다.

## 토마토 탕수육

토마토와 돼지고기라는 서양식 조합에 팔각을 첨가해 중식의 느낌을 냈다. 팔각을 밑간과 소스에 모두 넣어 돼지고기와 소스가 잘 어우러지게 했다.

###  재료(2~3인분)
돼지 어깨살 … 300g
토마토(중간 크기) … 5개
● 팔각 분말 … 한 꼬집
소금 … 3분의 1작은술
얼레짓가루 … 3큰술
┌ ● 팔각 분말 … 한 꼬집
│ ● 굵게 간 흑후추 … 한 꼬집
│ 설탕 … 2작은술
A 얼레짓가루 … 2분의 1작은술
│ 진간장 … 2큰술
│ 식초 … 1큰술
└ 미림 … 2큰술
튀김용 기름 … 적당량

###  만드는 법
❶ 돼지고기는 한입 크기로 자른다. 토마토는 돼지고기와 비슷한 크기로 썬다. A는 잘 섞어 둔다.
❷ 돼지고기에 팔각 한 꼬집과 소금을 뿌려 밑간을 한 다음, 얼레짓가루 3큰술, 물 1큰술을 넣어 잘 버무린다.
❸ 냄비에 튀김용 기름을 부어 달군 후, 160℃에서 ②를 튀긴다. 속까지 익으면 한 번 건져 낸 다음, 겉이 바삭바삭해지게 180℃에서 한 번 더 튀긴다.
❹ 프라이팬에 A를 넣고, 소스가 끓어오르면 토마토를 넣는다. 토마토가 어느 정도 익으면 ③의 돼지고기를 넣어 잘 버무린다.

팔각은 향이 강해 호불호가 갈리기 쉬운 향신료이므로 양 조절에 주의하자. 일부러 중식에 많이 쓰이는 다른 향신료를 넣지 않고 팔각의 달콤한 향을 강조해 토마토의 단맛이 더욱 도드라지게 했다.

## 소 힘줄과 오크라를 넣은 맑은 수프

올스파이스와 할라페뇨가 자극적이지 않은 중남미풍의 맛을 내면서 수프에 깊은 맛을 더해 준다.
색이 변하지 않고 풋풋한 고추 향이 나는 오크라를 쓰는 것이 좋다.

### 🌿 재료(4~5인분)

소 힘줄 … 500g
오크라 … 10개
소금 … 1과 3분의 1작은술
요리술 … 4큰술

🔴 올스파이스 … 10알
🔴 할라페뇨 분말
　　… 4분의 1작은술
설탕 … 1작은술

③ 할라페뇨와 설탕을 넣어 간을 맞춘 뒤, 오크라를 넣고 오크라가
진한 녹색을 띨 때까지 끓인다.

### 🌿 만드는 법

① 소 힘줄은 한입 크기로 썬다. 오크라는 꼭지와 받침을 떼어 낸다.
② 냄비에 물 1L와 소 힘줄을 넣고, 중불에 올린다. 끓어오르면 거품
　을 걸어 낸 다음 소금, 요리술, 올스파이스를 넣는다. 뚜껑을 덮
　고 불을 약불로 줄인 다음, 고기가 푹 삶아질 때까지 1시간 반 정
　도 끓인다.

끓이는 과정에서 증발하는 수분량이 차이 날 수 있으므로 중
간에 간을 보면서 소금의 양을 조절한다. 할라페뇨 분말도 제
품에 따라 매운맛의 정도가 다르므로 조금씩 넣어 가며 양을
조절한다. 요리술은 청주를 사용해도 되지만, 흑당소주나 화
이트 럼 등을 사용하면 좀 더 이국적인 풍미가 난다.

## 정향을 넣은 닭 간 소테

정향의 달콤한 향이 간의 단맛을 끌어올리고 잡내를 없앤다.
흑후추로 요리의 전체적인 맛을 잡아 준다.

### 🌸 재료(2~3인분)
닭 간 … 200g
```
  ┌ ● 정향 분말 … 한 꼬집
A   소금 … 4분의 1작은술
  └ 레드와인 … 1작은술
```
올리브유 … 1큰술
```
  ┌ 소금 … 4분의 1작은술
B   설탕 … 1작은술
  └ 발사믹 식초 … 1큰술
```
● 굵게 간 흑후추 … 4분의 1작은술 정도

### 🌸 만드는 법
❶ 닭 간은 먹기 좋은 크기로 썰어 우유(분량 외)에 30분 정도
   담근다. 물기를 뺀 다음, A로 밑간한다.
❷ 프라이팬에 올리브유를 두르고 강불에 올린다. 기름이 충
   분히 달궈지면 닭 간을 올려 이리저리 굴려 가면서 익힌
   다. 90% 정도 익으면 B를 넣어 잘 버무린 후 접시에 담
   고, 흑후추를 갈아서 뿌린다.

닭 간은 우유에 담가 피를 어느 정도 뺀 후에 밑간한다.
오래 굽지 말고, 다 익자마자 바로 건져 촉촉한 식감을
유지한다. 간은 특유의 향이 강하므로 후추를 꽤 굵게
갈아서 뿌려도 된다.

## 카카오닙스 후추 소스를 뿌린
## 소고기 커틀릿

카카오닙스와 흑후추의 진한 풍미가 소고기의 풍미와 잘 어울
린다. 마지막에 파슬리를 뿌려 깔끔한 맛을 낸다.

### 🌸 재료(2~3인분)
소 넓적다리살 … 300g
소금 … 4분의 1작은술
박력분, 달걀, 빵가루 … 적당량
기름용 튀김 … 적당량
● 카카오닙스 … 1작은술
● 흑후추 … 2분의 1작은술
● 파슬리 … 2~3줄기
```
  ┌ 꿀 … 2작은술
A   국간장 … 1작은술
  └ 발사믹 식초 … 2작은술
```

### 🌸 만드는 법
❶ 소고기는 1cm 두께로 잘라 소금으로 밑간한 다음, 박력분
   을 묻힌다. 남은 박력분에 달걀과 물을 넣어 걸쭉한 튀김
   옷을 만든 다음, 고기를 한 번 넣었다가 건져 빵가루를 묻
   힌다.
❷ 180℃의 기름에서 노릇노릇하게 튀긴 후, 망에 건져 한 김
   식힌다.
❸ 카카오닙스와 흑후추를 절구에 빻거나 분쇄기로 굵게 간
   다음, A를 섞는다. 파슬리는 잘게 다진다.
❹ ②를 먹기 좋은 크기로 썰어 접시에 담고, ③의 소스를 붓
   고 파슬리를 뿌린다.

소고기는 기름 온도를 조절해 입맛에 맞는 정도로 익
힌다. 카카오닙스와 후추를 마지막에 뿌리지 않고 미리
다른 조미료와 섞어서 소스의 풍미가 진해지게 한다.

# 묵직한 계열/디저트 그룹 향신료 차트

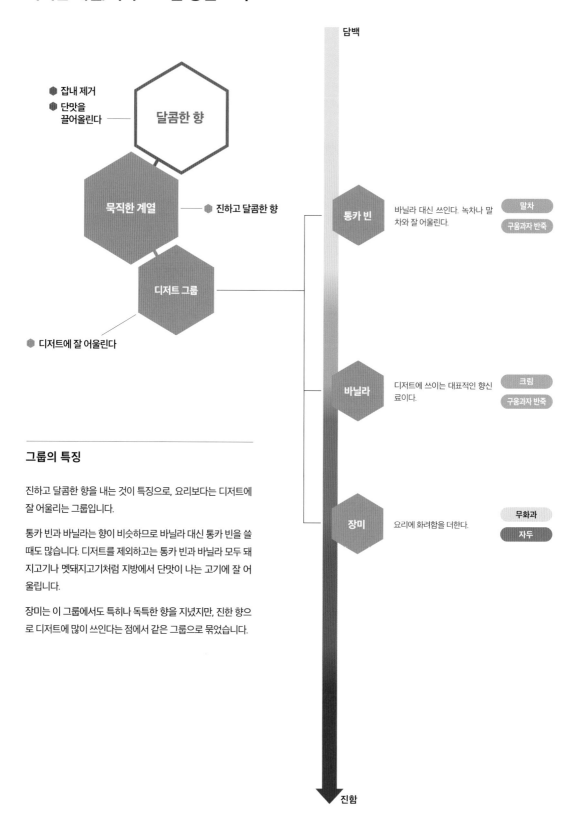

담백

- 잡내 제거
- 단맛을 끌어올린다 ── 달콤한 향

묵직한 계열 ── ● 진하고 달콤한 향

디저트 그룹

● 디저트에 잘 어울린다

통카 빈
바닐라 대신 쓰인다. 녹차나 말차와 잘 어울린다.
말차
구움과자 반죽

바닐라
디저트에 쓰이는 대표적인 향신료이다.
크림
구움과자 반죽

장미
요리에 화려함을 더한다.
무화과
자두

진함

## 그룹의 특징

진하고 달콤한 향을 내는 것이 특징으로, 요리보다는 디저트에 잘 어울리는 그룹입니다.

통카 빈과 바닐라는 향이 비슷하므로 바닐라 대신 통카 빈을 쓸 때도 많습니다. 디저트를 제외하고는 통카 빈과 바닐라 모두 돼지고기나 멧돼지고기처럼 지방에서 단맛이 나는 고기에 잘 어울립니다.

장미는 이 그룹에서도 특히나 독특한 향을 지녔지만, 진한 향으로 디저트에 많이 쓰인다는 점에서 같은 그룹으로 묶었습니다.

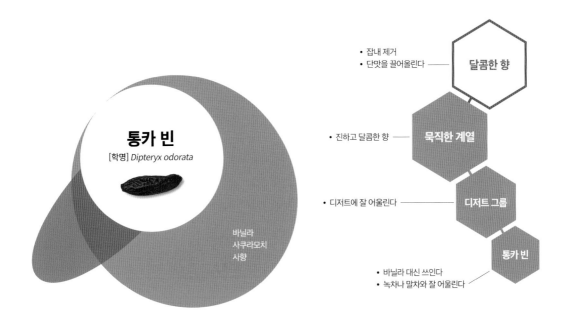

**통카 빈**

[학명] *Dipteryx odorata*

바닐라
사쿠라모치
사향

- 잡내 제거
- 단맛을 끌어올린다 ── **달콤한 향**

- 진하고 달콤한 향 ── **묵직한 계열**

- 디저트에 잘 어울린다 ── **디저트 그룹**

**통카 빈**

- 바닐라 대신 쓰인다
- 녹차나 말차와 잘 어울린다

**말린 원형**
그대로 절이거나 끓여도 되지만, 추출하는 데에 시간이 걸린다.

**말린 분말**
향이 날아가기 쉬우므로 즉석에서 강판에 갈아 바로 사용한다.

## 잘 어울리는 재료와 조리 방법, 조리의 예

복숭아    우유    말차    흰 앙금    구움과자 반죽

\추천/
**밑간**

리치 마리네이드
(함께 절인다)

말차 파운드케이크
(반죽에 섞는다)

\추천/
**가열**

우유 젤리
(함께 넣고 끓인다)

커스터드 크림을 곁들인 포도
(가열을 마무리하는 단계에 넣는다)

\추천/
**마무리**

말차 무스
(토핑)

흰 앙금 닌교야키(화과자)
(흰 앙금에 섞는다)

## 세계 각지에서 쓰이는 법

중남미에서는 담배의 향료나 약으로 쓰이며, 유럽에서는 향수에 먼저 사용된 역사가 있다. 과자나 요리에 쓰이게 된 지는 얼마 되지 않았다.

남미

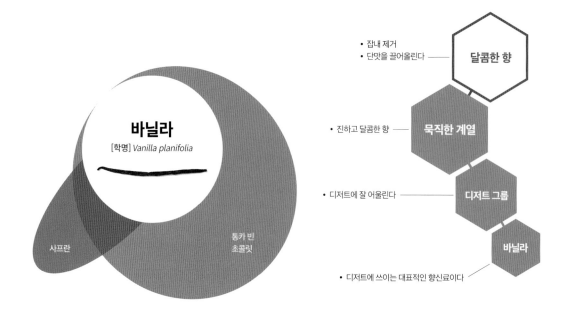

바닐라

[학명] *Vanilla planifolia*

사프란

통카 빈
초콜릿

- 잡내 제거
- 단맛을 끌어올린다 ——— 달콤한 향

- 진하고 달콤한 향 ——— 묵직한 계열

- 디저트에 잘 어울린다 ——— 디저트 그룹

바닐라

- 디저트에 쓰이는 대표적인 향신료이다

**말린 원형**
깍지째 끓이거나 깍지를 갈라 씨를
긁어내 사용한다.

**바닐라 에센스, 바닐라 오일**
바닐라의 가격이 비싼 편이라 합성향료나 오일 등도
많이 쓰인다.

## 잘 어울리는 재료와 조리 방법, 조리의 예

복숭아　밤　돼지고기　버터　크림　커스터드　구움과자 반죽　멧돼지고기　비트

＼ 추천 ／
**밑간**

바닐라 케이크
(바닐라 씨를 반죽에 섞는다)

프렌치토스트
(달걀물에 바닐라 씨를 섞는다)

＼ 추천 ／
**가열**

커스터드 크림
(깍지째 넣고 함께 가열한다)

크림소스를 넣은 가리비
(가열을 마무리하는 단계에 깍지째 넣는다)

＼ 추천 ／
**마무리**

고구마 몽블랑
(반죽에 버무린다)

생초콜릿
(바닐라 씨를 반죽에 섞는다)

## 세계 각지에서 쓰이는 법

**미국**
바닐라 향은 인기가 많아서
향료로도 쓰인다.

중앙아메리카

**이탈리아: 젤라토**
젤라토에 첨가되는 향 중에 하나로 친
숙하다. 이 밖에도 푸딩 등 다양한 디
저트에 쓰인다.

**프랑스: 서양배 콩포트**
각종 디저트에 다양하게 쓰인다.

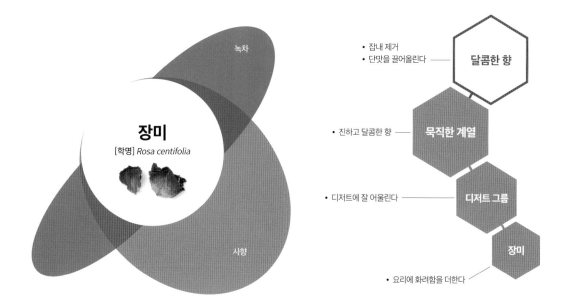

## 장미
[학명] *Rosa centifolia*

녹차

사향

- 잡내 제거
- 단맛을 끌어올린다 — **달콤한 향**

- 진하고 달콤한 향 — **묵직한 계열**

- 디저트에 잘 어울린다 — **디저트 그룹**

- **장미**
- 요리에 화려함을 더한다

**말린 원형**
장미의 꽃잎. 끓이거나 할 때 그대로 사용한다.

**말린 분말**
사용하기 직전에 가는 게 좋다. 향과 모양에 모두 화려함을 더할 수 있다.

**로즈 워터**
장미의 수용성 향기 성분이 많이 들어가 장미 그 자체보다도 화려한 향이 난다.

## 잘 어울리는 재료와 조리 방법, 조리의 예

복숭아　사과　무화과　닭고기　쌀　우유　자두　버찌

추천 /
**밑간**

장미 케이크
(반죽에 섞는다)

닭꼬치
(다른 향신료와 함께 밑간할 때 쓴다)

추천 /
**가열**

장미잼
(끓인다)

필라프
(다른 향신료와 함께 섞어 밥을 짓는다)

추천 /
**마무리**

우유 젤리
(토핑)

복숭아 콩포트
(로즈 워터를 뿌린다)

## 세계 각지에서 쓰이는 법

**불가리아: 장미잼**
장미 산지로 유명한 불가리아의 특산품이다.

**모로코**
디저트에 많이 쓰인다. 아랍계 요리를 먹는 지역에서는 비슷한 스타일의 요리를 볼 수 있다.

아시아
(불명확)

**중동: 크나페**
견과류와 카다이프가 들어가는 디저트. 로즈 워터를 뿌린다. 라이스 푸딩에도 사용한다.

## 말차와 통카 빈을 넣은 무스

통카 빈의 향이 말차 향과 어우러져 벚나무 잎과 같은 향을 낸다.

### ✿ 재료(만들기 쉬운 분량)
달걀흰자 ⋯ 2개 분량
설탕 ⋯ 100g과 3큰술
말차 ⋯ 1큰술
● 통카 빈 ⋯ 2분의 1개
생크림 ⋯ 200ml

### ✿ 만드는 법
❶ 달걀흰자를 80% 정도 휘핑한다.
❷ 설탕 100g과 물 3큰술을 냄비에 넣고 중불에 올린다. 끓어올라 큰 거품이 전체적으로 올라오면 ❶에 조금씩 붓고 거품기로 저어 이탈리안 머랭을 만든다. 거품기로 머랭을 들었을 때 끝이 뾰족해질 때까지 젓는다.
❸ 말차를 작은 볼에 담고, 뜨거운 물 3큰술을 부은 다음 차선(말차솔)이나 작은 거품기 등으로 잘 젓는다. 통카 빈을 그레이터나 강판 등에 갈아 넣는다.
❹ 생크림에 설탕 3큰술을 넣고 50% 휘핑해서 ❸에 섞는다. 여기에 ❷의 절반을 먼저 넣고 골고루 섞은 후, 나머지 절반을 넣고 섞는다. 용기에 담은 뒤, 통카 빈과 말차(모두 분량 외)를 뿌린다.

통카 빈을 갈 때는 힘을 살짝 주어 최대한 곱게 갈아야 혀에 까끌까끌하게 달라붙지 않는다. 또한 섬세한 향이 나므로 만들자마자 바로 먹는 것이 좋다.

## 바닐라의 풍미를 더한
## 돼지고기 비트 수프

바닐라의 달콤한 향이 돼지고기나 비트의 단맛을 끌어올리는 동시에 비트의 흙내를 가린다. 여기에 정향의 달콤한 향까지 더해져 복합적인 풍미를 자아낸다.

### ✿ 재료(3~4인분)
돼지 어깨살 ⋯ 300g
● 양파 ⋯ 2개
비트 ⋯ 2개
올리브유 ⋯ 2큰술
소금 ⋯ 2분의 1과 3분의 2작은술
화이트와인 ⋯ 100ml
● 바닐라(깍지째) ⋯ 1개
● 정향 ⋯ 3알

### ✿ 만드는 법
❶ 돼지고기는 1.5cm 크기로 네모나게 썬다. 양파와 껍질을 벗긴 비트도 비슷한 크기로 자른다. 바닐라는 깍지에 칼집을 낸다.
❷ 냄비에 올리브유를 둘러 중불에 올린다. 돼지고기, 양파, 소금 2분의 1작은술을 넣고 볶다가 돼지고기의 가장자리가 하얗게 변하면 비트, 물 700ml, 화이트와인을 넣는다. 국물이 끓어오르면 거품을 걷어 낸다.
❸ 소금 3분의 2작은술, 바닐라, 정향을 넣고 뚜껑을 덮은 다음, 비트가 푹 익을 때까지 약불에서 40분 정도 끓인다.

 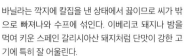 

바닐라는 깍지에 칼집을 낸 상태에서 끓이므로 씨가 밖으로 빠져나와 수프에 섞인다. 이베리코 돼지나 밤을 먹여 키운 스페인 갈리시아산 돼지처럼 단맛이 강한 고기에 특히 잘 어울린다.

## 흰 앙금과 장미를 넣은 몽블랑

카다멈의 상쾌한 향이 더 도드라지도록 마지막에 장미 향을 첨가했다.
그랑 마르니에의 오렌지 향까지 들어가 더욱 복합적인 풍미를 낸다.

### 재료(3~4인분)

A
┌ 흰 앙금 … 150g
│ 카다멈 분말 … 8분의 1작은술
│ 그랑 마르니에 … 1작은술
└ 장미 분말 … 1과 2분의 1작은술

생크림 … 100ml

설탕 … 3큰술

● 그랑 마르니에 … 2분의 1작은술
● 장미 분말 … 4분의 1작은술

### 만드는 법

① A를 볼에 넣고 잘 섞는다.
② 다른 볼에 생크림과 설탕을 넣고 휘핑한다. 도중에 그랑 마르니에를 넣고, 70% 휘핑한다.
③ 그릇에 ①을 담고, ②를 올린 다음, 장미 분말을 뿌린다.

장미 분말 대신 식용 장미 꽃잎을 분쇄기 등으로 갈아서 바로 사용하면 향이 더 좋다. 분쇄기가 없을 때는 절구로 빻는다. 그랑 마르니에 대신 쿠앵트로 등을 써도 된다.

# 가벼운 계열/씨앗 그룹 향신료 차트

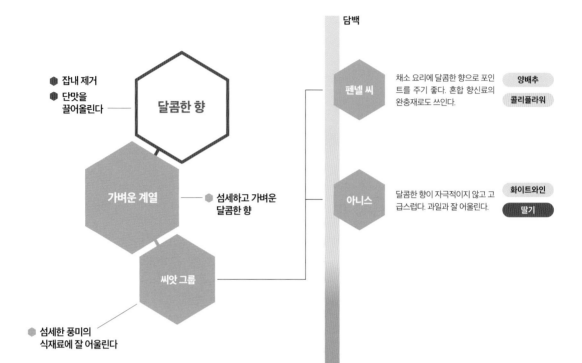

담백

- 잡내 제거
- 단맛을 끌어올린다 ─── **달콤한 향**

**가벼운 계열** ─── 섬세하고 가벼운 달콤한 향

**씨앗 그룹**

- 섬세한 풍미의 식재료에 잘 어울린다

**펜넬 씨** | 채소 요리에 달콤한 향으로 포인트를 주기 좋다. 혼합 향신료의 완충재로도 쓰인다. | `양배추` `콜리플라워`

**아니스** | 달콤한 향이 자극적이지 않고 고급스럽다. 과일과 잘 어울린다. | `화이트와인` `딸기`

진함

## 그룹의 특징

이 그룹에 속한 향신료에는 아네톨이라는 가볍고 섬세한 달콤한 향을 내는 방향 성분이 들어 있습니다. 그래서 이 그룹에 속한 향신료는 이러한 달콤한 향을 이용해 감각류에 든 단맛을 끌어올리는 식으로 많이 쓰입니다.

펜넬 씨와 아니스는 향이 꽤 비슷하지만, 펜넬 씨에는 커민 같은 에스닉한 향이 들어 있고, 아니스는 잡미가 섞이지 않은 깔끔한 향을 내므로 펜넬 씨는 요리용, 아니스는 디저트용으로 구분되어 쓰입니다.

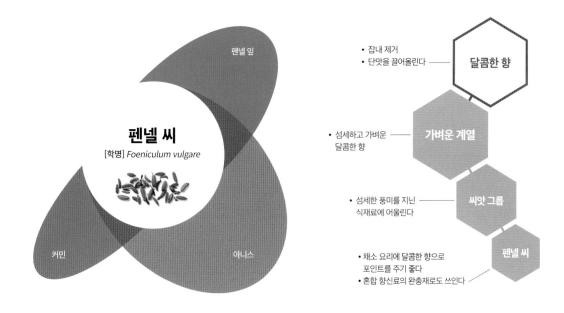

## 펜넬 씨

[학명] *Foeniculum vulgare*

펜넬 잎

커민

아니스

- 잡내 제거
- 단맛을 끌어올린다 — **달콤한 향**

- 섬세하고 가벼운 달콤한 향 — **가벼운 계열**

- 섬세한 풍미를 지닌 식재료에 어울린다 — **씨앗 그룹**

- 채소 요리에 달콤한 향으로 포인트를 주기 좋다
- 혼합 향신료의 완충재로도 쓰인다 — **펜넬 씨**

**말린 씨앗**
단맛은 있지만 크고 단단해서 액체에 불렸다가 템퍼링해서 사용하는 것이 좋다.

**말린 분말**
커민과 비슷한 향도 들어 있어 요리에 쓰기 좋다. 향이 자극적이지 않아 혼합 향신료에도 많이 쓰인다.

## 잘 어울리는 재료와 조리 방법, 조리의 예

주키니 호박　양배추　꽁치　콜리플라워　당근　콩　단호박　연어

\추천/
**밑간**

콜리플라워 피클
(피클 용액에 함께 절인다)

연어구이
(밑간할 때 뿌린다)

\추천/
**가열**

단호박 조림
(템퍼링해서 함께 조린다)

팝콘
(함께 가열한다)

\추천/
**마무리**

드레싱
(드레싱에 먼저 섞고 나서 채소를 버무린다)

완두콩 수프
(토핑)

## 세계 각지에서 쓰이는 법

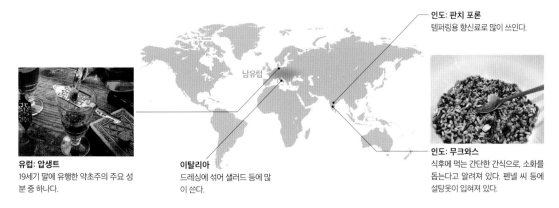

남유럽

**인도: 판치 포론**
템퍼링용 향신료로 많이 쓰인다.

**유럽: 압생트**
19세기 말에 유행한 약초주의 주요 성분 중 하나다.

**이탈리아**
드레싱에 섞어 샐러드 등에 많이 쓴다.

**인도: 무크와스**
식후에 먹는 간단한 간식으로, 소화를 돕는다고 알려져 있다. 펜넬 씨 등에 설탕옷이 입혀져 있다.

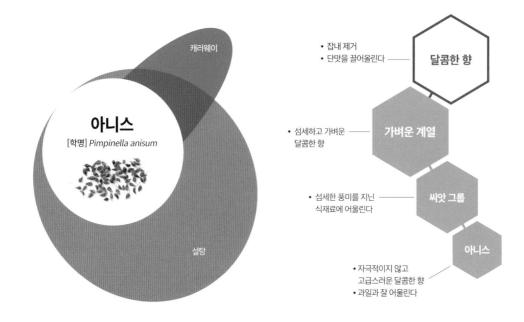

# 아니스
[학명] *Pimpinella anisum*

캐러웨이

설탕

- 잡내 제거
- 단맛을 끌어올린다 ──── **달콤한 향**

- 섬세하고 가벼운 ──── **가벼운 계열**
  달콤한 향

- 섬세한 풍미를 지닌 ──── **씨앗 그룹**
  식재료에 어울린다

**아니스**

- 자극적이지 않고
  고급스러운 달콤한 향
- 과일과 잘 어울린다

 **말린 씨앗**
단단하므로 조림이나 절임 요리에 사용한다.

 **말린 분말**
향이 날아가기 쉽다. 직접 갈면 입자가 굵어지기 쉬우므로 분말 제품을 소량씩 사서 사용하는 것이 좋다.

**파스티스, 아라크 등**
아니스로 향을 낸 술을 요리에 이용할 때도 많다.

## 잘 어울리는 재료와 조리 방법, 조리의 예

화이트와인 무화과 복숭아 게 새우 **딸기**

＼추천／
 **밑간**

 과일 시럽 절임
(함께 절인다)

아니스 쿠키
(반죽에 섞는다)

＼추천／
 **가열**

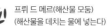 프뤼 드 메르(해산물 모듬)
(해산물을 데치는 물에 넣는다)

 딸기잼
(함께 넣고 끓인다)

 **마무리**

 파스티스 아이스크림
(아이스크림에 파스티스를 토핑한다)

무화과 타르트
(마지막에 파스티스 시럽을 바른다)

## 세계 각지에서 쓰이는 법

**네덜란드: 모이쉐스 비스킷**
설탕을 입힌 아니스 씨앗이 올라간 러스크로, 출산을 축하하기 위해 먹는다.

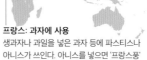

지중해 동부~중동

**프랑스: 아니스 봉봉**
아니스의 풍미를 넣은 캔디. 기념품 가게 등에서 많이 팔린다.

**프랑스: 과자에 사용**
생과자나 과일을 넣은 과자 등에 파스티스나 아니스가 쓰인다. 아니스를 넣으면 '프랑스풍'의 향기가 난다.

**레바논: 아라크**
아니스로 향을 낸 증류주. 물을 섞으면 뿌옇 흰색으로 변하는 특징이 있다. 튀르키예의 증류주인 라크에도 아니스가 들어간다.

## 펜넬의 풍미를 더한
## 자몽과 새우 마리네이드

펜넬의 달콤한 향이 새우의 단맛을 끌어올리고, 자몽의 상큼한
맛을 도드라지게 한다. 이탈리아 요리의 느낌을 냈다.

 **재료(3~4인분)**
흰다리새우 … 300g
자몽 … 1개
┌ ● 펜넬 씨 … 한 꼬집
│   소금 … 2분의 1작은술
A
│   설탕 … 1작은술
└   식초 … 1작은술
올리브유 … 1큰술

 **만드는 법**
❶ 새우는 껍질과 내장을 제거한다. 자몽은 속껍질까지 모두
   벗겨 속살을 발라낸다.
❷ 볼에 A를 담고 섞어서 마리네이드 용액을 만든다.
❸ 냄비에 물을 담아 강불에 올려 끓인 다음, 새우를 넣는다.
   새우가 익으면 체에 건져 뜨거운 상태에서 그대로 ❷의
   볼에 담는다. 자몽도 넣어 그대로 10분 정도 절인다.
❹ 접시에 옮겨 담고 올리브유를 두른다.

## 딸기와 아니스를 넣은
## 크레프 쉬제트

아니스 향을 첨가하면 소박한 딸기에 세련된 풍미가 가미된다.

 **재료(4~5인분)**
달걀 … 1개              기름 … 적당량
설탕 … 2큰술            딸기 … 15개 정도
우유 … 250ml           ┌ ● 얇게 썬 레몬 … 2장
박력분 … 50g          A│ ● 아니스 … 4분의 1작은술
강력분 … 50g           │   설탕 … 5큰술
녹인 버터 … 20g        └   럼주 … 1큰술

 **만드는 법**
❶ 볼에 달걀과 설탕 2큰술을 넣고 우유를 조금씩 부어 가며
   잘 섞는다. 박력분과 강력분을 합쳐 체에 한 번 거른 다음,
   잘 섞였으면 녹인 버터를 넣고 섞어 30분간 휴지시킨다.
❷ 프라이팬에 기름을 얇게 바르고 강불에 올린다. 기름이 달
   궈지면 불을 약불로 줄이고, 프라이팬을 젖은 행주 위에
   잠시 올려 온도를 떨어뜨린 후, ❶의 반죽을 한 국자 부어
   굽는다. 표면이 굳으면 접어서 스테인리스 용기에 건져 둔
   다. 같은 과정을 여러 번 반복해 크레프를 여러 장 굽는다.
❸ 딸기는 꼭지를 딴 다음, 세로 방향으로 십자 모양으로 썰
   어 4등분한다. 프라이팬에 A와 물 50ml, 딸기를 넣고 중
   불에 올린다. 끓어오르면 ❷를 가지런히 올린 다음 살짝
   조린다.

펜넬이 불어서 부드러워지도록 미리 다른 조미료와 섞
어 둔다. 새우는 뜨거운 상태에서 마리네이드 용액에
넣어야 맛이 더 잘 밴다. 상온 상태에서 먹어도 되고, 차
갑게 식혀 먹어도 맛있다.

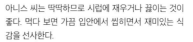
아니스 씨는 딱딱하므로 시럽에 재우거나 끓이는 것이
좋다. 먹다 보면 가끔 입안에서 씹히면서 재미있는 식
감을 선사한다.

# 가벼운 계열/잎·꽃·줄기 그룹 향신료 차트

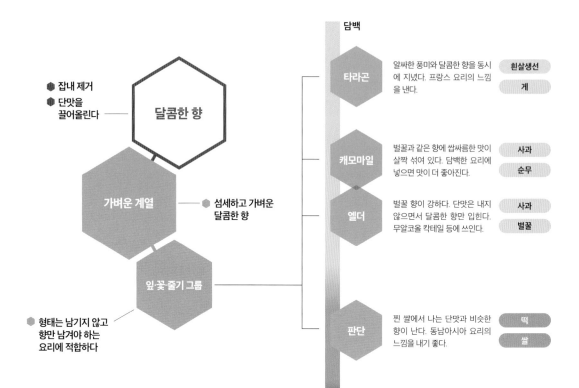

담백

● 잡내 제거
● 단맛을 끌어올린다 ── 달콤한 향

가벼운 계열 ── ● 섬세하고 가벼운 달콤한 향

잎·꽃·줄기 그룹

● 형태는 남기지 않고 향만 남겨야 하는 요리에 적합하다

**타라곤** 알싸한 풍미와 달콤한 향을 동시에 지녔다. 프랑스 요리의 느낌을 낸다. | 흰살생선 / 게

**캐모마일** 벌꿀과 같은 향에 쌉싸름한 맛이 살짝 섞여 있다. 담백한 요리에 넣으면 맛이 더 좋아진다. | 사과 / 순무

**엘더** 벌꿀 향이 강하다. 단맛은 내지 않으면서 달콤한 향만 입힌다. 무알코올 칵테일 등에 쓰인다. | 사과 / 벌꿀

**판단** 찐 쌀에서 나는 단맛과 비슷한 향이 난다. 동남아시아 요리의 느낌을 내기 좋다. | 떡 / 쌀

진함

## 그룹의 특징

씨앗 그룹처럼 섬세하고 달콤한 향을 내지만, 사용법에서는 차이가 나는 향신료가 속한 그룹입니다.

이 그룹에 속한 향신료의 달콤한 향은 모두 부드러운 편이지만, 서나나 다른 특징을 띠므로 긱긱의 용도에 맞게 구분해서 쓰입니다.

타라곤은 달콤한 향 외에도 후추를 닮은 향과 허브 같은 향을 은은하게 풍겨 요리에 자주 쓰이는 향신료입니다. 반면 판단은 찐 쌀에서 나는 단맛과 비슷한 향을 지니므로 디저트에 많이 쓰입니다.

캐모마일과 엘더는 건조된 형태로 유통되어 주로 차로 애용되지만, 그 꿀처럼 달콤한 향을 디저트나 요리에 이용할 수도 있습니다.

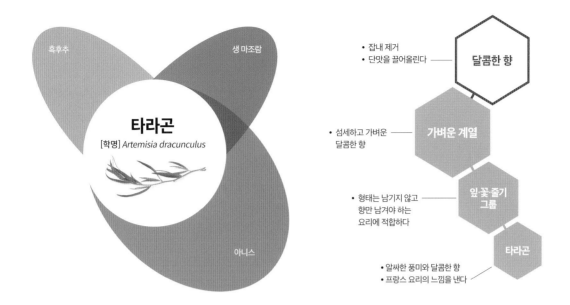

**타라곤**

[학명] *Artemisia dracunculus*

- 흑후추
- 생 마조람
- 아니스

- 잡내 제거
- 단맛을 끌어올린다 —— **달콤한 향**

- 섬세하고 가벼운 달콤한 향 —— **가벼운 계열**

- 형태는 남기지 않고 향만 남겨야 하는 요리에 적합하다 —— **잎·꽃·줄기 그룹**

- 알싸한 풍미와 달콤한 향
- 프랑스 요리의 느낌을 낸다 —— **타라곤**

**말리지 않은 원형**
프렌치 타라곤과 러시안 타라곤이 있는데, 프렌치 타라곤이 더 순하고 고급스러운 향을 낸다.

**잘게 썬 생 향신료**
쉽게 상하므로 사용 직전에 썬다.

**말린 잎**
생잎을 구하기 힘들 때 대신 쓰기도 하지만, 향이 열다. 혼합 향신료 등에 들어간다.

## 잘 어울리는 재료와 조리 방법, 조리의 예

달걀　　흰살생선　　화이트와인 비니거　　게　　닭고기　　마요네즈　　파인애플

\ 추천 /
**밑간**
- 타라곤 비니거 (절인다)
- 대구를 넣은 키슈 (아파레이유에 섞는다)
- 크랩 케이크 (반죽에 섞는다)

\ 추천 /
**가열**
- 농어구이 (크림소스에 넣고 끓인다)
- 오믈렛 (처빌 같은 다른 향신료와 함께 섞어 굽는다)

\ 추천 /
**마무리**
- 도미 타르타르 (버무린다)
- 허브 크림새우 (마요네즈에 버무린다)

## 세계 각지에서 쓰이는 법

시베리아～서아시아

**프랑스: 베아르네즈 소스**
타라곤이 들어갈 때가 많다. 아메리켄 소스에도 쓰인다.

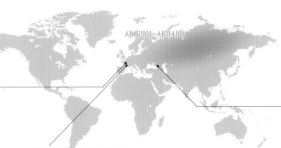

**프랑스: 바두반 커리 시즈닝**
프랑스의 카레 가루. 타라곤을 비롯한 프랑스 풍의 향신료가 들어 있다.

**조지아: 차카풀리**
어린 양고기와 타라곤을 넣은 수프. 다른 허브와 함께 고명으로도 쓰인다.

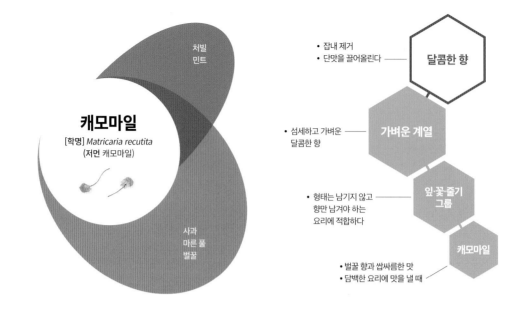

## 캐모마일

[학명] *Matricaria recutita*
(저먼 캐모마일)

처빌
민트

사과
마른 풀
벌꿀

- 잡내 제거
- 단맛을 끌어올린다 ——— **달콤한 향**

- 섬세하고 가벼운 ——— **가벼운 계열**
  달콤한 향

- 형태는 남기지 않고 ——— **잎·꽃·줄기 그룹**
  향만 남겨야 하는
  요리에 적합하다

                                    **캐모마일**

- 벌꿀 향과 쌉싸름한 맛
- 담백한 요리에 맛을 낼 때

**말린 원형**
저먼 캐모마일과 로만 캐모마일이 있
는데, 저먼 캐모마일이 달콤한 향이
강해 요리에 쓰기 적합하다.

---

## 잘 어울리는 재료와 조리 방법, 조리의 예

농어    사과    순무    닭고기

＼ 추천 ／
**밑간**

- 캐모마일 비니거
  (절인다)

- 순무와 자몽 마리네이드
  (마리네이드 용액에 끓인다)

＼ 추천 ／
**가열**

- 과일 차
  (함께 가열한다)

- 사과 벌꿀 소스를 곁들인 찜닭
  (소스에 넣고 끓인다)

**마무리**

색감을 내기 위해 토핑으로 쓸 수는 있지만, 바슬바슬
해서 먹기 불편하다.

---

## 세계 각지에서 쓰이는 법

유럽

**멕시코**
캐모마일 차를 즐겨 마신다.

**유럽: 대용차**
진정 작용이 있는 것으로 알려져 허브
티로 많이 쓰인다.

＊대부분 차로 쓰인다.

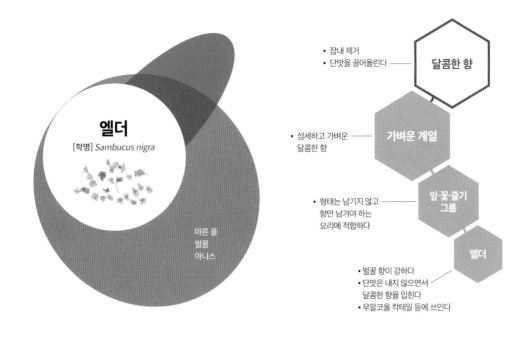

# 엘더

[학명] *Sambucus nigra*

마른 풀
벌꿀
아니스

• 잡내 제거
• 단맛을 끌어올린다 ─── **달콤한 향**

• 섬세하고 가벼운
  달콤한 향 ─── **가벼운 계열**

• 형태는 남기지 않고
  향만 남겨야 하는
  요리에 적합하다 ─── **잎·꽃·줄기
  그룹**

**엘더**

• 벌꿀 향이 강하다
• 단맛은 내지 않으면서
  달콤한 향을 입힌다
• 무알코올 칵테일 등에 쓰인다

**말린 원형**
끓이면 쓴맛이 나므로 추출 시간에
주의해야 한다.

---

## 잘 어울리는 재료와 조리 방법, 조리의 예

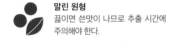

사과　　　무　　　벌꿀

\ 추천 /

🥄 **밑간**

　화이트와인풍 스파이스 드링크
　(시럽에 재운다)

\ 추천 /

🍲 **가열**

　엘더 시럽을 넣은 시폰케이크
　(시럽에 재운다)

　벌꿀과 엘더를 넣은 그라니타
　(시럽에 넣고 끓인다)

🍴 **마무리**

　아이스크림
　(토핑)

---

## 세계 각지에서 쓰이는 법

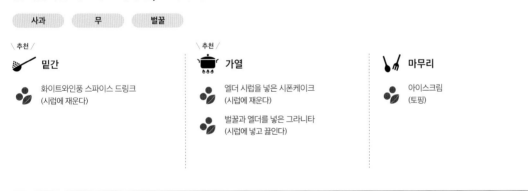

유럽

* 대부분 차로 쓰인다.

**루마니아: 소카타(Socatǎ)**
신선한 엘더플라워를 넣어 만든 음료.

153

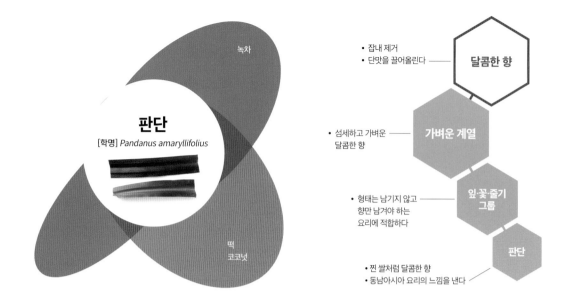

판단

[학명] *Pandanus amaryllifolius*

녹차

떡
코코넛

- 잡내 제거
- 단맛을 끌어올린다 ─── **달콤한 향**

- 섬세하고 가벼운 ─── **가벼운 계열**
  달콤한 향

- 형태는 남기지 않고 ─── **잎·꽃·줄기 그룹**
  향만 남겨야 하는
  요리에 적합하다

**판단**

- 찐 쌀처럼 달콤한 향
- 동남아시아 요리의 느낌을 낸다

 **말리지 않은 원형**
그대로 요리를 싸거나 으깨 국물에
섞어 사용한다.

**말린 잎**
유통되기는 하지만, 향이 잘 나지 않
는다.

**판단 농축액**
쓰기 편하지만, 인공향료가 첨가된 제품이 많다.

## 잘 어울리는 재료와 조리 방법, 조리의 예

| 쌀 | 떡 | 새우 | 닭고기 | 바나나 |

 \추천/
**밑간**

판단 경단
(판단을 짠 즙을 반죽에 섞는다)

스펀지케이크
(판단을 짠 즙을 반죽에 섞는다)

\추천/
**가열**

밥
(함께 넣고 짓는다)

판단 치킨
(닭을 싸서 함께 튀긴다)

**마무리**

토핑으로 쓰기에는 적합하지 않지만, 그릇 대용으로
사용하면 좋다.

## 세계 각지에서 쓰이는 법

[열대 아시아(불명확)]

**인도네시아:**
**름쁘르 아얌(Lemper Ayam)**
다른 재료를 판단으로 감싼 초밥 형태
의 음식. 향신료로 풍미를 더한 닭고
기를 판단으로 만 형태가 일반적이다.

**태국: 판단 치킨**
판단으로 닭고기를 싸서 튀긴 요리.

**말레이시아: 쿠이 다달(Kuih Dadar)**
판단으로 풍미를 더한 크레이프 형태의
과자.

**인도네시아: 클레폰**
판단으로 풍미를 더한 달콤한 떡. 선
명한 녹색을 띠는 것이 특징이다.

## 타라곤을 넣은
## 흰살생선 미소 된장무침

달콤하면서도 알싸한 풍미를 지닌 타라곤이 미소 된장무침의
단맛을 끌어올리는 동시에 고명 역할을 하며 요리의 맛을 잡아
준다.

 **재료(3~4인분)**
벤자리(횟감용) … 120g
　┌─ 일본 백된장 … 1큰술
A │ 국간장 … 1작은술
　└─ 미림 … 1큰술
 타라곤 생잎 … 20장 정도

 **만드는 법**
❶ 벤자리는 얇게 저민다.
❷ A의 재료를 잘 섞은 후, 벤자리와 타라곤을 넣어 버무린다.

벤자리 대신 도미나 광어를 사용해도 된다. 타라곤을
고명처럼 듬뿍 넣으면 단순히 향을 내는 것이 아니라
더욱 진한 풍미를 낼 수 있다.

## 캐모마일과 사과를 넣은
## 과일 차

캐모마일과 아니스의 달콤한 향이 들어가 전체적인 단맛과 사
과의 풍미를 끌어올린다. 스피어민트로 부드럽고 상쾌한 풍미
까지 더해 마시기 편하다.

 **재료(3~4인분)**
사과 … 2분의 1개
● 스피어민트 생잎 … 10장
● 말린 저먼 캐모마일 … 2큰술
● 아니스 … 2분의 1작은술
홍차 잎 … 2분의 1작은술
벌꿀 … 3큰술

 **만드는 법**
❶ 사과를 깨끗이 씻어 껍질을 벗기지 않은 채로 2~3mm 두
께의 부채꼴로 썬다.
❷ 모든 재료를 찻주전자에 넣고, 뜨거운 물 400ml를 붓는
다. 뚜껑을 덮고 10분 정도 우린 뒤, 차 거름망에 걸러 찻
잔에 따른다.

뜨거운 물을 부어 향을 충분히 우려낸다. 캐모마일은
말리지 않은 것을 써도 되지만, 말린 것이 향이 더 진하
다. 스피어민트는 생잎 대신 말린 잎을 쓸 경우, 한 꼬집
정도만 넣는다.

## 엘더의 풍미를 더한
## 화이트와인 칵테일

엘더플라워와 아니스의 달콤한 향이 전체적인 단맛을 끌어올
려 음료의 맛을 좋게 한다. 생강과 카다멈으로 상쾌한 풍미까
지 더해 너무 달지 않게 마무리했다.

 **재료(2~3인분)**
-  카다멈 … 6~7알
- 아니스 … 1작은술
- 말린 생강 굵은 분말 … 1작은술
- 설탕 … 6큰술
- 화이트와인 … 300ml
- 엘더플라워 … 1큰술

 **만드는 법**
❶ 카다멈은 반으로 자른다.
❷ ①, 아니스, 생강, 설탕, 화이트와인을 작은 냄비에 넣고
   중불에 올린다. 끓어오르면 불을 약불로 줄이고, 5분간 그
   대로 끓인다.
❸ 볼 등에 엘더플라워를 담고, ②를 부은 다음, 상온에서 그
   대로 식힌다.
❹ 탄산수와 ③을 1:1의 비율로 유리잔에 붓는다.

끓이는 과정에서 알코올이 날아가면서 향신료의 향이
추출된다. 엘더플라워는 끓이면 쓴맛이 나므로 마지막
에 넣는다.

## 판단 잎을 넣은 경단

판단의 달콤하고 독특한 향을 가미해 경단의 단맛을 끌어올리
는 동시에 에스닉한 느낌을 냈다. 판단의 선명한 녹색이 색감을
좋게 하는 효과도 있다.

 **재료(2~3인분)**
- 시라타마코* … 50g
-  판단 농축액 … 3큰술
- 코코넛 밀크 … 200ml
- 설탕 … 10큰술
- 생크림 … 50ml
*찹쌀을 도정·세척한 후 맷돌에 갈아 침전물을 건조한 것-역주

**만드는 법**
❶ 시라타마코에 판단 농축액을 넣어 잘 반죽한다.
❷ 냄비에 뜨거운 물을 끓인다. 물이 펄펄 끓으면 ①을 지름
   2cm, 두께 5mm 정도의 크기로 둥글게 빚은 다음, 가운데
   부분을 꾹 눌러 데친다. 경단이 떠오르면 2~3분간 데친
   다음, 찬물에 담근다.
❸ 코코넛 밀크에 설탕을 넣고 잘 녹인 후, 생크림을 부어 섞
   는다.
❹ 접시에 ③을 붓고, 물기를 뺀 ②의 경단을 담는다.

**판단 농축액 만드는 법(만들기 쉬운 분량)**
판단 잎 25g을 1cm 너비로 잘라 물 150ml와 함께 믹서에 곱게 간 다음, 체
에 걸러 짠다.

시중에 판매되는 판단 농축액은 향이 강하므로 양을 잘
조절해야 한다. 코코넛 밀크는 단맛이 잘 나도록 설탕
을 충분히 넣는 것이 좋다.

# Column 06 | 향수와 향신료의 관계

향신료는 요리에 활용될 뿐만 아니라, 향수나 향료로도 쓰입니다.
향수의 역사를 살펴보며 향신료와 향수의 관계를 알아봅시다.

고대 이집트 시대에 이미 '향료'가 만들어졌고, 그 이전에도 향을 태워 그 향을 즐기거나 의식에 사용한 관습이 존재했습니다. 역사상 가장 유명한 향료는 이집트인이 사용한 '키피'로, 클레오파트라도 썼다고 알려져 있습니다. 키피는 그리스인이나 로마인에게까지 그 명성이 전해질 만큼 유명했다고 합니다. 키피의 배합에 관해서는 여러 연구가 있지만, 시나몬·레몬그라스·민트 등이 주로 쓰였으며, 카다멈이나 주니퍼베리, 사프란을 사용한 레시피도 있습니다. 또 '에집티움'이라는 손발 전용 연고에도 향료가 들어갔는데, 시나몬 향이 강하게 났다고 합니다.

고대 그리스에서는 장미나 마조람, 민트 같은 향료가 쓰였습니다. 이 밖에도 시나몬, 카다멈, 사프란, 딜 등도 쓰였다는 기록이 있습니다. 특히 민트와 타임을 배합한 향료가 인기를 끌었는데, 사람들이 향료에 지나치게 열광한 탓에 이를 금지하는 법령도 제정되었다고 합니다.

❦ ❦ ❦

로마 시대에 접어들면서 향료 상업은 크게 인기를 끕니다. 당시 사교의 장이었던 대중목욕탕에는 향료 항아리가 놓인 방이 있었고, 손님들은 그곳에서 향이 들어간 연고를 몸에 발랐습니다. 장미나 시나몬, 사프란 같은 향신료가 다른 향료 원료와 함께 놓여 있었으며, 사람들은 이를 단독으로 쓰거나 배합해서 사용했습니다.

일본에는 '향을 태우는' 향 문화가 있습니다. 처음에는 향이 나는 향나무를 태우는 정도에 그쳤지만, 나라시대에 불교와 함께 조향 기술이 전파되면서 시나몬이나 팔각, 정향 같은 향신료가 쓰이게 되었습니다.

인도의 카슈미르 지방에서는 고대부터 장미가 재배되었으며, 이를 향료로 만들었다고 알려져 있습니다. 무굴 제국 시대에 그 기술이 발전해 장미나 장미 향료가 많이 쓰이게 되었습니다.

❦ ❦ ❦

16세기에 이탈리아에서 향료 기술이 발전하기 시작했고, 16세기 말에는 메디치 가문의 딸이었던 카테리나 데 메디치가 프랑스로 시집갈 때, 뛰어난 향료 제조 기술을 지닌 조향사를 함께 데려갔습니다. 그가 연 가게는 프랑스 상류층이 모이는 자리가 되었고, 크게 번성했다고 알려져 있습니다. 그 후 루이 14세는 조향사를 직접 고용해 자신을 위한 향을 만들게 했고, 루이 15세 때는 향료가 더욱 유행하면서 루이 15세의 정부였던 퐁파두르 후작 부인마저 조향사를 두었습니다. 17세기 말에 접어들자 향수 제조에 관한 과학적인 연구가 이루어지면서 이 분야가 한층 더 발전하기 시작했고, 19세기에는 프랑스 도시인 그라스가 향수의 생산지로 확립되기에 이릅니다.

❦ ❦ ❦

요리나 디저트에 쓰이는 향신료는 대부분 오리엔탈 계열의 향수에 쓰입니다. 바닐라, 카다멈, 시나몬, 생강, 팔각, 통카 빈 등이 이에 해당합니다. 장미는 오늘날에도 향수로 쓰이는 가장 대표적인 향신료로, 여전히 많은 향수에 사용되고 있습니다. 향신료는 저마다 여러 성질을 함께 지니고 있어 배합이 미세하게만 달라져도 전혀 다른 표정을 보여 주기도 해서 그만큼 향을 조합하는 일은 매우 복잡합니다. 하지만 그렇기에 오늘날까지도 여전히 많은 사람이 향에 매료되는 것이 아닐까요.

CHAPTER 2-3
# 에스닉한 향의
# 향신료

# 에스닉한 향의
# 향신료 매트릭스

- **에스닉한 느낌을 낸다** …… 특유의 향이 요리에 첨가되어 이국적인 느낌을 낸다
- **요리에 변화를 준다** …… 특유의 향이 요리에 첨가되어 평범한 요리를 변화시킨다
- **요리의 맛을 끌어올린다** …… 특유의 향이 요리에 첨가되어 쉽게 질리지 않는 풍미를 낸다

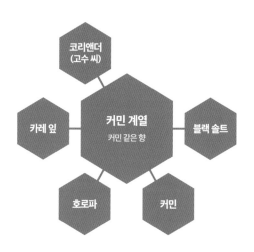

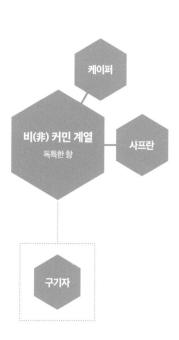

# 커민 계열 향신료 차트

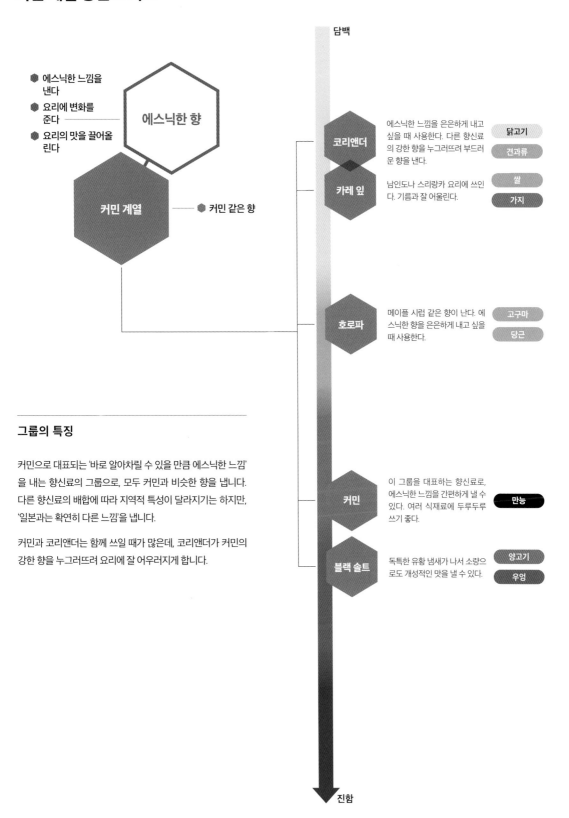

- 에스닉한 느낌을 낸다
- 요리에 변화를 준다
- 요리의 맛을 끌어올린다

에스닉한 향

커민 계열 ━ ● 커민 같은 향

담백

코리앤더
에스닉한 느낌을 은은하게 내고 싶을 때 사용한다. 다른 향신료의 강한 향을 누그러뜨려 부드러운 향을 낸다.
닭고기
견과류

카레 잎
남인도나 스리랑카 요리에 쓰인다. 기름과 잘 어울린다.
쌀
가지

호로파
메이플 시럽 같은 향이 난다. 에스닉한 향을 은은하게 내고 싶을 때 사용한다.
고구마
당근

커민
이 그룹을 대표하는 향신료로, 에스닉한 느낌을 간편하게 낼 수 있다. 여러 식재료에 두루두루 쓰기 좋다.
만능

블랙 솔트
독특한 유황 냄새가 나서 소량으로도 개성적인 맛을 낼 수 있다.
양고기
우엉

진함

## 그룹의 특징

커민으로 대표되는 '바로 알아차릴 수 있을 만큼 에스닉한 느낌'을 내는 향신료의 그룹으로, 모두 커민과 비슷한 향을 냅니다. 다른 향신료의 배합에 따라 지역적 특성이 달라지기는 하지만, '일본과는 확연히 다른 느낌'을 냅니다.

커민과 코리앤더는 함께 쓰일 때가 많은데, 코리앤더가 커민의 강한 향을 누그러뜨려 요리에 잘 어우러지게 합니다.

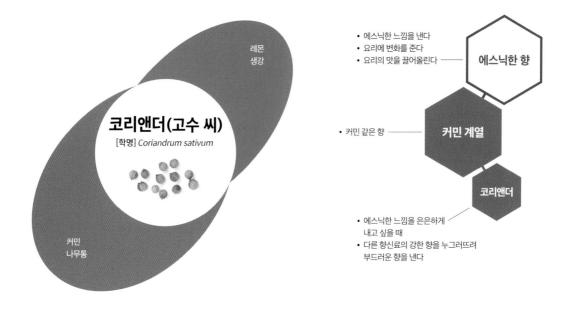

- 에스닉한 느낌을 낸다
- 요리에 변화를 준다
- 요리의 맛을 끌어올린다 —— **에스닉한 향**

- 커민 같은 향 —— **커민 계열**

**코리앤더**

- 에스닉한 느낌을 은은하게
  내고 싶을 때
- 다른 향신료의 강한 향을 누그러뜨려
  부드러운 향을 낸다

**코리앤더(고수 씨)**

[학명] *Coriandrum sativum*

레몬
생강

커민
나무통

**말린 씨앗**
럭비공처럼 생긴 인도산과 공처럼 생긴 모로코산이 있는데, 커민 같은 향은 인도산 코리앤더가 더 강하다.

**말린 분말**
상큼한 감귤 향이 나며, 혼합 향신료의 완충재로도 쓰인다.

---

## 잘 어울리는 재료와 조리 방법, 조리의 예

양배추   무   닭고기   견과류   당근   연어

/ 추천 /
🥄 **밑간**

당근 피클
(함께 절인다)

연어 튀김
(밑간할 때 쓴다)

/ 추천 /
🍲 **가열**

카레 가루
(완충재로 쓴다)

코린키호박 조림
(가열을 마무리하는 단계에 넣는다)

/ 추천 /
🍴 **마무리**

토란 샐러드
(볶아서 뿌린다)

연어 샐러드
(마요네즈와 함께 버무린다)

---

## 세계 각지에서 쓰이는 법

지중해 연안~
서아시아

**이집트: 모로헤이야**
모로헤이야를 넣은 수프. 커민과 함께
사용한다.

\* 커민의 강한 향을 누그러뜨리므로 다른 지역에서
도 커민과 함께 쓰일 때가 많다.

**인도 마하라슈트라주:**
**바를리 반기**
코리앤더를 비롯한 각종 향신
료로 만든 고다 마살라를 넣어
만드는 가지 조림.

**인도네시아:**
**덴뎅 라기(Dendeng ragi)**
소고기 코코넛 볶음. 다른 향신료와
함께 사용한다.

**인도:**
**다니아 지라(Dhaniya Jeera)**
커민과 코리앤더가 들어가는 혼합 향
신료. 다양한 커리의 베이스가 된다.

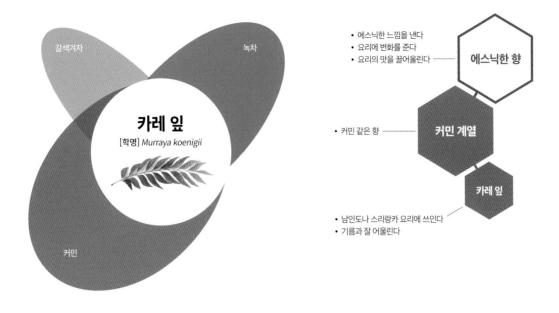

- 에스닉한 느낌을 낸다
- 요리에 변화를 준다
- 요리의 맛을 끌어올린다 ─── **에스닉한 향**

- 커민 같은 향 ─── **커민 계열**

**카레 잎**

- 남인도나 스리랑카 요리에 쓰인다
- 기름과 잘 어울린다

**말리지 않은 원형**
생잎을 구하기 쉽지 않지만, 땅에 심으면 잘 자라므로 모종을 구하면 편하다. 연한 잎을 사용하면 좋다.

## 잘 어울리는 재료와 조리 방법, 조리의 예

콜리플라워　흰살생선　닭고기　단호박　쌀　가지　토마토

\추천/
🥄 **밑간**

치킨 가라아게
(튀김옷에 섞는다)

채소 튀김
(튀김옷에 섞는다)

\추천/
🍲 **가열**

커리
(템퍼링해서 함께 끓인다)

콜리플라워 볶음
(템퍼링해서 함께 볶는다)

\추천/
🍴 **마무리**

콩 수프
(템퍼링해서 토핑으로 쓴다)

찐빵
(템퍼링해서 뿌린다)

## 세계 각지에서 쓰이는 법

**인도: 피시 커리**
생선과 잘 어울려 겨자와 함께 피시 커리에 쓰인다. 치킨 커리 등에도 들어간다.

인도~스리랑카

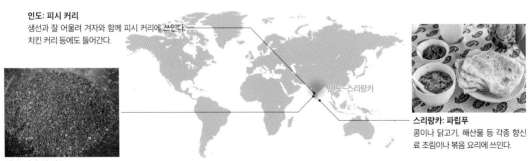

**인도: 카레 잎 믹스**
후리카케처럼 뿌리는 혼합 향신료.

**스리랑카: 파립푸**
콩이나 닭고기, 해산물 등 각종 향신료 조림이나 볶음 요리에 쓰인다.

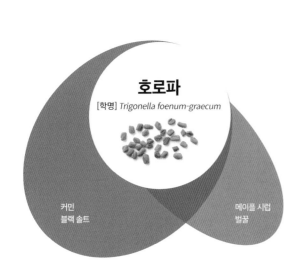

# 호로파

[학명] *Trigonella foenum-graecum*

커민
블랙 솔트

메이플 시럽
벌꿀

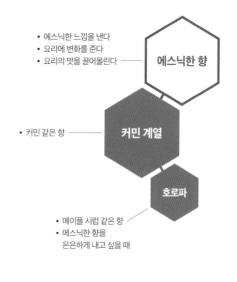

- 에스닉한 느낌을 낸다
- 요리에 변화를 준다
- 요리의 맛을 끌어올린다 ── **에스닉한 향**

- 커민 같은 향 ── **커민 계열**

**호로파**

- 메이플 시럽 같은 향
- 에스닉한 향을
  은은하게 내고 싶을 때

**말린 씨앗**
단단해서 오래 조리거나 템퍼링해서
써야 하는 등 수고를 더 들여야 한다.

**말린 분말**
카레 가루 등에 사용하지만, 쓴맛이
나므로 양을 잘 조절해야 한다.

## 잘 어울리는 재료와 조리 방법, 조리의 예

양배추  고구마  당근  단호박  콩

 **밑간**

양배추 튀김
(튀김옷에 섞는다)

튀일
(반죽에 섞는다)

\추천/
 **가열**

콩 조림
(템퍼링해서 함께 조린다)

호로파를 넣은 연어구이
(굵게 빻아서 뿌려 가며 함께 굽는다)

캐러멜소스
(가열을 마무리하는 단계에 넣는다)

**마무리**

씨가 단단하고, 분말 제품은 쓴맛이 나서 마무리 단계
에 쓰기에는 적합하지 않다.

## 세계 각지에서 쓰이는 법

**튀르키예: 파스트르마**
소고기 살라미. 고기를 건조할 때 표
면에 뿌리는 혼합 향신료의 재료로 쓰
인다.

아시아 서부
유럽 동남부

**인도: 판치 포론**
대표적인 템퍼링용 혼합 향신료.

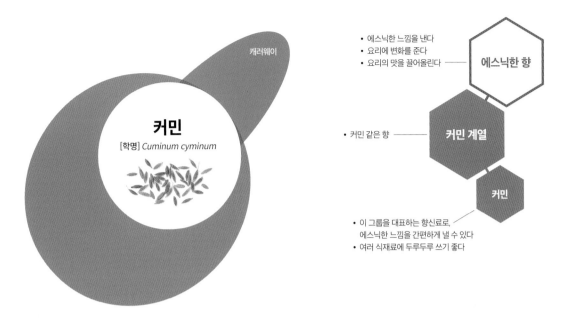

캐러웨이

# 커민

[학명] *Cuminum cyminum*

- 에스닉한 느낌을 낸다
- 요리에 변화를 준다
- 요리의 맛을 끌어올린다 ── 에스닉한 향

- 커민 같은 향 ── 커민 계열

커민

- 이 그룹을 대표하는 향신료로, 에스닉한 느낌을 간편하게 낼 수 있다
- 여러 식재료에 두루두루 쓰기 좋다

 **말린 씨앗**
생 씨앗은 풋풋한 향이 나며, 볶으면 고소한 향이 난다.

 **말린 분말**
소위 카레 향이라 불리는 향이다. 분말 제품은 양을 조절하기 쉬워 쓰기 편하다.

---

## 잘 어울리는 재료와 조리 방법, 조리의 예

닭고기   단호박   토란   버터   정어리   꽁치   만능

\ 추천 /
**밑간**

오이 미소 된장 절임
(절임용 된장에 섞는다)

커민 쿠키
(반죽에 섞는다)

\ 추천 /
**가열**

오징어 간 볶음
(템퍼링해서 함께 볶는다)

타진
(다른 향신료와 섞어서 함께 조린다)

\ 추천 /
**마무리**

샐러드
(토핑)

후무스
(토핑)

---

## 세계 각지에서 쓰이는 법

**미국 남부: 타코**
칠리 콘 카르네나 나초 등에 코리앤더나 말린 오레가노와 함께 쓰인다.

**튀르키예**
커민이 소화를 돕는다고 알려져 있으며, 식이섬유가 풍부한 채소 등과 함께 쓰인다. 토핑 등으로도 많이 쓰인다.

**조지아: 힌칼리**
교자처럼 생긴 만두. 고수잎 또는 고추와 함께 만두소에 섞는다.

**인도**
조림이나 볶음 요리, 튀김 등 각종 요리에 쓰인다.

나일강 유역

**남아프리카: 보보티**
보보티나 케이프 말레이 카레 등에 들어가는 카레 가루의 재료로 쓰인다.

**모로코: 타진**
조림 요리인 타진이나 쿠스쿠스에 혼합 향신료의 재료로 쓰이거나, 주로 분말 형태로 샐러드에 토핑으로 올라가기도 한다.

# 블랙 솔트

[학명] Sodium chloride

유황
커민

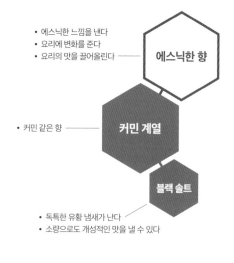

- 에스닉한 느낌을 낸다
- 요리에 변화를 준다
- 요리의 맛을 끌어올린다 ── **에스닉한 향**

- 커민 같은 향 ── **커민 계열**

**블랙 솔트**

- 독특한 유황 냄새가 난다
- 소량으로도 개성적인 맛을 낼 수 있다

고운 입자 형태와 굵은 알갱이 형태가 있는데, 고운 입자 형태가 쓰기 편하다. 향이 강해서 일반 소금과 섞어서 사용하면 좋다.

## 잘 어울리는 재료와 조리 방법, 조리의 예

달걀   고등어   양고기   우엉   소고기   오징어

**밑간**
- 가열하면 향이 날아가므로 적합하지 않다.

**가열**
- 가열하면 향이 날아가므로 적합하지 않다.

추천
**마무리**
- 수박 칵테일(가장자리에 뿌리거나 소금과 섞음)
- 우엉 연근 튀김(소금과 섞어서 찍어 먹음)
- 소고기(살코기) 스테이크(소금과 섞어서 찍어 먹음)
- 삶은 달걀(소금과 섞어서 찍어 먹음)

## 세계 각지에서 쓰이는 법

**인도~네팔**
처트니나 샐러드, 라이타 같은 채소 요리에 쓰인다.

히말라야

**인도: 차트 마살라**
암추르를 베이스로 한 혼합 향신료. 블랙 솔트가 핵심 향신료 역할을 한다. 샐러드 등에 쓰인다.

# 코리앤더와 남방젓새우, 코코넛과 고추로 만든 후리카케

저마다 개성 강한 재료를 코리앤더의 에스닉한 향이 은은하게 감싸 퓨전 요리 같은 느낌을 내면서도 맛이 잘 어우러지게 한다.

##  재료(만들기 쉬운 분량)

- 코리앤더 ··· 3큰술
- 남방젓새우 ··· 2큰술
- 코코넛 플레이크(파인) ··· 30g
- 한국산 굵은 고춧가루 ··· 2큰술

- 소금 ··· 1큰술
- 설탕 ··· 1작은술

##  만드는 법

① 코리앤더를 작은 냄비에 담고, 약불에서 노릇노릇해질 때까지 볶은 다음, 절구에 빻는다.

② 남방젓새우, 코코넛 플레이크, 한국산 고춧가루도 마찬가지로 한 가지씩 볶아 절구에 첨가하고 그때마다 빻는다.

③ 소금, 설탕을 넣어 빻으면서 섞는다.

잘 빻아지지 않는 재료부터 순서대로 빻는다. 재료에 따라 볶는 데에 걸리는 시간이 차이 나므로 한 가지씩 볶는다. 이렇게 볶으면 수분이 날아가 더 잘 빻아진다. 코코넛 플레이크는 파인 타입이 빻기 편하지만, 없을 때는 롱 타입을 써도 된다. 커리에 곁들이는 밥이나 파스타, 구운 고기나 생선, 채소 등 어디에나 뿌려 먹어도 된다.

## 카레 잎과 단호박 튀김

카레 잎의 독특한 향이 단호박의 단맛을 누그러뜨리면서 좀 더
세련된 맛을 낸다.

### 🌸 재료(2~3인분)
단호박 ⋯ 8분의 1개
● 카레 잎 ⋯ 5줄기
박력분 ⋯ 5큰술
튀김용 기름 ⋯ 적당량
소금 ⋯ 적당량

### 🌸 만드는 법
❶ 단호박은 껍질을 벗겨 가로세로 1cm 크기로 네모나게 썬
다. 카레 잎은 가지를 제거한다.
❷ 볼에 단호박, 카레 잎, 박력분을 넣고 잘 섞는다. 여기에 물
을 3큰술 정도 넣어 박력분이 재료에 잘 묻게 한다.
❸ ❷를 한입 크기로 다듬어 180℃의 기름에 가볍게 튀긴 다
음, 그릇에 담고 소금을 뿌린다.

## 호로파를 첨가한 고구마 맛탕

호로파가 캐러멜 시럽에 메이플 시럽 같은 풍미를 더한다.

### 🌸 재료(만들기 쉬운 분량)
고구마 ⋯ 2개
튀김용 기름 ⋯ 적당량
설탕 ⋯ 150g
● 호로파 ⋯ 4분의 1작은술

### 🌸 만드는 법
❶ 고구마는 껍질을 벗기고 한입 크기로 썰어 물에 담갔다가
찐다.
❷ 다 쪄지면 바로 160℃의 기름에 튀겨 한 번 건져 낸 다음,
그대로 2분간 둔다. 그사이에 프라이팬에 물 100ml와 설
탕, 호로파를 넣고 중불에 올린다.
❸ 고구마를 겉이 바삭바삭해지도록 180℃의 기름에 한 번
더 튀긴 후, 뜨거운 상태에서 ❷의 프라이팬에 넣고 강불
에서 골고루 섞으면서 졸인다.

카레 잎이 단호박에 잘 달라붙게 튀긴다. 너무 바싹 튀
기지 않도록 한다.

고구마는 두 번 튀겨야 바삭해진다. 찌기, 튀기기, 졸이
기의 순서대로 작업이 진행되므로 타이밍을 잘 맞추어
야 한다.

## 커민을 넣은 은어 치어 튀김

은어 치어의 쓴맛에는 고소한 단맛이 나는 말린 씨앗 형태의 커민보다 풋내가 나는 분말 형태의 커민이 어울린다.

###  재료(3~4인분)

은어 치어 … 20마리
● 커민 분말 … 1작은술과 약간
소금 … 3분의 1작은술
박력분 … 3큰술
튀김용 기름 … 적당량

###  만드는 법

❶ 은어 치어에 커민과 소금, 박력분을 차례대로 뿌린 다음,
　물 1과 2분의 1큰술 정도를 넣어 살짝 섞는다.
❷ 160℃의 기름에 2~3분간 바싹 튀긴다.
❸ 접시에 옮겨 담고, 커민을 약간 뿌린다.

## 구운 돼지고기와 향신료 소금

풍미가 강한 고기에 마찬가지로 풍미가 강한 블랙 솔트를 곁들였다. 블랙 솔트의 강렬한 향을 마찬가지로 강렬한 향을 지닌 아요완과 커민으로 덮으면서 에스닉한 느낌을 냈다.

###  재료(3~4인분)

돼지 스페어립 … 600g
소금 … 2분의 1과 1작은술
● 아요완 … 4분의 1작은술
● 커민 … 4분의 1작은술
● 블랙 솔트 … 4분의 1작은술
아마나가토가라시* … 5개
* 매운맛이 거의 없고 단맛이 나는 고추-역주

###  만드는 법

❶ 스페어립에 소금 2분의 1작은술을 뿌리고 버무려 그대로
　30분간 둔다. 아요완과 커민을 절구에 빻은 후, 소금 1작
　은술과 블랙 솔트를 섞는다.
❷ 그릴 팬을 달군 후, 돼지고기와 아마나가토가라시를 굽는
　다. 향신료를 섞은 소금과 함께 상에 내놓는다.

튀기는 과정에서 커민 분말의 향이 날아가 버리므로 밑
간할 때 커민을 넉넉히 뿌린다. 마지막에 뿌리는 커민
분말은 허끝에 직접 닿으므로 극히 소량만 사용한다.

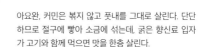

아요완, 커민은 볶지 않고 풋내를 그대로 살린다. 단단
하므로 절구에 빻아 소금에 섞는데, 굵은 향신료 입자
가 고기와 함께 먹으면 맛을 한층 살린다.

# 비(非) 커민 계열 향신료 차트

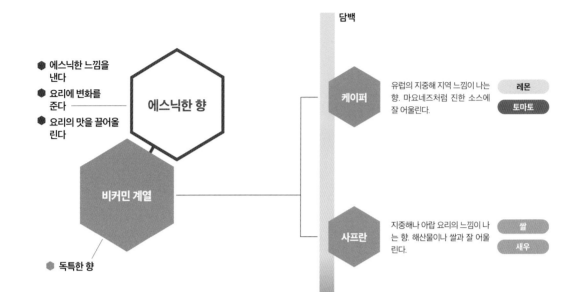

- 에스닉한 느낌을 낸다
- 요리에 변화를 준다
- 요리의 맛을 끌어올린다

에스닉한 향

비커민 계열

- 독특한 향

담백

케이퍼

유럽의 지중해 지역 느낌이 나는 향. 마요네즈처럼 진한 소스에 잘 어울린다.

레몬

토마토

사프란

지중해나 아랍 요리의 느낌이 나는 향. 해산물이나 쌀과 잘 어울린다.

쌀

새우

진함

## 그룹의 특징

커민과 같은 향은 나지 않지만, 커민 계열과 마찬가지로 '바로 알아차릴 수 있을 만큼 에스닉한 느낌'을 내 특히 지중해 주변 지역의 특성이 나타나기 쉬운 향신료 그룹입니다.

이 그룹에 속한 향신료는 모두 생선 요리에 잘 어울리는 것으로 알려져 있지만, 이들이 지닌 개성적인 풍미는 고기 요리나 채소 요리에도 폭넓게 쓰입니다. 사프란은 디저트에도 사용됩니다.

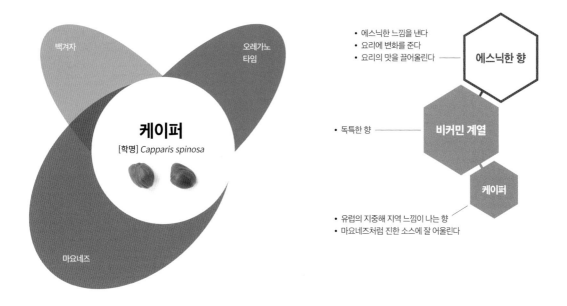

백겨자

오레가노
타임

# 케이퍼

[학명] *Capparis spinosa*

마요네즈

- 에스닉한 느낌을 낸다
- 요리에 변화를 준다
- 요리의 맛을 끌어올린다 —— **에스닉한 향**

- 독특한 향 —— **비커민 계열**

**케이퍼**

- 유럽의 지중해 지역 느낌이 나는 향
- 마요네즈처럼 진한 소스에 잘 어울린다

**소금에 절인 원형**
소금기가 강하므로 소금기를 적당히 빼서 사용한다.

**식초에 절인 원형**
산미가 함께 첨가되지만, 사용하기 편하고 구하기도 쉽다.

---

## 잘 어울리는 재료와 조리 방법, 조리의 예

레몬　　연어　　바지락　　버터　　올리브　　토마토　　가지

**밑간**

**식초에 절인 원형**
구운 대구
(다져서 밑간할 때 쓴다)

**가열**

**식초에 절인 원형**
벤자리 소테
(큼직하게 썰어 소스에 함께 넣고 가열한다)

**식초에 절인 원형**
농어 토마토 조림
(함께 넣고 조린다)

＼ 추천 ／

**마무리**

**식초에 절인 원형**
드레싱
(잘게 다져서 섞는다)

**식초에 절인 원형**
이탈리안 세비체
(잘게 다져 토마토 등과 함께 버무린다)

---

## 세계 각지에서 쓰이는 법

**프랑스: 타프나드**
올리브와 케이퍼를 베이스로 한 프랑스 남부 지방의 페이스트. 생선을 구울 때 얹거나 소스에 사용한다.

원산지 불명

**몰타: 오픈 샌드위치**
풍미를 내기 위해 토마토나 케이퍼를 사용한다.

**스웨덴: 비프 알 라 린드스트롬**
스웨덴식 햄버그스테이크 요리. 풍미를 내기 위해 토마토나 케이퍼를 사용한다.

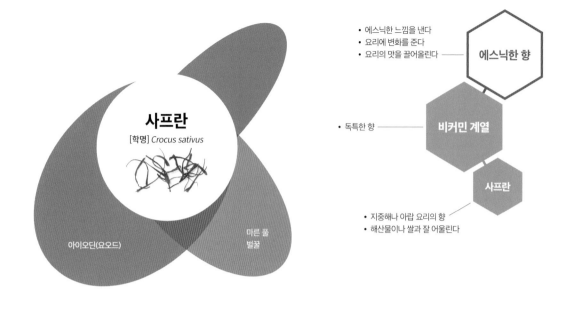

# 사프란

[학명] *Crocus sativus*

- 에스닉한 느낌을 낸다
- 요리에 변화를 준다
- 요리의 맛을 끌어올린다 ── **에스닉한 향**

- 독특한 향 ── **비커민 계열**

**사프란**
- 지중해나 아랍 요리의 향
- 해산물이나 쌀과 잘 어울린다

아이오딘(요오드)

마른 풀
벌꿀

**말린 원형**
물에 담갔다가 그 물(사프란 물)까지
그대로 사용한다.

**말린 분말**
분말 제품이 드물게 있기는 하지만,
양을 늘리기 위해 다른 향신료를 섞
는 경우가 있으니 주의하자.

## 잘 어울리는 재료와 조리 방법, 조리의 예

 살구 　 쌀 　 새우 　 한치 　 금눈돔 　 바지락 　 양고기 　 소고기

\추천/
 **밑간**

게살 크림 크로켓
(사프란 물을 베샤멜 소스에 섞는다)

한치 피클
(사프란 물을 피클 용액에 함께 넣는다)

\추천/
**가열**

파에야
(사프란 물을 함께 넣어 밥을 짓는다)

해산물 수프
(함께 끓인다)

사과 콩포트
(함께 끓인다)

**마무리**

루이유*
(사프란 물을 섞는다)

*마늘과 향신료, 감자, 올리브유 등을 넣고 갈아 만든
소스-역주

## 세계 각지에서 쓰이는 법

**인도: 마살라 차이**
카다멈 등과 함께 우유에 넣어
끓인다.

**인도: 비리아니**
아랍 식문화가 있는 곳에는 사프란을
이용한 쌀 요리가 있다.

지중해 연안~
아시아 서부

**북유럽: 루세카터**
반죽에 넣어 색을 입힌다.

**스페인: 파에야**
다양한 재료를 넣어 짓는 쌀 요리에
쓰인다.

**이란: 보라니(Borani)**
시금치와 요거트로 만든 페이스트. 마
지막에 사프란 물을 뿌린다.

## 케이퍼와 토마토를 얹은 농어구이

케이퍼와 토마토가 이탈리아풍의 맛을 낸다. 농어의 담백한 맛이 잘 살도록 다른 향신료는 넣지 않고 케이퍼만으로 깔끔하게 마무리했다.

### 🪷 재료(3~4인분)

● 양파 … 4분의 1개
토마토 … 2분의 1개
● 식초에 절인 케이퍼 … 2작은술
농어 … 400g
소금 … 2분의 1과 2분의 1작은술
설탕 … 2분의 1작은술
달걀노른자 … 1개 분량
기름 … 100ml 정도
식초 … 2작은술

### 🪷 만드는 법
❶ 양파와 꼭지를 딴 토마토는 1cm 크기로 네모나게 썰고, 케이퍼는 굵게 다진다. 농어는 적당한 크기로 썰어 소금 2분의 1작은술을 뿌린다.
❷ 소금 2분의 1작은술, 설탕, 달걀노른자를 볼에 담고, 거품기로 저어 잘 섞는다. 소금과 설탕이 녹으면 기름을 조금씩 부어 가며 유화시키고, 식초를 섞어 마요네즈를 만든다.
❸ ②에 케이퍼, 양파, 토마토를 섞어서 오븐 팬에 가지런히 놓은 농어 위에 올린 다음, 230℃로 예열한 오븐에 표면이 바싹 익을 때까지 6~7분간 굽는다.

케이퍼는 물기를 뺀 상태에서 2작은술을 사용한다. 농어의 두께나 오븐의 기종에 맞춰 굽는 시간과 온도를 조정한다. 농어가 속까지 거의 다 익고, 소스 윗부분이 살짝 타는 정도가 가장 적당하다. 마요네즈는 시판 제품을 사용해도 되며, 생선은 도미나 연어 등을 써도 좋다.

## 해산물을 넣은 생선 뼈 수프

사프란과 해산물을 함께 넣어 지중해풍의 맛을 냈다. 루이유로 사프란의 풍미를 첨가해 더욱 에스닉한 느낌을 냈다.

### 🪷 재료(3~4인분)
도미 등의 생선 뼈 … (작은 것으로) 2~3마리 분량
● 양파 … 1개          화이트와인 … 2큰술
토마토 … 1개          ● 셀러리 잎 … 약간
● 마늘 … 1개          소금 … 2분의 1과 2분의 1작은술
● 월계수 잎 … 1장      ● 둥글게 썬 고추 … 2~3조각
● 사프란 … 5~10줄기    식초 … 2분의 1작은술
올리브유 … 2큰술       설탕 … 2분의 1작은술
깔깔새우 … 5마리       마요네즈* … 3큰술

### 🪷 만드는 법
❶ 생선 뼈는 깨끗이 씻어 토막 친다. 양파와 꼭지를 딴 토마토는 큼직하게 썬다. 마늘 4분의 1개를 간다. 월계수 잎은 반으로 부러뜨린다. 사프란은 물 1큰술에 담가 15분 정도 둔다.
❷ 냄비에 올리브유와 남은 마늘 4분의 3개를 넣고 강불에 올린다. 거품이 부글부글 올라오기 시작하면 생선 뼈와 깔깔새우를 넣고 강불에서 볶는다. 새우가 익으면 화이트와인과 셀러리 잎, 물 800ml, 소금 2분의 1작은술을 넣는다. 끓어오르면 거품을 걷어 내고 양파, 셀러리 잎, 토마토, 월계수 잎, 둥글게 썬 고추를 넣고 생선 뼈가 잘 풀릴 때까지 가끔 눌러 가면서 중불에 1시간 정도 푹 끓인다.
❸ ②를 믹서에 간 다음, 체 등에 걸러 다시 냄비에 담는다. 여기에 소금 2분의 1작은술, 식초, 설탕, 사프란 물을 3분의 2만큼 넣는다.
❹ 마요네즈에 간 마늘을 섞고, 남은 사프란 물을 섞는다.
❺ ③을 데워 접시에 담고, ④를 올린다.
* 마요네즈를 만드는 법은 왼쪽에 실린 레시피를 참조한다.

생선 뼈가 믹서에 갈릴 정도까지 푹 끓인다. 거품을 먼저 걷어 낸 후에 향신료를 넣으면 거품이 향신료에 달라붙지 않아 좋다. 셀러리 잎은 셀러리 씨보다도 부드러운 향을 낸다.

# 매운맛 향신료

## 매운맛을 내는
## 향신료 매트릭스

● **매운맛을 더한다** ······ 요리에 매운맛을 더한다
● **요리의 맛을 끌어올린다** ······ 적당한 매운맛을 가미해 '한입만 더 먹자'라는 욕구를 불러일으킨다

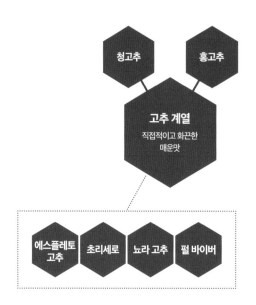

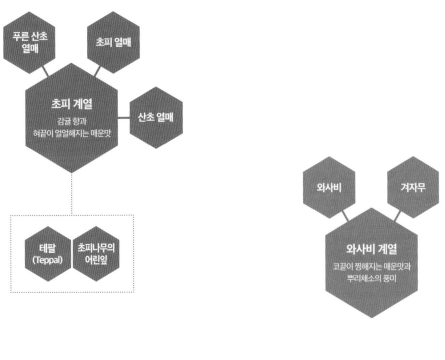

초피 계열
감귤 향과
허끝이 얼얼해지는 매운맛

푸른 산초
열매

초피 열매

산초 열매

테팔
(Teppal)

초피나무의
어린잎

와사비 계열
코끝이 찡해지는 매운맛과
뿌리채소의 풍미

와사비

겨자무

겨자 계열
코끝이 찡해지는 매운맛과
유지 같은 풍미

백겨자

갈색겨자

와카라시*

* '일본 겨자'라는 뜻으로, 분말 제품을 물에 개서 페이스트 상태로 사용한다.–역주

# 고추 계열 향신료 차트

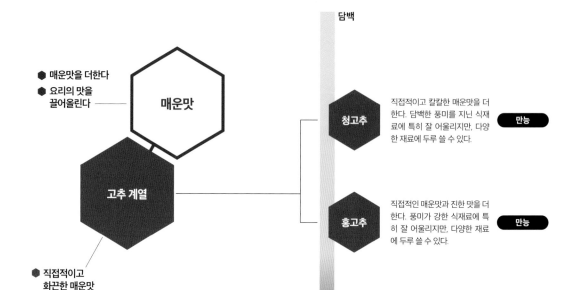

담백

- 매운맛을 더한다
- 요리의 맛을 끌어올린다

**매운맛**

**고추 계열**

- 직접적이고 화끈한 매운맛

**청고추** 직접적이고 칼칼한 매운맛을 더한다. 담백한 풍미를 지닌 식재료에 특히 잘 어울리지만, 다양한 재료에 두루 쓸 수 있다. **만능**

**홍고추** 직접적인 매운맛과 진한 맛을 더한다. 풍미가 강한 식재료에 특히 잘 어울리지만, 다양한 재료에 두루 쓸 수 있다. **만능**

진함

## 그룹의 특징

고추는 '핫'이라는 표현이 붙을 만큼 직접적이고 지속성이 있는 매운맛을 지닙니다. 가장 인기가 많은 향신료로, 종류도 매우 다양하지만, 풍미의 차이에 따라 청고추와 홍고추로 크게 나눌 수 있습니다.

통고추, 생고추, 말린 고추, 굵은 고춧가루, 고운 고춧가루 등 쓰이는 형태도 매우 다양합니다. 품종이나 개체에 따라 매운 정도가 크게 차이 나므로 요리하기 전에 집에 있는 고추가 얼마나 매운지 알아두는 것이 좋습니다.

매운맛이 요리의 맛을 더 끌어올려 주기는 하지만, 과하면 도리어 재료 본연의 맛을 가릴 수 있으므로 지나치게 사용하지 않도록 주의합시다.

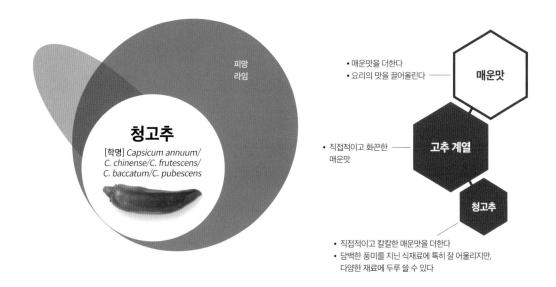

피망
라임

# 청고추

[학명] *Capsicum annuum/*
*C. chinense/C. frutescens/*
*C. baccatum/C. pubescens*

- 매운맛을 더한다
- 요리의 맛을 끌어올린다 ─── **매운맛**

- 직접적이고 화끈한 ─── **고추 계열**
  매운맛

**청고추**

- 직접적이고 칼칼한 매운맛을 더한다
- 담백한 풍미를 지닌 식재료에 특히 잘 어울리지만,
  다양한 재료에 두루 쓸 수 있다

---

**말리지 않은 원형**
생이나 냉동 상태로 판매한다. 초절임 제품도 있다.

**잘게 썬 생 향신료**
밑간 등을 할 때는 다진 고추를 쓰는 게 편하다. 고추를 만진 손으로 눈을 비비지 않도록 주의하자.

**말린 분말**
할라페뇨 등 일부 고추는 분말 제품으로 유통되기도 한다.

---

## 잘 어울리는 재료와 조리 방법, 조리의 예

오이   라임   넙치   학꽁치   **만능**

\ 추천 /

🥄 **밑간**

🫘 고추 피클
   (피클 용액에 절인다)

🫘 차조기 미소 된장 절임
   (절임용 된장에 함께 절인다)

🍲 **가열**

⬜ 흰살생선구이
   (다른 향신료와 함께 얹어 굽는다)

🫘 한치 알 아히오
   (올리브유에 넣고 함께 끓인다)

\ 추천 /

🍴 **마무리**

⬜ 세비체
   (버무린다)

⬜ 찐 굴과 오이 마리네이드
   (버무린다)

⬜ 흰살생선튀김을 이용한 난반즈케
   (버무린다)

---

## 세계 각지에서 쓰이는 법

**멕시코: 살사 베르데**
청고추 소스. 구운 고기 등에 뿌려 먹는다.

**인도: 테차(Thecha)**
땅콩 등을 볶아서 으깬 양념.

중남미~카리브제도

**튀니지: 메추이아**
청고추, 양파, 가지 등을 넣은 페이스트 상태의 샐러드.

**예멘: 사하위끄**
청고추 페이스트. 조미료나 소스로 쓰인다.

홍고추

[학명] *Capsicum annuum/*
*C. chinense/C. frutescens/*
*C. baccatum/C. pubescens*

말린 풀
토마토

• 매운맛을 더한다
• 요리의 맛을 끌어올린다 — **매운맛**

• 직접적이고 화끈한 — **고추 계열**
  매운맛

**홍고추**

• 직접적인 매운맛과 진한 맛을 더한다
• 풍미가 강한 식재료에 특히 잘 어울리지만,
  다양한 재료에 두루 쓸 수 있다

**말리지 않은 원형**
종류에 따라 매운 정도
가 다르므로 주의하자.

**말린 원형**
둥글게 썰거나 실처럼
가늘게 썰기도 한다.

**말려서 굵게 간 분말**
한국산 굵은 고춧가루
등 굵은 제품도 있다.

**말린 분말**
매운맛이 허끝에 직접
닿으므로 양 조절에 주
의해야 한다.

## 잘 어울리는 재료와 조리 방법, 조리의 예

굴 　 돼지고기 　 소고기 　 **만능**

\추천/
🥄 **밑간**

**절임류**
(절임액에 함께 절인다)

**소고기 고추구이**
(다른 향신료와 함께 뿌린다)

\추천/
🍲 **가열**

**마파두부**
(템퍼링해서 함께 볶는다)

**알리오 올리오 파스타**
(함께 볶는다)

\추천/
🍴 **마무리**

**살사 소스를 곁들인 구운 닭고기**
(소스에 버무린다)

**고추 샐러드**
(드레싱에 버무린다)

## 세계 각지에서 쓰이는 법

**스페인: 초리조**
고추를 넣은 소시지.

**태국: 남 프릭 파오**
고추와 해산물을 넣은 페이스트. 조미
료로 쓰인다.

**나이지리아: 졸로프 라이스**
각종 재료를 넣어 짓는 밥. 고추로 풍
미를 더한다.

중남미~카리브제도

**멕시코: 살사 메히카나**
흔히 말하는 살사 소스로, 고추가 들어간다.
음식에 직접 뿌리거나 찍어 먹는 테이블 소스
로도 쓸 수 있다.

**멕시코: 핫 초콜릿**
고추로 풍미를 더한다.

**베트남: 느억쩜 소스**
월남쌈 등을 찍어서 먹는 새콤달콤한
소스

## 세비체 스타일의 생선회 월남쌈

청고추와 고수잎, 레몬의 조합이 남미의 세비체를 연상시키지만, 월남쌈을 이용해 퓨전 요리처럼 만들었다. 산뜻한 향을 내는 향신료와 청고추를 사용해 깔끔한 맛을 냈다.

###  재료(4개 분량)
도미(횟감용) … 120g
 레몬 … 1개
● 고수잎 … 4~5줄기
● 양파 … 8분의 1개
● 청고추 … 2분의 1개
소금 … 3분의 1작은술
라이스페이퍼 … 4장

###  만드는 법
❶ 도미는 가로세로 2cm 크기로 깍둑썰기한다. 레몬은 둥근 모양으로 얇게 8장을 썬다. 고수잎은 밑부분을 잘라 내고, 라이스페이퍼를 말았을 때와 비슷한 길이로 자른다. 양파는 청고추와 함께 다진다.
❷ 도미, 청고추, 양파, 소금, 레몬즙 4분의 1개 분량을 볼에 담아 골고루 버무린다.
❸ 물에 적신 라이스페이퍼를 깨끗한 작업대 위에 올리고, 레몬을 2장 깐 다음 그 위에 고수잎을 올린다. 여기에 ❷의 4분의 1을 올려서 만다. 같은 작업을 4번 반복한다.

청고추는 종류나 개체에 따라 매운 정도가 차이 나므로 조금씩 넣어 간을 보면서 양을 조금씩 늘린다. 레몬은 껍질에서 쓴맛이 나므로 최대한 얇게 썬다.

## 젓새우와 고추를 넣은 쌈장과 삼겹살 구이

향신료를 이용해 맛있는 쌈장을 직접 만들어 보자.

###  재료(3~4인분)
● 마늘 … 2분의 1쪽
● 생강 … 2분의 1조각
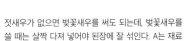
　● 한국산 굵은 고춧가루 … 2작은술
　말린 젓새우 … 2큰술
A　일본 적된장 … 1큰술
　이나카 미소 … 1큰술
　미림 … 2작은술
삼겹살 … 400g
소금 … 2분의 1작은술
상추 … 10~20장
기름 … 적당량

###  만드는 법
❶ 마늘과 생강은 껍질을 벗겨 간 다음, A와 섞는다.
❷ 삼겹살은 1cm 두께로 썬 후, 소금을 뿌려 버무린다. 상추는 찬물에 담근다.
❸ 그릴 팬에 기름을 둘러 강불에 올린다. 팬이 충분히 달궈지면 고기를 굽는다. 고기가 익으면 ❶과 함께 물기를 뺀 상추에 싸서 먹는다.

젓새우가 없으면 벚꽃새우를 써도 되는데, 벚꽃새우를 쓸 때는 살짝 다져 넣어야 된장에 잘 섞인다. A는 재료를 잘 섞어 10분 정도 재워 둔다.

# 후추 계열 향신료 차트

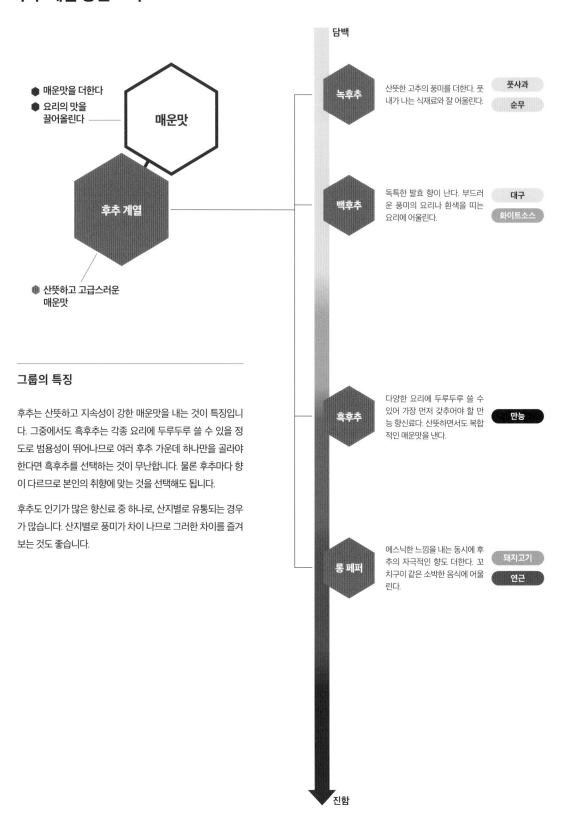

● 매운맛을 더한다
● 요리의 맛을 끌어올린다 ——

**매운맛**

**후추 계열**

◉ 산뜻하고 고급스러운 매운맛

담백

**녹후추** 산뜻한 고추의 풍미를 더한다. 풋 내가 나는 식재료와 잘 어울린다.

풋사과
순무

**백후추** 독특한 발효 향이 난다. 부드러운 풍미의 요리나 흰색을 띠는 요리에 어울린다.

대구
화이트소스

**흑후추** 다양한 요리에 두루두루 쓸 수 있어 가장 먼저 갖추어야 할 만능 향신료. 산뜻하면서도 복합적인 매운맛을 낸다.

만능

**롱 페퍼** 에스닉한 느낌을 내는 동시에 후추의 자극적인 향도 더한다. 꼬치구이 같은 소박한 음식에 어울린다.

돼지고기
연근

진함

## 그룹의 특징

후추는 산뜻하고 지속성이 강한 매운맛을 내는 것이 특징입니다. 그중에서도 흑후추는 각종 요리에 두루두루 쓸 수 있을 정도로 범용성이 뛰어나므로 여러 후추 가운데 하나만을 골라야 한다면 흑후추를 선택하는 것이 무난합니다. 물론 후추마다 향이 다르므로 본인의 취향에 맞는 것을 선택해도 됩니다.

후추도 인기가 많은 향신료 중 하나로, 산지별로 유통되는 경우가 많습니다. 산지별로 풍미가 차이 나므로 그러한 차이를 즐겨 보는 것도 좋습니다.

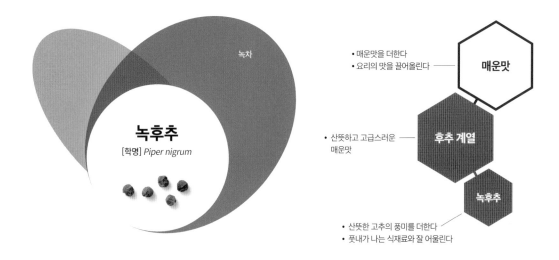

녹차

## 녹후추
[학명] *Piper nigrum*

- 매운맛을 더한다
- 요리의 맛을 끌어올린다 — **매운맛**

- 산뜻하고 고급스러운 — **후추 계열**
  매운맛

**녹후추**

- 산뜻한 고추의 풍미를 더한다
- 풋내가 나는 식재료와 잘 어울린다

 **말린 원형**
푸른색이 남도록 그늘에 말리거나 동결 건조한 제품이 있다.

 **말려서 굵게 간 분말**
분쇄기 등으로 간다.

**병조림**
식감이 부드러워 먹기 편해 통째로 쓸 수 있다. 토핑 등으로 쓰기도 좋다.

## 잘 어울리는 재료와 조리 방법, 조리의 예

풋사과　오이　학꽁치　순무　**만능**

 **밑간**

 무 간장 절임
(함께 절인다)

 **가열**

 소고기 조림
(함께 조린다)

추천
 **마무리**

 풋사과 샐러드
(토핑)

 치어와 파래를 넣은 후리카케
(섞는다)

**병조림** 학꽁치와 오이 카르파초
(토핑)

## 세계 각지에서 쓰이는 법

인도

건조 기술이 발달한 후에 등장한 비교적 새로운 향신료라서 전통적인 조리법이 없다.

**프랑스: 스테이크용 그린 페퍼 소스**
대표적인 스테이크 소스 중 하나로, 크림을 기본으로 한 소스에 녹후추를 섞는다.

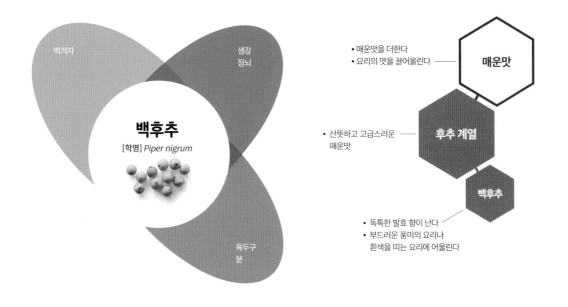

백겨자

생강
장뇌

**백후추**

[학명] *Piper nigrum*

육두구
분

- 매운맛을 더한다
- 요리의 맛을 끌어올린다 — **매운맛**

- 산뜻하고 고급스러운 — **후추 계열**
  매운맛

**백후추**

- 독특한 발효 향이 난다
- 부드러운 풍미의 요리나
  흰색을 띠는 요리에 어울린다

**말린 원형**
완전히 익은 열매를 말려서 껍질을
깐 것. 풍미가 섬세하다.

**말려서 굵게 간 분말**
흑후추만큼 향이 강하지 않고 순하
다. 색도 눈에 띄지 않는다.

**말린 분말**
파우더리한 향이 두드러진다. 중식
등에 쓰인다.

## 잘 어울리는 재료와 조리 방법, 조리의 예

대구  닭가슴살  돼지 넓적다리살  생크림  화이트소스

＼ 추천 ／
**밑간**

흰살생선 뫼니에르
(밑간할 때 뿌린다)

사오마이
(소에 섞는다)

＼ 추천 ／
**가열**

대구 마요네즈구이
(마요네즈에 섞어 굽는다)

중식풍 닭가슴살 볶음
(거의 다 볶았을 때 뿌린다)

＼ 추천 ／
**마무리**

밤 파스타
(토핑)

쏸라탕
(토핑)

## 세계 각지에서 쓰이는 법

인도

흑후추만큼 널리 쓰이지 않는다. 시중
에 판매되는 분말 제품 중에는 백후추
와 흑후추가 혼합된 제품이 많다.

**프랑스: 미뇨네트 페퍼**
백후추와 흑후추를 섞은 것. 올스파이
스나 코리앤더 등을 섞을 때도 있다.

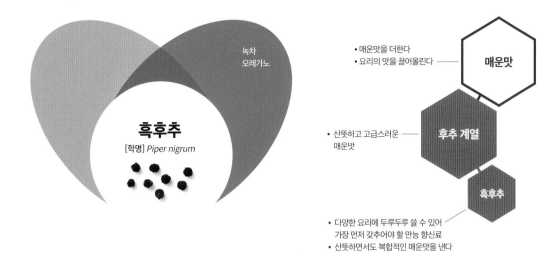

녹차
오레가노

# 흑후추

[학명] *Piper nigrum*

- 매운맛을 더한다
- 요리의 맛을 끌어올린다 ── **매운맛**

- 산뜻하고 고급스러운 매운맛 ── **후추 계열**

**흑후추**

- 다양한 요리에 두루두루 쓸 수 있어 가장 먼저 갖추어야 할 만능 향신료
- 산뜻하면서도 복합적인 매운맛을 낸다

**말린 원형**
풍미가 강하고, 향도 복합적이다. 산뜻한 매운맛이 난다.

**말려서 굵게 간 분말**
향이 난다. 기왕이면 즉석에서 갈아 쓰는 것이 좋다. 시판 제품은 입자가 고르다.

**말린 분말**
시판 제품은 파우더리한 향이 두드러진다. 기왕이면 즉석에서 갈아 쓰는 것이 좋다.

## 잘 어울리는 재료와 조리 방법, 조리의 예

**만능**

 \추천/
**밑간**

치즈빵
(반죽에 섞는다)

햄버그스테이크
(반죽에 섞는다)

\추천/
**가열**

돼지고기 간장조림
(함께 조린다)

포토푀
(함께 끓인다)

\추천/
**마무리**

시저샐러드
(드레싱에 섞는다)

스테이크
(토핑)

## 세계 각지에서 쓰이는 법

**프랑스: 프와브르 느와(poivre noir)**
흑후추 분말을 이렇게 부른다.

**스페인: 살시차**
후추를 넣은 살라미.

인도

**대만: 후지아오빙**
일명 '대만 후추빵'이라 불리는 대만의 길거리 음식으로, 후추 등으로 양념한 돼지고기를 넣어 화덕에 구운 빵이다.

**이탈리아: 카초 에 페페**
치즈와 후추만 들어가는 간단한 파스타.

**인도: 페퍼 치킨**
후추를 넣은 커리.

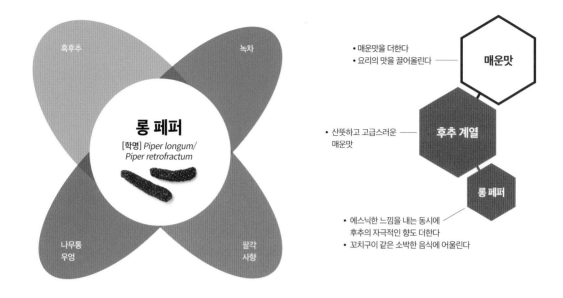

- 매운맛을 더한다
- 요리의 맛을 끌어올린다 ── **매운맛**

- 산뜻하고 고급스러운 매운맛 ── **후추 계열**

**롱 페퍼**

- 에스닉한 느낌을 내는 동시에 후추의 자극적인 향도 더한다
- 꼬치구이 같은 소박한 음식에 어울린다

**말린 원형**
몇 가지 품종이 있는데, 품종에 따라 크기가 차이 난다.

**말린 분말**
'필발'이라는 명칭으로 판매되기도 한다.

## 잘 어울리는 재료와 조리 방법, 조리의 예

돼지고기 　 양고기 　 연근 　 버섯 　 산나물 　 물냉이

\ 추천 /
🥄 **밑간**

- 에스닉풍 무 피클
  (함께 넣어 절인다)
- 에스닉풍 돼지고기 볶음
  (밑간할 때 쓴다)

\ 추천 /
🍲 **가열**

- 삼겹살 조림
  (함께 넣고 조린다)
- 참프루
  (거의 다 볶았을 때 넣는다)

\ 추천 /
🍴 **마무리**

- 연근 꼬치구이
  (토핑)
- 오징어구이
  (토핑)

## 세계 각지에서 쓰이는 법

인도~
인도네시아

**일본: 참프루**
오키나와식 볶음 요리. 이 밖에도 오키나와 소바에 뿌려 먹는 등 테이블 소스로 쓰인다.

**인도: 니하리**
고기를 뼈째 푹 끓이는 인도 북부 지방의 커리.

## 저온 조리한 닭과 그린 페퍼 소스

차갑게 식힌 닭고기에 녹후추의 풍미를 가미해 산뜻한 맛을 냈다. 밑간할 때, 레몬타임으로 닭고기의 잡내를 제거하고, 양파로 감칠맛을 더했다.

### 🌿 재료(2~3인분)

- 🧅 양파 … 4분의 1개
- 닭다리살 … 1장(350g)
- 참외 … 2분의 1개

A
- ┌ 화이트와인 … 1큰술
- │ 🌿 레몬타임 생잎
- │     … 4줄기
- └ 소금 … 2분의 1작은술

B
- ┌ 🌶 굵게 간 녹후추
- │     … 1작은술
- │ 벌꿀 … 2큰술
- │ 소금 … 4분의 1작은술
- └ 화이트와인 … 80ml

### 🌿 만드는 법

① 양파는 얇게 썬다. 닭다리살은 힘줄을 제거한 후, 두께를 고르게 한다. 참외는 껍질을 벗기고 씨를 긁어낸 후, 5mm 너비로 얇게 썬다.

② 닭다리살과 양파를 A와 함께 비닐봉지 등에 넣고, 공기를 뺀 후 밀봉한다. 66℃에서 50분간 가열한 후, 봉지째 식힌다.

③ 작은 냄비에 B를 넣고 불에 올린다. 끓어오르면 불을 약불로 줄여 알코올을 날린 후, 양이 절반 정도로 줄면 볼 등에 옮겨 담아 식힌다.

④ 닭다리살을 5mm 두께로 썬 다음, 그릇에 참외와 번갈아 담은 뒤, ③을 뿌린다.

참외는 멜론과 비슷하지만 단맛은 그보다 덜한 과일이다. 참외가 없을 때는 프린스멜론처럼 단맛이 비교적 적은 멜론을 대신 사용한다. 레몬타임이 없을 때는 일반 타임을 대신 사용해도 된다. 닭다리살의 두께에 따라 저온 조리 시간을 조절한다.

## 백된장 화이트소스를 뿌린 죽순

죽순과 화이트소스의 달콤한 풍미를 육두구의 달콤한 향이 한
층 끌어올리고, 백후추의 순한 매운맛이 죽순의 섬세한 풍미를
가리지 않으면서도 맛을 돋운다.

 **재료(2~3인분)**
죽순 … 1개
버터 … 30g
박력분 … 1큰술
우유 … 5큰술
소금 … 한 꼬집
일본 백된장 … 1작은술
생크림 … 5큰술
 육두구 … 약간
 굵게 간 백후추 … 약간

 **만드는 법**
❶ 죽순은 미리 한 번 데쳐서 껍질을 벗긴 다음 얇게 썬다.
❷ 프라이팬에 버터를 담고 약불에 올린다. 버터가 녹기 시작
   하면 박력분을 넣고 잘 섞는다. 박력분을 섞으면서 우유를
   붓고, 백된장과 소금으로 간을 한 다음 생크림을 붓는다.
❸ 죽순을 그릇에 담고, ❷를 부은 다음, 육두구와 백후추를
   갈아서 뿌린다.

육두구는 향이 강하므로 그레이터나 강판 등에 살살 문
질러 곱게 간다. 백후추는 너무 곱게 갈면 파우더리한
향이 진해지므로 분쇄기 등을 이용해 조금 굵게 가는
것이 좋다.

## 페퍼 스테이크

두툼한 소고기에는 굵게 간 후추가 잘 어울린다. 버터와 흑후추
로 정통 프렌치 스타일의 풍미를 낸다.

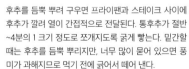 **재료(2인분)**
소고기 안심 … 200g
소금 … 3분의 1과 3분의 1작은술
 흑후추 … 1큰술
올리브유 … 1큰술
레드와인 … 60ml
버터 … 20g

**만드는 법**
❶ 소고기는 두툼하게 썰고, 소금 3분의 1작은술을 뿌린다.
❷ 흑후추는 절구에 굵게 빻는다. 소고기 표면에 흑후추를 묻
   히듯이 뿌린 다음, 그대로 30분 정도 둔다.
❸ 프라이팬에 올리브유를 둘러 강불에 올린다. 팬이 충분히
   달궈지면 ❷를 올린 뒤, 한쪽 면이 노릇하게 구워지면 반
   대쪽으로 뒤집는다.
❹ 레드와인과 소금 3분의 1작은술을 넣고 좀 더 가열한다.
   와인이 졸아들기 시작하면 버터를 넣어 소스에 윤기를 더
   한다. 스테이크에 붙어 있는 후추를 3분의 2 정도 긁어서
   떼어 낸 뒤, 접시에 옮겨 담고 남은 소스를 체에 걸러서 뿌
   린다.

후추를 듬뿍 뿌려 구우면 프라이팬과 스테이크 사이에
후추가 깔려 열이 간접적으로 전달된다. 통후추가 절반
~4분의 1 크기 정도로 쪼개지도록 굵게 빻는다. 밑간할
때는 후추를 듬뿍 뿌리지만, 너무 많이 묻어 있으면 풍
미가 과해지므로 먹기 전에 긁어서 떼어 낸다.

# 에스닉풍 실파 돼지고기 볶음

돼지고기와 파라는 평범한 조합에 롱 페퍼의 에스닉한 향을 가미해 개성 있는 요리를 탄생시켰다.

## 🌿 재료(2~3인분)
돼지 어깨살 … 200g
국간장 … 2분의 1작은술과 1큰술
요리술 … 1작은술과 2작은술

실파 … 2단
기름 … 2큰술
롱 페퍼 … 2분의 1개

## 🌿 만드는 법
❶ 돼지 어깨살은 먹기 좋은 크기로 얇게 썰고 간장 2분의 1작은술,
   요리술 1작은술을 넣어 밑간한다. 실파는 뿌리 부분을 잘라 내
   고, 5cm 길이로 큼직하게 썬다.

❷ 프라이팬에 기름을 둘러 강불에 올린다. 팬이 충분히 달궈지면
   돼지고기를 넣고 익어서 색이 변할 때까지 충분히 볶는다. 여기
   에 실파를 넣어 가볍게 섞은 다음, 간장 1큰술, 요리술 2작은술
   을 넣고 볶는다. 그릇에 옮겨 담고, 롱 페퍼를 갈아서 뿌린다.

롱 페퍼를 토핑으로 뿌리면 에스닉한 향이 올라온다. 밀기울
반죽을 구워 만든 '후(麩)' 등을 넣어 참푸르처럼 해 먹어도 맛
있다.

# 초피 계열 향신료 차트

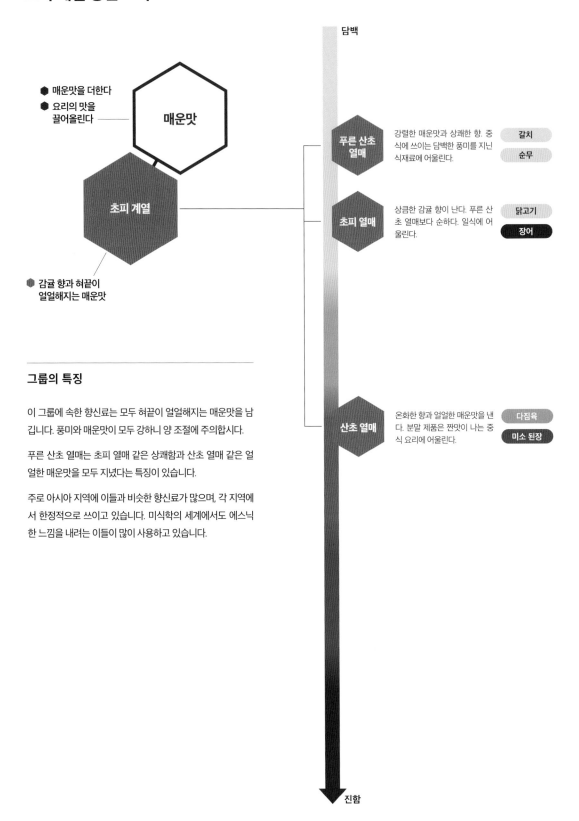

담백

● 매운맛을 더한다
● 요리의 맛을 끌어올린다 — 매운맛

초피 계열

● 감귤 향과 혀끝이 얼얼해지는 매운맛

**푸른 산초 열매**
강렬한 매운맛과 상쾌한 향. 중식에 쓰이는 담백한 풍미를 지닌 식재료에 어울린다.
갈치
순무

**초피 열매**
상큼한 감귤 향이 난다. 푸른 산초 열매보다 순하다. 일식에 어울린다.
닭고기
장어

**산초 열매**
온화한 향과 얼얼한 매운맛을 낸다. 분말 제품은 짠맛이 나는 중식 요리에 어울린다.
다짐육
미소 된장

진함

## 그룹의 특징

이 그룹에 속한 향신료는 모두 혀끝이 얼얼해지는 매운맛을 남깁니다. 풍미와 매운맛이 모두 강하니 양 조절에 주의합시다.

푸른 산초 열매는 초피 열매 같은 상쾌함과 산초 열매 같은 얼얼한 매운맛을 모두 지녔다는 특징이 있습니다.

주로 아시아 지역에 이들과 비슷한 향신료가 많으며, 각 지역에서 한정적으로 쓰이고 있습니다. 미식학의 세계에서도 에스닉한 느낌을 내려는 이들이 많이 사용하고 있습니다.

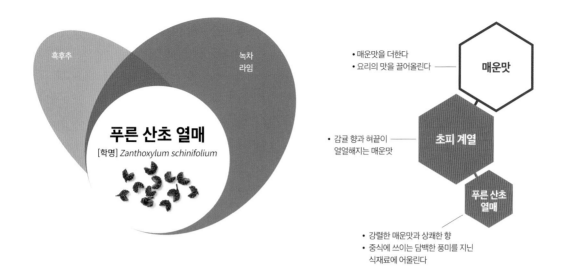

## 푸른 산초 열매

[학명] *Zanthoxylum schinifolium*

흑후추

녹차
라임

- 매운맛을 더한다
- 요리의 맛을 끌어올린다 ——— **매운맛**

- 감귤 향과 허끝이 ——— **초피 계열**
  얼얼해지는 매운맛

**푸른 산초
열매**

- 강렬한 매운맛과 상쾌한 향
- 중식에 쓰이는 담백한 풍미를 지닌
  식재료에 어울린다

 **말린 원형**
선명한 색을 띠는 것을 고른다.

 **말린 분말**
향이 날아가기 쉬우니 되도록 사용하
기 직전에 간다. 속껍질이 단단해서
전동 분쇄기를 이용하는 것이 좋다.

## 잘 어울리는 재료와 조리 방법, 조리의 예

오이 　 배추 　 갈치 　 넙치 　 순무

🥄 **밑간**

 중식 피클
(피클 용액에 함께 넣고 절인다)

 중식 달걀찜
(달걀찜에 넣는 흰살생선을 밑간할 때 쓴다)

추천
🍲 **가열**

 간 닭고기와 순무 볶음탕
(템퍼링해서 함께 끓인다)

 소고기 오이 볶음
(거의 다 볶았을 때 넣는다)

추천
🍴 **마무리**

 생선찜
(템퍼링 오일을 뿌린다)

 가리비 앙카케*
(토핑)

* 갈분, 설탕, 간장 등을 물에 풀어 만든 소스를 끼
얹은 요리-역주

## 세계 각지에서 쓰이는 법

중국

**중국 사천: 마라위**
고추와 푸른 산초 열매나 산초 열매를
넣어 생선을 조린 요리.

**중국 사천: 텅지아오유**
푸른 산초 열매의 향을 추출
한 기름. 편하게 쓸 수 있다.

사천 지역을 제외한 다른 지역에서는 잘 쓰
이지 않는다. 레스토랑에서 개발하는 새로운
창작 요리 등에 쓰인다.

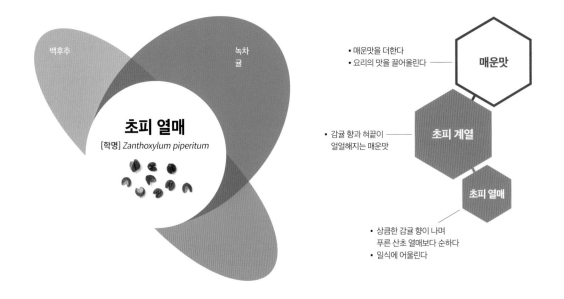

백후추

녹차
귤

## 초피 열매
[학명] *Zanthoxylum piperitum*

- 매운맛을 더한다
- 요리의 맛을 끌어올린다 — **매운맛**

- 감귤 향과 허끝이
얼얼해지는 매운맛 — **초피 계열**

**초피 열매**

- 상큼한 감귤 향이 나며
푸른 산초 열매보다 순하다
- 일식에 어울린다

**말린 원형**
아직 다 익지 않은 열매를 수확해서
건조한 것.

**말리지 않은 원형**
5~6월에 출하된다. 한 번 데친 후, 데
친 물을 따라 버려서 떫은맛을 제거
한 후에 사용한다.

**말린 분말**
슈퍼마켓 등에서 판매하지만, 저렴한
제품은 푸른 산초 열매 등으로 만든
것도 있다.

---

## 잘 어울리는 재료와 조리 방법, 조리의 예

닭고기   가다랑어 육수   간장   장어

🥄 **밑간**

순무 초피 열매 절임
(함께 절인다)

／추천＼
🍲 **가열**

고등어 미소 된장
(함께 끓인다)

소고기 초피 열매 조림
(함께 조린다)

／추천＼
🍴 **마무리**

아카다시*로 만든 된장 냉국
(토핑)

닭꼬치
(토핑)

＊공된장에 쌀된장과 소미료를 섞어 만드는 일본식 양
념 된장-역주

---

## 세계 각지에서 쓰이는 법

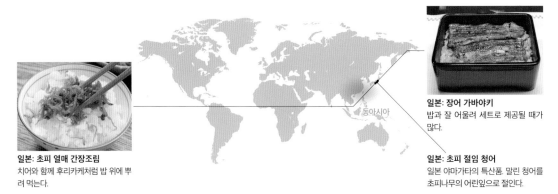

동아시아

**일본: 장어 가바야키**
밥과 잘 어울려 세트로 제공될 때가
많다.

**일본: 초피 열매 간장조림**
치어와 함께 후리카케처럼 밥 위에 뿌
려 먹는다.

**일본: 초피 절임 청어**
일본 야마가타의 특산품. 말린 청어를
초피나무의 어린잎으로 절인다.

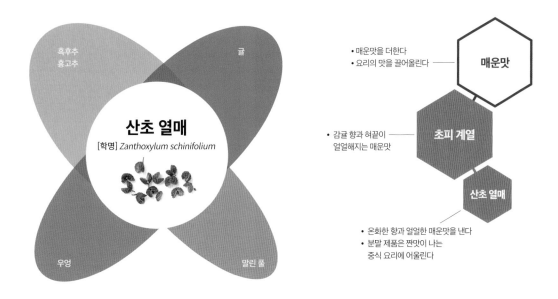

흑후추
홍고추

귤

# 산초 열매

[학명] *Zanthoxylum schinifolium*

우엉

말린 풀

• 매운맛을 더한다
• 요리의 맛을 끌어올린다 ── **매운맛**

• 감귤 향과 혀끝이
 얼얼해지는 매운맛 ── **초피 계열**

**산초 열매**

• 온화한 향과 얼얼한 매운맛을 낸다
• 분말 제품은 짠맛이 나는
 중식 요리에 어울린다

**말린 원형**
얼얼할 정도로 매운맛을 내는 것이
특징이다. 사천식 '마라' 요리에 어울
린다.

**말린 분말**
소량만 넣어도 요리에 '중식' 느낌이
가미된다. 짠맛이 나는 요리에 잘 어
울린다.

## 잘 어울리는 재료와 조리 방법, 조리의 예

소금　　돼지고기　　다짐육　　간장　　가지　　양고기　　소고기　　미소 된장

＼ 추천 ／
**밑간**

완탕
(소에 넣는다)

중식 새우볶음
(밑간할 때 뿌린다)

＼ 추천 ／
**가열**

피망 미소 된장 볶음
(템퍼링해서 함께 볶는다)

팔보채
(거의 다 볶았을 때 넣는다)

＼ 추천 ／
**마무리**

커우수이지
(템퍼링 오일을 뿌린다)

파를 얹은 비빔 소바
(토핑)

## 세계 각지에서 쓰이는 법

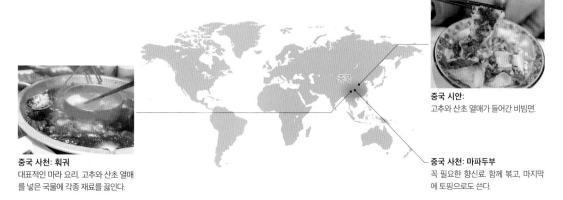

**중국 시안:**
고추와 산초 열매가 들어간 비빔면.

**중국 사천: 훠궈**
대표적인 마라 요리. 고추와 산초 열매
를 넣은 국물에 각종 재료를 끓인다.

**중국 사천: 마파두부**
꼭 필요한 향신료. 함께 볶고, 마지막
에 토핑으로도 쓴다.

## 푸른 산초 열매를 넣은 무 피클

절여서 바로 먹으면 은은한 향이 느껴지고, 하루 뒤에 먹으면 푸른 산초 열매의 풍미가 진하게 느껴진다. 중식을 연상시키는 향이 가미되지만, 산초보다 상쾌한 향이 난다.

 **재료(2~3인분)**
무 … 4분의 1개
소금 … 3분의 1작은술
설탕 … 1작은술
식초 … 1큰술
● 푸른 산초 열매 … 2분의 1작은술

 **만드는 법**
❶ 무는 길이는 그대로 유지한 채 폭 1cm, 두께 7mm~1cm의 직사각형 형태로 자른다. 자른 무에 소금을 뿌려 비닐봉지에 담아 10분 정도 절인다.
❷ ①의 숨이 죽으면 설탕, 식초, 푸른 산초 열매를 넣고 잘 섞은 다음, 봉지의 공기를 뺀 후 밀봉해 냉장고에 1시간~하루 정도 둔다.

## 초피 열매의 풍미를 더한
## 닭고기 라구 파스타

화이트와인과 올리브유를 넣은 파스타에 초피 열매와 간장을 더해 일식과 양식이 섞인 퓨전 요리를 만들었다. 초피 열매와 오이로 여름에 어울리는 산뜻한 풍미를 냈다.

 **재료(2~3인분)**
● 마늘 … 2분의 1쪽
● 생강 … 2분의 1조각
오이 … 2분의 1개
올리브유 … 2큰술
닭다리살 다짐육 … 200g
소금 … 4분의 1작은술과 1큰술
화이트와인 … 2큰술
국간장 … 1작은술
파스타(1.6mm) … 160g
● 초피 열매 분말 … 2분의 1작은술

 **만드는 법**
❶ 마늘, 껍질을 벗긴 생강, 오이를 각각 다진다.
❷ 프라이팬에 올리브유, 마늘, 생강을 넣어 중불에 올린다. 거품이 부글부글 일기 시작하면 닭고기를 넣고 잘 풀면서 볶는다  고기가 익으면 소금 4분의 1작은술, 화이트와인, 간장을 넣고 골고루 섞는다.
❸ 냄비에 물 2L와 소금 1큰술을 넣어 강불에 올린다. 물이 끓어오르면 파스타를 넣고 심이 거의 사라질 때까지 삶은 다음, ❷의 프라이팬에 넣는다. 여기에 오이를 넣어 가볍게 버무린 뒤, 그릇에 옮겨 담고 초피 열매 분말을 뿌린다.

봉지 안의 공기를 완전히 뺀 상태에서 절여야 무가 적은 조미료로도 충분히 절여진다. 절이는 시간이 길어질수록 향이 더 잘 배므로 절이는 시간에 따라 푸른 산초 열매의 양을 조절한다.

오이는 많이 넣지 말고 파스타에 포인트를 줄 정도만 넣는다. 초피 열매 분말은 취향껏 양을 조절한다.

## 산초 열매와 땅콩 된장을 올린 주먹밥

산초의 매운맛과 상쾌한 풍미로 땅콩과 단맛을 더한 미소 된장의 맛을 한층 끌어올려 쉽게 질리지 않는 맛을 냈다.

###  재료(만들기 쉬운 분량)
땅콩 … 30g
 산초 열매 … 1작은술
┌ 이나카 미소 … 3큰술
A 설탕 … 2큰술
└ 미림 … 1큰술
소금 주먹밥 … 적당량

### 만드는 법
❶ 땅콩은 식칼 등으로 굵게 다진다.
❷ 산초 열매를 작은 냄비에 담아 약불에 올린다. 살짝 볶아 표면이 마르면 절구에 넣고 입자 크기가 2~3mm 정도가 되게 굵게 빻는다.
❸ 냄비에 A와 ①을 넣고, 중불에서 익힌다. 설탕이 녹아 윤기가 생기면 ②를 첨가한 후, 볼에 담는다.
❹ 소금 주먹밥에 ③을 올리고, 된장 표면을 토치로 살짝 그을린다.

땅콩은 입자의 크기가 5mm부터 가루 형태까지 다양해야 단맛과 땅콩의 풍미를 모두 살린 복합적인 맛이 난다. 산초 열매는 한 번 볶아야 더 잘 빻아지고, 굵게 빻아야 후추처럼 강한 풍미를 낸다.

# 와사비 계열 향신료 차트

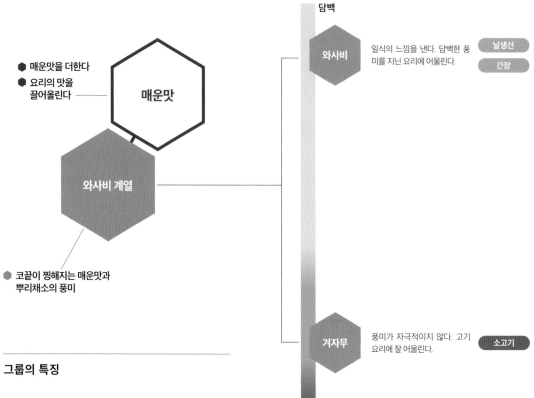

- 매운맛을 더한다
- 요리의 맛을 끌어올린다

**매운맛**

**와사비 계열**

- 코끝이 찡해지는 매운맛과 뿌리채소의 풍미

담백

**와사비** — 일식의 느낌을 낸다. 담백한 풍미를 지닌 요리에 어울린다.  `날생선`  `간장`

**겨자무** — 풍미가 자극적이지 않다. 고기 요리에 잘 어울린다.  `소고기`

진함

## 그룹의 특징

코끝이 찡해지는 매운맛을 지닌 것이 특징입니다. 가열하면 향이 쉽게 날아가므로 마무리 단계에 쓰거나 토핑으로 이용하는 것이 좋습니다.

기본적으로 와사비는 일식의 느낌을 내며 생선에 잘 어울리고, 겨자무는 양식 느낌을 내며 고기에 잘 어울립니다. 하지만 이러한 고정관념에 얽매이지 말고, 풋풋하고 상쾌한 풍미를 내고 싶을 때는 와사비, 우엉 같은 뿌리채소의 풍미를 내고 싶을 때는 겨자무처럼 취향이나 요리의 방향성에 따라 구분해서 사용하는 것이 좋습니다.

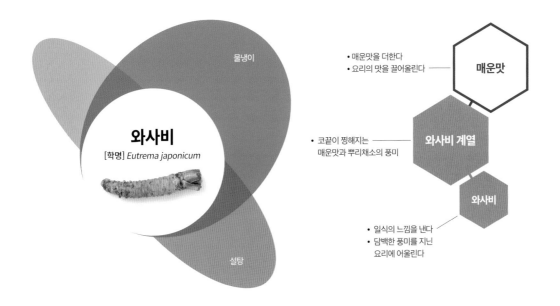

물냉이

## 와사비
[학명] *Eutrema japonicum*

설탕

• 매운맛을 더한다
• 요리의 맛을 끌어올린다 —— **매운맛**

• 코끝이 찡해지는 —— **와사비 계열**
  매운맛과 뿌리채소의 풍미

**와사비**

• 일식의 느낌을 낸다
• 담백한 풍미를 지닌
  요리에 어울린다

---

**말리지 않은 원형**
거뭇거뭇하지 않고 묵직한 것을 고르
는 것이 좋다.

**생 향신료를 간 것**
상어 가죽처럼 가슬가슬해서 곱게 갈
리는 강판을 사용하면 좋다.

**와사비 가루, 와사비 튜브**
겨자무나 겨자 등을 섞어 가공한 제품. 쓰기 편하다.

---

## 잘 어울리는 재료와 조리 방법, 조리의 예

`소금 맛`　`김`　`날생선`　`간장`

**밑간**

 참치 절임
(절임용 간장에 섞는다)

 참마 간장 절임
(절임용 간장에 섞는다)

**가열**

가열하면 풍미가 날아가 버리므로 적합하지 않다.

추천 /

**마무리**

 와사비 드레싱
(간장을 베이스로 한 드레싱에 섞는다)

 일식풍 카르파초
(양념에 섞는다)

 와사비 밥
(밥 위에 토핑)

---

## 세계 각지에서 쓰이는 법

일본

**일본: 닭가슴살 꼬치**
담백한 닭가슴살에 소금을 뿌려 굽는
것이 대표적이다.

**일본: 와사비 잎 간장 절임**
봄~초여름의 향을 느낄 수 있는 절임.

**일본: 초밥**
초밥에 꼭 필요한 재료. 밥과 초밥 재
료 사이에 간 와사비를 넣는다.

**일본: 와사비 절임**
술지게미와 와사비 잎을 넣은 절임.

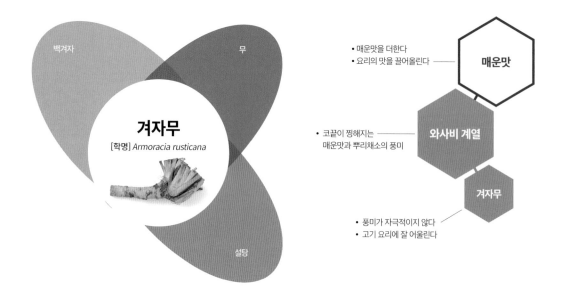

백겨자    무

## 겨자무
[학명] *Armoracia rusticana*

설탕

- 매운맛을 더한다
- 요리의 맛을 끌어올린다 ── **매운맛**

- 코끝이 찡해지는 ── **와사비 계열**
  매운맛과 뿌리채소의 풍미

- 풍미가 자극적이지 않다 ── **겨자무**
- 고기 요리에 잘 어울린다

**말리지 않은 원형**
홀스래디시라고도 한다. 묵직한 것을 고른다.

**생 향신료를 간 것**
상어 가죽처럼 가슬가슬해서 곱게 갈리는 강판을 사용하면 좋다.

## 잘 어울리는 재료와 조리 방법, 조리의 예

무    소고기    오리고기

 **밑간**

 소고기 다타키
(절임액에 섞는다)

 비트 마리네이드
(마리네이드 용액에 섞는다)

**가열**

가열하면 풍미가 날아가 버리므로 적합하지 않다.

추천
 **마무리**

 소고기 커틀릿
(소스에 섞는다)

 로스트비프
(소스에 섞는다)

## 세계 각지에서 쓰이는 법

**북유럽**
연어나 진주담치 요리의 소스에 쓰인다.

**스웨덴: 스테이크 타르타르**
비트와 함께 곁들여질 때가 많다.

유럽 서부
아시아 동부

**영국: 로스트비프**
그대로 곁들여지거나 크림을 섞은 소스에 쓰일 때가 많다.

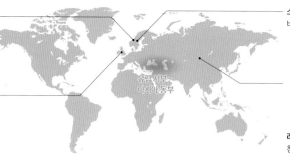

**러시아: 모피 코트를 입은 청어**
청어를 깔고, 그 위에 감자, 양파, 비트, 당근 등을 층층이 쌓은 샐러드. 풍미를 내는 용도로 쓰인다.

## 와사비와 케이퍼로 풍미를 더한
## 생선회 절임

생선회에 와사비와 간장으로 먼저 기본적인 맛을 낸 뒤, 케이퍼와 오렌지, 양파를 넣어 이탈리아풍의 맛을 첨가한다.

 **재료(2~3인분)**

잿방어(횟감용) … 100g
● 양파 … 12분의 1개
● 케이퍼 초절임 … 2작은술
○ 오렌지 … 8분의 1개
● 와사비(간 상태에서) … 2분의 1작은술
국간장 … 2작은술

 **만드는 법**

❶ 잿방어는 회로 먹기 좋은 크기로 썬다. 양파는 잘게 다져 물에 담그고, 케이퍼도 잘게 다진다.
❷ 볼에 오렌지 과즙을 짠 다음, 오렌지 껍질을 갈아 넣는다. 여기에 물기를 뺀 양파와 케이퍼, 와사비, 간장을 넣고 섞는다.
❸ ②에 잿방어를 넣어 1분 정도 절인다.

와사비는 개체에 따라 풍미나 매운맛의 정도가 차이 나므로 맛을 보면서 양을 조절한다. 케이퍼는 국물을 뺀 케이퍼만 2작은술을 넣는다. 잿방어 대신 방어나 마래미(새끼 방어) 등을 써도 맛있다.

## 로스트비프와 겨자무

겨자무의 상쾌한 매운맛이 소고기의 풍미를 끌어올린다. 양식인 로스트비프와 겨자무에 일식에서 쓰는 간장 같은 조미료를 첨가하면 색다른 퓨전 요리가 된다.

 **재료(만들기 쉬운 분량)**

소 넓적다리살(덩어리) … 500g
소금 … 1작은술
● 양파 … 2분의 1개
● 겨자무 … 1개
기름 … 적당량
국간장 … 2큰술
미림 … 1과 2분의 1큰술

 **만드는 법**

❶ 소고기는 소금을 뿌린 다음, 키친타월로 감싸 하룻밤 동안 냉장고에 넣어 둔다. 조리하기 전에 실온에 꺼내 놓는다. 양파는 결대로 얇게 썰어 물에 담근다. 겨자무는 껍질을 벗겨 간다.
❷ 프라이팬에 기름을 얇게 둘러 강불에 올린다. 고기 표면을 각각 1~2분간 구워 모든 면이 구워지면 고기를 건져 낸다. 알루미늄 포일을 구겨 주름을 낸 다음, 다시 펴서 고기를 두 겹으로 감싼 뒤, 불에서 내린 프라이팬 위에 올리고 가끔 뒤집어 가며 30분 정도 뜸을 들인다.
❸ 프라이팬을 그대로 약불에 올린 다음, 포일에 싸인 채로 각 면을 1~2분간 굽는다. 모든 면이 구워지면 건져 내 포일을 벗기지 않고 그 상태에서 상온에 30분 정도 두며 뜸을 들인다.
❹ 알루미늄 포일을 벗겨 고기를 얇게 썬 다음, 간장과 미림을 섞은 양념에 담갔다 빼서 접시에 담는다. 물기를 뺀 양파와 겨자무를 그 위에 올린다.

겨자무를 듬뿍 올리면 고명 역할까지 한다. 폰즈보다는 간장과 미림을 섞은 달콤한 양념이 소고기의 단맛을 더 돋보이게 한다.

# 겨자 계열 향신료 차트

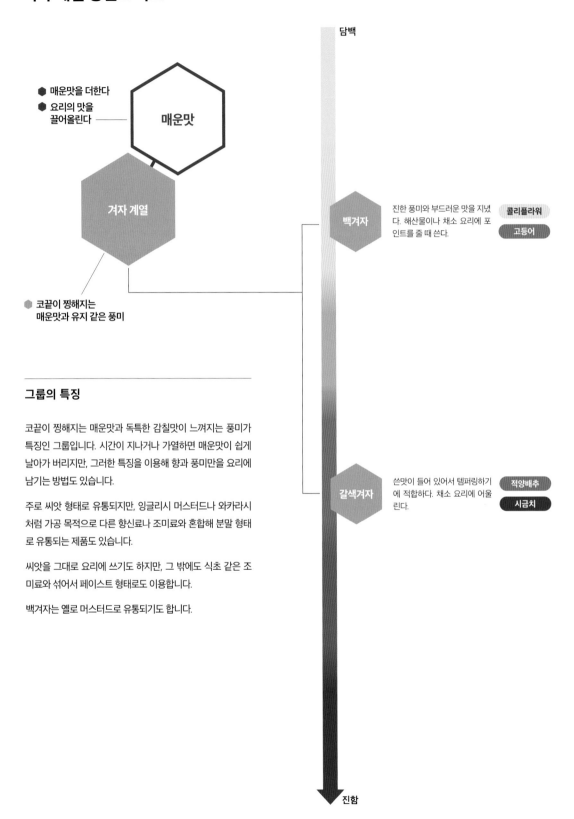

담백

● 매운맛을 더한다
● 요리의 맛을 끌어올린다

**매운맛**

**겨자 계열**

● 코끝이 찡해지는 매운맛과 유지 같은 풍미

**백겨자**
진한 풍미와 부드러운 맛을 지녔다. 해산물이나 채소 요리에 포인트를 줄 때 쓴다.
콜리플라워
고등어

**갈색겨자**
쓴맛이 들어 있어서 템퍼링하기에 적합하다. 채소 요리에 어울린다.
적양배추
시금치

진함

## 그룹의 특징

코끝이 찡해지는 매운맛과 독특한 감칠맛이 느껴지는 풍미가 특징인 그룹입니다. 시간이 지나거나 가열하면 매운맛이 쉽게 날아가 버리지만, 그러한 특징을 이용해 향과 풍미만을 요리에 남기는 방법도 있습니다.

주로 씨앗 형태로 유통되지만, 잉글리시 머스터드나 와카라시처럼 가공 목적으로 다른 향신료나 조미료와 혼합해 분말 형태로 유통되는 제품도 있습니다.

씨앗을 그대로 요리에 쓰기도 하지만, 그 밖에도 식초 같은 조미료와 섞어서 페이스트 형태로도 이용합니다.

백겨자는 옐로 머스터드로 유통되기도 합니다.

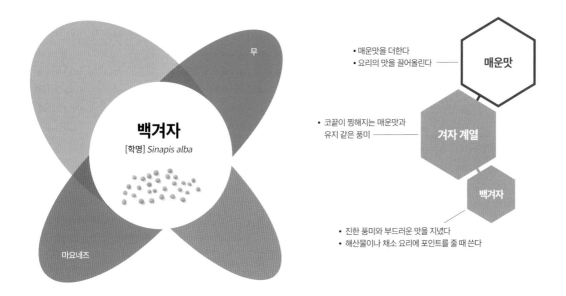

**백겨자**

[학명] *Sinapis alba*

매운맛
• 매운맛을 더한다
• 요리의 맛을 끌어올린다

겨자 계열
• 코끝이 찡해지는 매운맛과 유지 같은 풍미

백겨자
• 진한 풍미와 부드러운 맛을 지녔다
• 해산물이나 채소 요리에 포인트를 줄 때 쓴다

무

마요네즈

 **말린 씨앗**
단단해서 식초에 절이거나 템퍼링해서 쓴다.

 **말린 분말**
쓴맛이 들어 있지만, 조미 식초에 개어서 머스터드 소스를 만든다.

## 잘 어울리는 재료와 조리 방법, 조리의 예

양배추　콜리플라워　닭고기　고등어　청어

＼추천／
🥄 **밑간**

피클
(피클 용액에 함께 절인다)

잿방어 절임
(절임액에 섞는다)

＼추천／
🍲 **가열**

양배추 화이트와인 조림
(함께 가열한다)

고등어 머스터드 구이
(디종 머스터드를 듬뿍 발라 굽는다)

＼추천／
🍴 **마무리**

콜리플라워 겨자 소스 무침
(초절임을 버무린다)

시금치 참깨 소스 무침
(양념에 섞는다)

## 세계 각지에서 쓰이는 법

**유럽~미국: 피클링 스파이스**
대표적인 피클용 향신료. 어떤 재료에나 잘 어울린다.

유럽 남부~
서아시아

**인도 벵골: 망고 머스터드**
푸른 망고와 겨자, 고추 등을 넣은 페이스트로, 망고를 절인다.

**프랑스: 토끼고기 겨자 소스구이**
닭고기 등도 같은 방법으로 만든다.

**인도: 피시 커리**
겨자를 물에 불려 부드럽게 만든 뒤, 페이스트로 만들어 사용한다.

**인도: 아차르**
채소 절임에 함께 넣어 절인다.

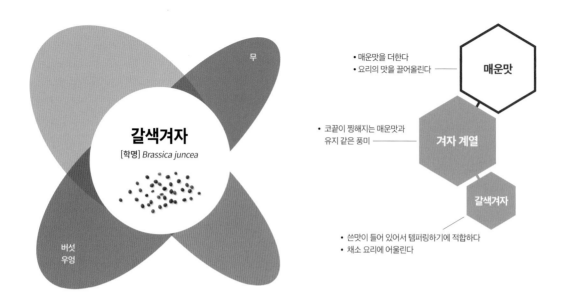

**갈색겨자**

[학명] *Brassica juncea*

무

버섯
우엉

• 매운맛을 더한다
• 요리의 맛을 끌어올린다 ── **매운맛**

• 코끝이 찡해지는 매운맛과
유지 같은 풍미 ── **겨자 계열**

**갈색겨자**

• 쓴맛이 들어 있어서 템퍼링하기에 적합하다
• 채소 요리에 어울린다

**말린 씨앗**
단단하고 쓴맛이 난다. 다른 향신료
와 함께 템퍼링해서 사용하면 좋다.

말린 분말은 쓴맛이 강해 단독으로 쓰기 어렵다. 백겨
자와 섞어서 사용한다.

## 잘 어울리는 재료와 조리 방법, 조리의 예

 당근    적양배추    시금치   쑥갓

\ 추천 /
 **밑간**

 당근 튀김
(튀김옷에 섞는다)

\ 추천 /
 **가열**

 감자 사브지
(템퍼링해서 함께 볶는다)

 매콤한 치킨 가라아게
(다른 향신료와 함께 템퍼링한 후, 양념에 섞
어 버무린다)

\ 추천 /
 **마무리**

 당근 포타주
(템퍼링해서 올린다)

 쑥갓무침
(템퍼링해서 버무린다)

## 세계 각지에서 쓰이는 법

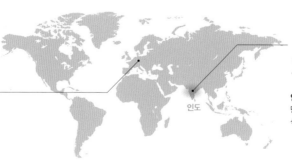

인도

**인도: 판치 포론**
단독으로 쓰기보다는 다른 향신료와
섞어 쓸 때가 많다.

**독일: 겨자씨 소스**
유럽 각지에서 생산된다. 갈색겨자만
단독으로 사용하면 쓰기 때문에 백겨
자와 섞어서 만든다.

## 완두순 겨자 참깨 무침

참깨는 즉석에서 빻아 넣어야 강한 향으로 완두순의 풋내를 가려 준다. 참깨의 기름 성분이 겨자를 누그러뜨려 맛이 순해진다.

### 🪷 재료(3~4인분)
완두순 … 2봉지
A ┌ ● 백겨자 … 2분의 1작은술
 ├ 참깨 … 1큰술
 ├ 국간장 … 2분의 1작은술
 └ 일본 백된장 … 1작은술

### 🪷 만드는 법
❶ 완두순은 뿌리 부분을 잘라 낸 후 절반 길이로 자른다. 끓는 물에 살짝 데치고 찬물에 담갔다가 빼서 물기를 꽉 짠다.
❷ 백겨자와 참깨는 전동 분쇄기 등으로 반쯤 간다.
❸ A를 섞어 양념을 만든 다음, 완두순을 버무린다.

## 겨자와 허브를 얹은 블리니

향신료를 볶아서 매운맛을 누그러뜨리고, 고소한 풍미를 끌어올려 단조로운 샐러드에 개성을 더했다. 블랙 커민 씨앗의 독특한 풍미와 간장을 혼합해 퓨전 요리의 느낌을 냈다.

### 🪷 재료(만들기 쉬운 분량)
A ┌ 박력분 … 100g
 ├ 베이킹파우더 … 3분의 1작은술
 ├ 우유 … 150ml
 ├ 소금 … 한 꼬집
 └ 설탕 … 1작은술
기름 … 적당량
샐러드용 잎상추 … 2분의 1포기
● 푸른 차조기 … 10장
● 양파 … 12분의 1개

B ┌ ● 블랙 커민 씨앗 … 4분의 1작은술
 └ ● 갈색겨자 … 4분의 1작은술
기름 … 1큰술
C ┌ 설탕 … 1작은술
 ├ 국간장 … 2작은술
 └ 식초 … 1작은술
그릭 요거트 … 100g

### 🪷 만드는 법
❶ 블리니 반죽을 만든다. A를 볼에 담아 잘 섞는다. 프라이팬에 기름을 얇게 두르고, 반죽을 1큰술 떠서 5cm 지름으로 얇게 편다. 반죽이 익으면 뒤집어서 반대쪽 면도 잘 구워 건진다.
❷ 볼에 샐러드용 잎상추, 얇게 썬 양파, 푸른 차조기를 찢어 넣는다.
❸ 작은 냄비에 B를 담아 약불에 올린다. 겨자가 튀어 오르기 시작하면 ❷에 골고루 뿌린다. 여기에 잘 섞은 C를 넣고 다시 버무린다.
❹ ❶의 반죽에 그릭 요거트를 바르고, ❸을 올린다.

완두순 대신 소송채나 시금치를 써도 된다. 일본 백된장이 없을 때는 이나카 미소에 설탕을 소량 첨가해 써도 된다. 분쇄기가 없을 때는 겨자 분말을 사용해도 되지만, 매운맛이 나기 쉬우므로 양을 잘 조절해야 한다.

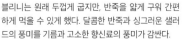

블리니는 원래 두껍게 굽지만, 반죽을 얇게 구워 간편하게 먹을 수 있게 했다. 달콤한 반죽과 싱그러운 샐러드의 풍미를 기름과 고소한 향신료의 풍미가 감싼다.

*Column 07* │ **수제 겨자씨 소스 만드는 법**

병조림이나 튜브에 든 제품이 쓰기 편하지만, 직접 만들어서 쓰면 차원이 다른 향을 느낄 수 있습니다.

### 🪷 재료
- **겨자씨 … 50g**
  - ┌ 소금 … 7g
  - │ 설탕 … 35g
  - └ 식초 … 100ml

\* 갈색겨자는 쓴맛이 나므로 전체 분량의 5분의 1을 넘지 않도록 한다.

### 🪷 만드는 법
모든 재료를 보존 용기에 넣고 잘 섞은 다음, 상온(여름철에는 냉장고)에서 가끔 저어 가면서 2~3일간 둔다.

**A. 갈아서 절이는 방법**

겨자씨를 굵게 간 다음 절인다. 수분을 빠르게 흡수하기 때문에 급히 만들어야 할 때 이용하기 좋은 방법이다. 전동 분쇄기를 이용하면 더 간편하다.

**B. 볼에 절이는 방법**

겨자씨를 그대로 절임액에 절인다. 2~3일 정도 지나면 겨자씨가 부드러워져서 톡톡 터지는 식감을 느낄 수 있다.

**C. 볼에 절인 후 가는 방법**

완성된 B를 푸드 프로세서에 갈거나 절구로 빻는다. 원하는 질감이 나오면 완성이다.

---

## 겨자씨 소스를 넣은 해물덮밥

겨자의 매운맛과 상쾌한 향이 생선 비린내를 잡아 주어 요리의 맛을 한층 더 끌어올린다. 수제 겨자씨 소스에서만 느낄 수 있는 각별한 향이 잘 사는 요리다. 고명으로 파슬리를 얹어 양식 느낌이 가미된 퓨전 요리로 만들었다. 파슬리꽃을 사용해 화려한 느낌을 주었다.

파슬리꽃이 없을 때는 잘게 다진 파슬리를 소량 뿌린다.
일식 스타일로 바꾸고 싶을 때는 일식에 고명으로 많이
쓰이는 차조기나 생강 등을 잘게 썰어 올리면 좋다. 또
고수잎을 넣으면 좀 더 에스닉한 느낌을 낼 수 있다.

### 🪷 재료(3~4인분)
횟감용 생선(도미, 참치 등)
… 150g 정도
- ┌ **수제 겨자씨 소스**
  - **… 1작은술**
- A │ 국간장 … 2작은술
- └ 미림 … 1작은술

밥 … 450g
- ┌ 소금 … 2분의 1작은술
- B │ 설탕 … 1과 2분의 1큰술
- └ 식초 … 1큰술

● 파슬리꽃 … 적당량

### 🪷 만드는 법
❶ 횟감용 생선은 먹기 좋은 크기로 썬 다음, 골고루 섞은 A에 절인다.
❷ 고슬고슬하게 지은 밥에 B를 넣고, 주걱을 이용해 밥을 자르듯이 섞는다. 한 김 식힌 뒤, 그릇에 담는다.
❸ ②에 ①을 얹은 다음 파슬리꽃을 뿌린다.

## *Column 08* │ 세계 각국의 겨자 소스

이미 1세기 로마 시대 때부터 식초나 견과류를 섞어 소스로 활용되어 온 겨자. 지금은 간편하게 쓸 수 있는 다양한 겨자 소스 제품이 세계 각국에서 출시되어 사람들의 식탁 위에 오르고 있습니다.

### 프랑스

겨자씨 소스의 원료 중 하나인 와인 비니거를 구하기 쉬운 와인 산지에서 겨자씨 소스가 발전했다. 허브나 블랙커런트 등 다양한 향이 첨가된 제품도 판매되고 있다.

#### ✽ 디종 머스터드

겨자씨를 부드럽게 갈아 강한 매운맛을 내는 겨자씨 소스다. 그중에서도 부르고뉴 머스터드라는 명칭이 붙은 제품은 모두 부르고뉴산 겨자씨와 비니거를 사용한다.

#### ✽ 무타르드 비올레트(Moutarde violette)

포도즙을 첨가한 자주색 겨자씨 소스 피나 내장을 넣은 소시지에 곁들여 먹는다.

#### ✽ 블랙커런트 머스터드

블랙커런트 향이 첨가된 겨자씨 소스 고기 요리에 잘 어울린다.

### 독일

소시지나 고기 요리에 곁들이는 조미료로 겨자씨 소스가 빠지지 않는다.

#### ✽ 뒤셀도르프 머스터드

디종 타입으로, 갈색겨자도 섞어서 간다. 단맛은 적은 편이다.

#### ✽ 바이에른 머스터드

일본에 알려진 '겨자씨 머스터드 소스'에 가까우며, 겨자씨가 반쯤 갈려 있다. 단맛이 나는 것이 특징이다.

### 영국

강황으로 색을 낸 겨자 분말이나 여기에 물을 첨가해서 페이스트 상태로 만든 제품이 주로 쓰인다. 영국은 와인 산지가 아닌 탓에 비니거가 거의 들어가지 않는다.

### 미국

강황으로 노란색을 입힌 페이스트 상태의 겨자 소스가 주로 쓰인다.

### 일본

분말 형태의 '와카라시'를 미지근한 물에 개어 페이스트 상태로 만들어 사용한다. 어묵이나 식초 된장무침 등에 곁들여 먹는다.

---

## 참치와 브로콜리 새싹의 블랙커런트 머스터드 무침

흔한 재료에 상큼한 블랙커런트 머스터드 소스를 더해 화려한 맛을 냈다.

#### 🌿 재료(2~3인분)

브로콜리 새싹 … 2팩
● 파슬리 … 4~5줄기
● 양파 … 8분의 1개
● 블랙커런트 머스터드
 … 1작은술
국간장 … 2분의 1작은술
설탕 … 2분의 1작은술
참치캔 … 2분의 1캔

#### 🌿 만드는 법

❶ 브로콜리 새싹은 밑부분을 잘라 낸 후, 가볍게 헹군다. 파슬리는 잎 부분을 큼직하게 썬다. 양파는 결대로 얇게 썬다. 전부 찬물에 담갔다 건져서 가볍게 섞는다.

❷ 볼에 블랙커런트 머스터드, 간장, 설탕을 넣고 잘 섞는다. 물기를 뺀 ❶과 참치를 넣어 골고루 버무린다.

버무리고 나면 점점 숨이 죽어 버리므로 먹기 직전에 버무린다. 일반 머스터드 소스를 사용할 때는 설탕의 양을 줄이고, 블랙커런트나 딸기잼 등을 소량 섞으면 좋다. 파슬리는 큼직하게 썰어 산뜻한 풍미를 즐긴다.

# 감칠맛 향신료

# 감칠맛을 내는
# 향신료 매트릭스

● **잡내 제거** …… 식재료와 함께 가열하면 식재료의 단백질과 반응해 화학적으로 잡내를 제거한다

● **감칠맛 보강** …… 가열하면 특유의 감칠맛과 단맛이 요리의 감칠맛을 한층 끌어올린다

\* 가열하기 전에는 매운맛을 느끼게 하는 풍미가 있어 매운맛 향신료에 가까운 역할을 한다.

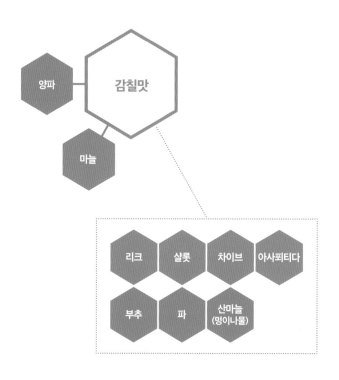

# 감칠맛 향신료 차트

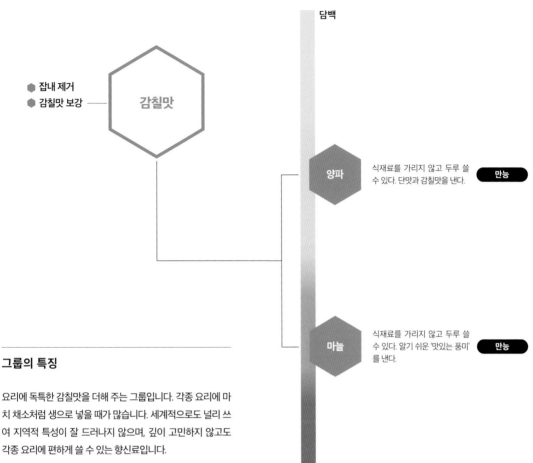

● 잡내 제거
⬡ 감칠맛 보강 ─── 감칠맛

담백

양파 — 식재료를 가리지 않고 두루 쓸 수 있다. 단맛과 감칠맛을 낸다. **만능**

마늘 — 식재료를 가리지 않고 두루 쓸 수 있다. 알기 쉬운 '맛있는 풍미'를 낸다. **만능**

진함

## 그룹의 특징

요리에 독특한 감칠맛을 더해 주는 그룹입니다. 각종 요리에 마치 채소처럼 생으로 넣을 때가 많습니다. 세계적으로도 널리 쓰여 지역적 특성이 잘 드러나지 않으며, 깊이 고민하지 않고도 각종 요리에 편하게 쓸 수 있는 향신료입니다.

신선한 상태에서는 매운맛 성분이 함유되어 있는데, 이를 식재료와 함께 가열하면 식재료의 잡내를 화학적으로 제거해 줍니다. 생 향신료를 그대로 건조해서 만든 분말 제품도 비슷한 효과를 기대할 수 있습니다. 하지만 향신료를 구운 뒤에 건조해서 만드는 분말 제품도 있으므로 두 제품의 차이를 알아 두는 것이 중요합니다.

가늘게 썰수록 파나 마늘 냄새가 잘 남기 때문에 큼직하게 썰어서 단맛이나 감칠맛만 남길 수도 있습니다.

피망

# 양파

[학명] *Allium cepa*

마요네즈

말린 풀
미림

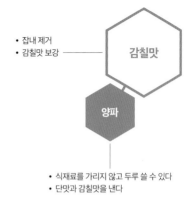

- 잡내 제거
- 감칠맛 보강 ── 감칠맛

양파

- 식재료를 가리지 않고 두루 쓸 수 있다
- 단맛과 감칠맛을 낸다

 **말리지 않은 원형**
각종 요리에 채소처럼
생으로 또는 가열해서
쓰인다.

 **잘게 썬 생 향신료**
볶아서 단맛을 끌어내
기에는 갈기보다 잘게
다지는 것이 좋다.

 **생 향신료를 간 것**
다른 향신료나 조미료
와 섞어서 페이스트
상태로 만들어 쓴다.

 **말린 분말**
혼합 향신료나 시즈닝
에 많이 쓰여 감칠맛
을 보강한다.

## 잘 어울리는 재료와 조리 방법, 조리의 예

**만능**

＼ 추천 ／
 **밑간**

 치킨 가라아게
(밑간할 때)

 태국풍 생선구이
(다른 향신료와 섞어 만든 페이스트를 밑간
할 때 쓴다)

＼ 추천 ／
**가열**

인도 커리
(다른 향신료와 섞어 페이스트 상태로 만들
어 함께 끓인다)

이 밖에도 채소처럼 함께 넣고 조려 요리에 단맛과
감칠맛을 더한다.

＼ 추천 ／
**마무리**

 샐러드
(얇게 썰어 섞는다)

 난반즈케
(얇게 썰어 양념에 섞어 버무린다)

## 세계 각지에서 쓰이는 법

**미국**
말린 분말을 간편한 시즈닝에 많이 사
용한다.

서아시아~
중앙아시아

**중동**
구운 고기에 얇게 썰어 곁들인다. 고
명으로도 쓰인다.

**유럽**
조림 요리에 볶은 양파를 넣어 감칠맛
과 단맛을 첨가한다.

**인도**
커리에 곁들인다. 생으로 먹거나 피클
로 만들어 먹는다.

# 마늘
[학명] *Allium sativum*

파

우엉
마요네즈

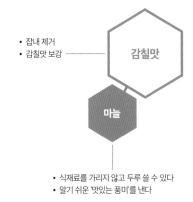

감칠맛

마늘

- 잡내 제거
- 감칠맛 보강

- 식재료를 가리지 않고 두루 쓸 수 있다
- 알기 쉬운 '맛있는 풍미'를 낸다

---

**말리지 않은 원형**
가열하면 단맛과 감칠맛이 증가한다. 생마늘은 매운맛이 난다.

**잘게 썬 생 향신료**
잘게 다질수록 마늘 냄새가 강하게 난다.

**생 향신료를 간 것**
다른 향신료나 조미료와 섞어서 페이스트로 만들어 쓴다.

**말린 분말**
양파 분말처럼 시즈닝에 감칠맛을 보강하는 용도로 쓰인다.

---

## 잘 어울리는 재료와 조리 방법, 조리의 예

`만능`

\추천/
**밑간**

 마늘 간장 절임
(간장에 절인다)

 교자만두
(만두소에 섞는다)

\추천/
**가열**

 조림 요리에 통째 넣어 조리면 잡내를 제거해 주는 동시에 감칠맛도 보강해 준다.

\추천/
**마무리**

 가다랑어 다타키
(얇게 썰어 토핑)

 말고기 육회
(곁들인다)

---

## 세계 각지에서 쓰이는 법

**그리스: 스코르달리아**
감자나 빵, 견과류에 마늘을 섞은 소스를 말한다.

중앙아시아

**조지아: 치크메룰리**
닭고기를 구운 뒤, 우유와 마늘을 넣고 끓인 탕 요리.

**스페인: 소파 데 아호**
마늘을 넣은 간단한 수프. 달걀이나 빵을 넣는다.

**튀르키예: 요거트 소스**
타히니 소스처럼 테이블 소스로 사용한다.

**튀르키예: 타히니 소스**
볶은 참깨를 갈아 만든 페이스트에 마늘을 섞어 풍미를 더해 테이블 소스로 쓴다.

## 양파를 듬뿍 넣은 사오마이

양파를 듬뿍 넣어 돼지고기의 누린내를 제거하고, 양파의 단맛과 오
향분의 달콤한 향으로 고기의 기름진 단맛을 끌어올려 적은 재료만으
로도 맛있게 느낄 수 있게 했다.

###  재료(3~4인분)

| | |
|---|---|
| 박력분 ⋯ 100g | 얼레짓가루 ⋯ 2작은술 |
| ● 양파 ⋯ 2분의 1개 | 국간장 ⋯ 1작은술 |
| ┌ 간 돼지고기 ⋯ 400g | 요리술 ⋯ 1작은술 |
| A ● 오향분 ⋯ 4분의 1작은술 | 덧가루 ⋯ 적당량 |
| └ 설탕 ⋯ 2분의 1작은술 | 초간장 ⋯ 적당량 |

### 만드는 법

① 볼에 박력분을 담고, 뜨거운 물 70ml를 단숨에 부은 뒤, 젓가락
으로 재빠르게 저어 작은 알갱이 상태로 만든 후 반죽한다. 2~3
분간 주물러 반죽이 매끄러워지면 한 덩어리로 뭉친 뒤, 젖은 행
주로 덮어 30분간 둔다.

② 양파는 가로세로 5mm 정도로 굵게 다진다.

③ 또 다른 볼에 A와 ②를 넣는다. 반죽에 칠기가 생길 때까지 주무
른다.

④ ①을 16등분해서 동그랗게 빚은 다음, 덧가루를 뿌린 작업대에
서 밀대를 이용해 각각 지름이 7~8cm인 원형으로 민다. 반죽이
마르지 않도록 젖은 행주 등으로 덮어 둔다.

⑤ 16등분한 ③을 ④로 싼 다음, 김이 올라온 찜기에 넣고 익을 때
까지 10분 정도 찐 후, 초간장과 함께 낸다.

사오마이 만두피는 시판 제품을 사용해도 된다. 양파의 경우,
갓 수확한 햇양파는 큼직하게 썰지만, 건조해서 저장한 양파
는 잘게 써는 것이 좋다. 돼지고기는 굵게 갈린 제품을 사용하
면 고기의 감칠맛이 잘 우러난다. 오향분이 없을 때는 팔각 분
말과 굵게 간 흑후추를 1:1의 비율로 섞어서 사용해도 된다.

# 고기를 듬뿍 넣은 녹두 당면 전골

마늘로 진한 풍미를 내 적은 재료만으로도 감칠맛이 느껴지는 국물을 만든다. 소량의 고추가 중독적인 맛을 낸다.

 **재료(2~3인분)**

| | |
|---|---|
| 배추 … 8분의 1개 | 설탕 … 1작은술 |
| 녹두 당면 … 80g | 남플라 소스 … 2큰술 |
| 기름 … 2큰술 | A ┤ 식초 … 1작은술 |
| ● 마늘 … 8쪽 | 요리술 … 2큰술 |
| 간 돼지고기 … 100g | 둥글게 썬 고추 … 2~3조각 |

 **만드는 법**

❶ 배추는 밑부분을 잘라 낸 후, 절반 길이로 잘라 세로로 얇게 썬다. 녹두 당면은 뜨거운 물에 담가 불린다.

❷ 냄비에 기름을 넣고 강불에 올린다. 기름이 달궈지면 마늘과 간 돼지고기를 넣고 색이 변할 때까지 가볍게 볶는다.

❸ ②에 A와 물 400ml를 부은 다음, 물이 끓어오르면 거품을 걷어 낸 뒤, 고추와 배추를 넣고 뚜껑을 덮는다. 물이 다시 끓으면 불을 중불로 줄인 다음, 배추가 푹 익을 때까지 10분 정도 끓인다.

❹ 녹두 당면을 넣고 5분 동안 푹 끓인다.

 남플라 소스는 제조사에 따라 염도가 차이 나므로 조금씩 넣으면서 양을 조절한다. 고추를 매운맛이 거의 느껴지지 않을 정도만 첨가했다가 빼면 알게 모르게 중독적인 풍미를 낸다. 도중에 간을 보다가 매운맛이 난다 싶으면 고추를 얼른 건져 내자.

CHAPTER 2-6

# 신맛 향신료

# 신맛을 내는
# 향신료 매트릭스

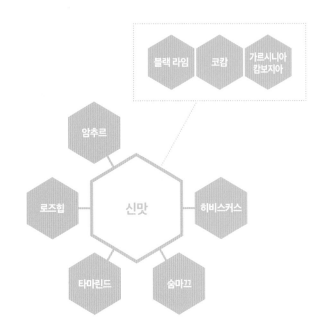

# 신맛 향신료 차트

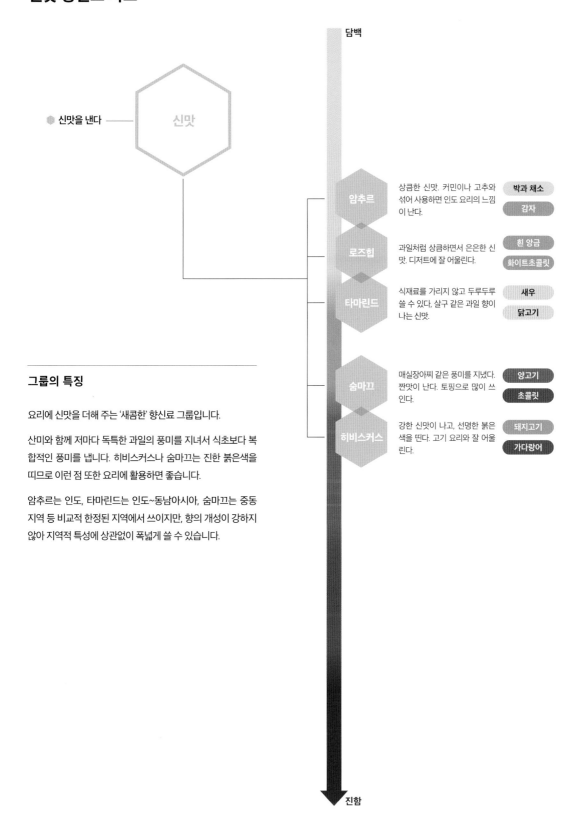

담백

신맛을 낸다 ── 신맛

**암추르** — 상큼한 신맛. 커민이나 고추와 섞어 사용하면 인도 요리의 느낌이 난다.  박과 채소 / 감자

**로즈힙** — 과일처럼 상큼하면서 은은한 신맛. 디저트에 잘 어울린다.  흰 양금 / 화이트초콜릿

**타마린드** — 식재료를 가리지 않고 두루두루 쓸 수 있다. 살구 같은 과일 향이 나는 신맛.  새우 / 닭고기

**숨마끄** — 매실장아찌 같은 풍미를 지녔다. 짠맛이 난다. 토핑으로 많이 쓰인다.  양고기 / 초콜릿

**히비스커스** — 강한 신맛이 나고, 선명한 붉은색을 띤다. 고기 요리와 잘 어울린다.  돼지고기 / 가다랑어

진함

## 그룹의 특징

요리에 신맛을 더해 주는 '새콤한' 향신료 그룹입니다.

산미와 함께 저마다 독특한 과일의 풍미를 지녀서 식초보다 복합적인 풍미를 냅니다. 히비스커스나 숨마끄는 진한 붉은색을 띠므로 이런 점 또한 요리에 활용하면 좋습니다.

암추르는 인도, 타마린드는 인도~동남아시아, 숨마끄는 중동 지역 등 비교적 한정된 지역에서 쓰이지만, 향의 개성이 강하지 않아 지역적 특성에 상관없이 폭넓게 쓸 수 있습니다.

## 암추르

[학명] Mangifera indica

생강

흙

망고
말린 풀
벌꿀

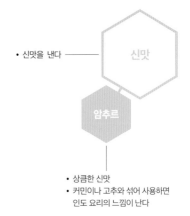

- 신맛을 낸다 ─── 신맛

암추르

- 상큼한 신맛
- 커민이나 고추와 섞어 사용하면
  인도 요리의 느낌이 난다

**말린 분말**
습기가 닿으면 덩어리지기 쉬우므로
소량씩 구입하는 것이 좋다.

---

## 잘 어울리는 재료와 조리 방법, 조리의 예

박과 채소   대구   파인애플   망고   감자   콩류

추천
**밑간**

대구와 감자를 넣은 사모사
(소에 섞는다)

에스닉풍 닭고기구이
(밑간할 때 뿌린다)

추천
**가열**

감자와 피망을 넣은 사브지
(가열을 마무리하는 단계에 넣는다)

동과 볶음탕
(가열을 마무리하는 단계에 넣는다)

추천
**마무리**

오이와 양파, 망고를 넣은 샐러드
(버무린다)

가리비와 고수잎을 넣은 샐러드
(버무린다)

---

## 세계 각지에서 쓰이는 법

**인도: 마살라 도사**
쌀가루 반죽을 크레이프처럼 얇게 펼
쳐 구운 빵에 고명 등을 올린 요리. 차
트 마살라 같은 향신료를 토핑으로 올
린다.

인도~
동남아시아

**인도: 차트 마살라**
암추르와 민트를 베이스로 한 혼합 향
신료이다. 암추르의 강렬한 향이 누그
러진다.

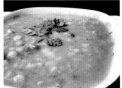

**인도: 콩 커리**
콩 커리에 산미를 더할 때 함께 넣고
끓인다.

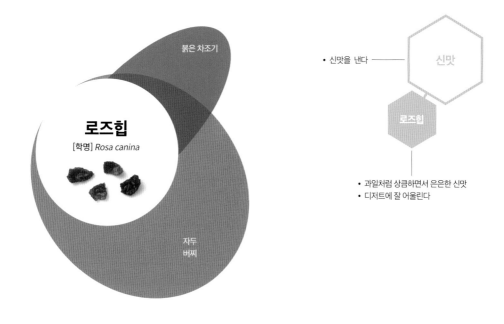

로즈힙
[학명] *Rosa canina*

붉은 차조기

자두
버찌

- 신맛을 낸다 ———— 신맛

로즈힙

- 과일처럼 상큼하면서 은은한 신맛
- 디저트에 잘 어울린다

**말린 원형**
비타민C가 함유되어 있다. 자극적이지 않고 부드러운 풍미를 지녔다.

**말린 분말**
밑간할 때나 토핑으로 쓰기 좋다. 과일 없이도 과일의 풍미를 낼 수 있다.

## 잘 어울리는 재료와 조리 방법, 조리의 예

사과　　떡　　새우　　리치　　흰 앙금　　화이트초콜릿

＼추천／
🥄 **밑간**

로즈힙 생초콜릿
(화이트초콜릿에 섞는다)

새우 사과 꼬치구이
(밑간할 때 뿌린다)

＼추천／
🍲 **가열**

파인애플과 로즈힙을 넣은 칵테일
(시럽에 끓인다)

리치 차
(함께 끓인다)

＼추천／
🍴 **마무리**

장미 파르페
(토핑)

몽블랑
(토핑)

## 세계 각지에서 쓰이는 법

요리보다는 차로 많이 마신다. 과일의 풍미를 지녀 마시기 쉬운 허브티 중 하나로 꼽히며, 히비스커스와 섞어서 쓸 때도 많다.

유럽,
남미

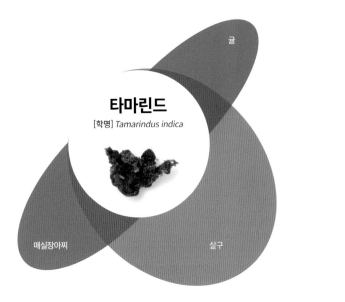

귤

# 타마린드

[학명] Tamarindus indica

매실장아찌

살구

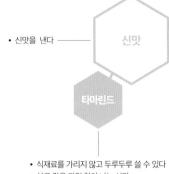

• 신맛을 낸다 ——— 신맛

타마린드

• 식재료를 가리지 않고 두루두루 쓸 수 있다
• 살구 같은 과일 향이 나는 신맛

**말린 원형**
블록 형태로 판매된다. 물에 불린 후
짜낸 것이 타마린드 액이다. 아린 맛
이 살짝 나서 가열하는 것이 좋다.

**페이스트**
타마린드 액을 페이스트 상태로 만든 병조림 등이 있
지만, 산미료 등이 첨가된 경우가 있어서 풍미가 차이
난다.

## 잘 어울리는 재료와 조리 방법, 조리의 예

새우  닭고기  바나나  망고  토마토  가지

\추천/
 **밑간**

닭고기구이
(타마린드 액을 밑간할 때 쓴다)

콜리플라워구이
(타마린드 액을 밑간할 때 쓴다)

\추천/
 **가열**

타마린드 아이스크림
(시럽에 끓인다)

새우 수프
(타마린드 액을 함께 넣고 끓인다)

 **마무리**

망고 샐러드
(타마린드 액을 드레싱에 섞는다)

치킨 사테(꼬치구이)
(타마린드 액을 양념에 섞는다)

## 세계 각지에서 쓰이는 법

**인도네시아: 가도가도**
인도네시아의 샐러드. 땅콩과 타마린
드를 넣은 소스를 채소 등에 뿌려 먹
는다.

**말레이시아, 인도네시아: 루작**
과일을 타마린드 소스에 버무린 요리.

아프리카 동부

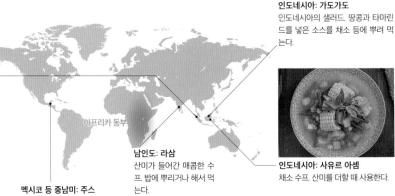

**남인도: 라삼**
산미가 들어간 매콤한 수
프. 밥에 뿌리거나 해서 먹
는다.

**인도네시아: 사유르 아셈**
채소 수프 산미를 더할 때 사용한다.

**멕시코 등 중남미: 주스**

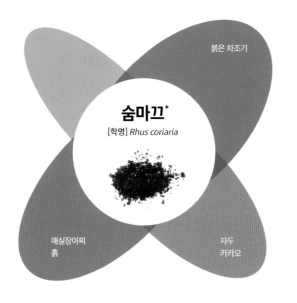

- 신맛을 낸다 ━━━ 신맛

숨마끄

- 매실장아찌 같은 풍미를 지녔다
- 짠맛이 난다
- 토핑으로 많이 쓰인다

\* 무두붉나무 열매를 말려서 빻은 자주색 가루로, 신맛을 내는 중동의 향신료-역주

**붉은 차조기**

# 숨마끄\*

[학명] *Rhus coriaria*

**매실장아찌 흙**

**자두 카카오**

---

**말려서 굵게 간 분말**
굵게 간 분말 형태로, 일반적으로 짠맛이 첨가된다. 후리카케처럼 쓰인다.

---

## 잘 어울리는 재료와 조리 방법, 조리의 예

치즈 　 수박 　 양고기 　 참치 　 초콜릿

🥄 **밑간**

 오이 절임
(함께 절인다)

 참치 꼬치구이
(밑간할 때 쓴다)

🍲 **가열**

 건포도와 견과류를 섞은 간 고기볶음
(시나몬과 섞어 가열 마무리 단계에 넣는다)

 가지 향신료 볶음
(가열을 마무리하는 단계에 넣는다)

╲ 추천 ╱

🍴 **마무리**

 수박과 방울토마토 마리네이드
(버무린다)

 요거트 소스를 뿌린 양고기구이
(토핑)

 치즈 오믈렛
(토핑)

---

## 세계 각지에서 쓰이는 법

지중해 연안

**튀르키예 주변: 양고기 케밥**
꼬치구이나 구이에 뿌리거나 섞어서 쓴다.

**튀르키예 주변: 양파 샐러드**
이 지역에서 흔히 볼 수 있는 샐러드. 구운 고기에 곁들여진다.

**튀르키예 주변: 팔라펠 샌드위치**
빵에도 뿌린다.

붉은 차조기

**히비스커스**

[학명] *Hibiscus sabdariffa*

자두
블랙커런트

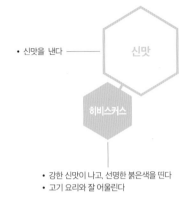

- 신맛을 낸다 ———— 신맛

히비스커스

- 강한 신맛이 나고, 선명한 붉은색을 띤다
- 고기 요리와 잘 어울린다

**말린 원형**
큼직한 제품과 잘린 제품이 있다. 선
명한 색을 띠는 제품을 고른다.

## 잘 어울리는 재료와 조리 방법, 조리의 예

돼지고기　　양고기　　가다랑어　　참치　　블루베리　　블랙커런트　　시금치

\추천/
 **밑간**

 레드와인풍 무알코올 칵테일
(시럽에 절인다)

 포도 마리네이드
(마리네이드 용액에 끓인다)

\추천/
**가열**

히비스커스 소스를 곁들인 돼지고기 소테
(소스에 우린다)

히비스커스 소스를 곁들인 가다랑어 레어
커틀릿
(소스에 우린다)

 **마무리**

가열하거나 절여야 풍미가 더 잘 우러나므로 마무리
단계에 쓰기에는 적합하지 않다.

## 세계 각지에서 쓰이는 법

요리보다 차로 더 많이 마신다. 로즈
힙과 섞은 허브티가 인기가 많다.

말레이시아
인도

**중남미**
주스로 이용된다.

**이집트 등 아프리카 동부: 주스**
주스로 인기가 많다.

## 파인애플과 차트 마살라 샐러드

차트 마살라에 든 암추르의 산미와 민트의 청량감 등이 드레싱처럼 요리의 전체적인 맛을 아우른다.

 **재료(2~3인분)**
파인애플 … 8분의 1개
 양파 … 8분의 1개
오이 … 1개
소금 … 4분의 1작은술
 차트 마살라 … 2분의 1작은술
말린 젓새우 … 1작은술
기름 … 1작은술

 **만드는 법**
❶ 파인애플은 한입 크기로 썬다. 양파는 결대로 얇게 썬다. 오이는 껍질을 일정 간격으로 벗겨 줄무늬 모양을 낸 다음, 5mm 두께로 둥글게 썬다.
❷ ①을 전부 볼에 담은 뒤, 소금, 차트 마살라, 젓새우를 넣고 버무린다. 여기에 기름을 넣어 한 번 더 버무린다.

오이 껍질을 일부분만 벗기면 맛이 잘 스며들면서도 어느 정도 풋내가 남는다. 기름을 넣으면 요리에 볼륨감이 생긴다.

## 로즈힙 떡

로즈힙의 과일을 닮은 산미가 화과자의 맛에 변화를 준다.

 **재료(6개 분량)**
흰 앙금 … 100g
 로즈힙 분말 … 1작은술
시라타마코 … 50g
설탕 … 50g

 **만드는 법**
❶ 흰 앙금에 로즈힙 분말을 섞은 다음, 6등분해서 그릇에 담는다.
❷ 시라타마코에 물 80ml를 섞어 잘 녹인다. 여기에 설탕을 부어 더 섞는다. 내열 용기에 담아 전자레인지(600W)에 1분간 돌린다. 꺼내 다시 잘 섞은 다음, 다시 전자레인지에 1분간 돌린다.
❸ 스테인리스 용기에 로즈힙 분말(분량 외)을 담고, ②를 붓는다. 6등분하고 표면에 묻은 로즈힙 분말을 털어 낸 후, ①의 앙금에 올린다.

로즈힙 분말을 그대로 먹으면 쓴맛이 나므로 표면에 묻히는 양을 잘 조절해야 한다. 전자레인지에 돌리는 시간은 상태에 따라 차이 나므로 반죽이 익는 정도를 잘 살피면서 조절한다. 반죽 전체가 투명해지면 된다.

## 타마린드 소스를 곁들인 닭 양념구이

타마린드로 식초와는 다른 향긋한 산미를 더한다. 타마린드와 고수잎을 넣어 에스닉한 느낌을 냈다.

###  재료(3~4인분)
 타마린드(블록 형태) ··· 30g
닭다리살 ··· 2장
● 고수잎 ··· 2~3줄기
● 양파 ··· 4분의 1개
기름 ··· 1큰술
┌ 설탕 ··· 2큰술
A │
└ 간장 ··· 1과 2분의 1큰술

###  만드는 법
❶ 타마린드를 작은 볼에 담고, 물 2큰술을 넣는다. 가끔 비비면서 20분 정도 두었다가 타마린드가 부드러워지면 씨를 제거하고, 타마린드 페이스트를 만든다.
❷ 닭고기는 힘줄을 제거하고 두께를 고르게 한다. 고수잎은 큼직하게 썬다. 양파는 얇게 썰어 물에 담가 둔다.
❸ 프라이팬에 기름을 둘러 강불에 올린다. 팬이 달궈지면 닭고기를 껍질이 바닥에 가게 올린 다음, 꾹꾹 눌러 가며 굽는다. 껍질이 노릇노릇하게 구워지면 반대편으로 뒤집은 후, 뚜껑을 덮은 채로 속까지 다 익을 때까지 굽는다. 도중에 연기가 날 것 같을 때는 불을 줄인다.
❹ 닭고기가 다 익었으면 불필요한 기름을 제거한 후, A와 ❶을 섞어서 넣고 졸여서 잘 버무린 후, 스테인리스 용기 등에 건진다. 한 김 식으면 잘라서 접시에 옮겨 담고, 물기를 뺀 양파와 고수잎을 뿌린다.

타마린드와 조미료는 윤기가 날 때까지 충분히 졸이는 것이 좋다. 양파의 매운맛을 살리고 싶을 때는 물에 담그지 말고 그대로 담는다.

## 숨마끄의 풍미를 더한 가토 쇼콜라

숨마끄의 산미가 포인트를 주는 동시에 에스닉한 느낌을 낸다. 장미 분말이 숨마끄의 풍미에 화려함을 더하며, 강황은 색감을 더하는 정도로만 살짝 뿌린다.

###  재료(15cm 틀 1개 분량)
버터 ··· 40g
박력분 ··· 20g
● 카카오 분말 ··· 35g
생크림 ··· 60ml와 2큰술
초콜릿(카카오 함유율 70%) ··· 65g
달걀노른자 ··· 2개 분량
달걀흰자 ··· 2개 분량
설탕 ··· 80g과 3큰술
 숨마끄 ··· 1작은술
강황 분말 ··· 1작은술
장미 분말 ··· 1작은술
소금 ··· 한 꼬집

###  만드는 법
❶ 버터는 녹인다. 박력분과 카카오 분말은 섞어서 체에 내려 둔다. 틀에 오븐 시트를 깔아 둔다.
❷ 생크림 60ml를 작은 냄비에 데운 후, 볼에 담은 초콜릿에 부어 초콜릿을 녹인다. 여기에 버터를 넣어 섞은 다음, 달걀노른자도 넣고 섞는다.
❸ 달걀흰자와 설탕 80g을 단단하게 휘핑한다. 절반 분량을 ❷의 볼에 넣고, 뭉치는 곳 없이 실리콘 주걱으로 섞는다. 여기에 박력분과 카카오 분말을 넣고 골고루 섞는다.
❹ 남은 달걀흰자를 마저 넣고, 뭉치는 곳이 없을 때까지 잘 섞은 다음, 틀에 붓고 속까지 다 익을 때까지 150℃에서 45분간 굽는다. 틀에서 꺼내 식힘망 등에 올려 식힌다.
❺ 작은 냄비에 설탕 3큰술을 넣고, 중불에 올린다. 설탕이 녹아 색이 변하기 시작하면 생크림 2큰술을 붓고, 불을 끈 다음, 볼에 옮겨 담는다.
❻ ❹를 적당한 크기로 잘라 그릇에 옮겨 담고, ❺의 캐러멜 소스와 숨마끄, 강황 분말, 장미 분말, 소금을 각각 뿌린다.

향신료와 소금은 케이크 한 개 분량이다. 한 조각에는 각각 소량만 뿌린다. 케이크를 하룻밤 동안 냉장고 등에 두면 맛이 더 진하게 밴다.

## 히비스커스 소스를 곁들인 포크 리예트

**히비스커스의 산미가 리예트에 포인트를 주며, 선명한 색감을 내는 효과까지 있다. 돼지고기의 누린내를 잡기 위해 월계수 잎을 사용했다. 정향은 기름의 단맛을 끌어올리는 동시에 히비스커스에서 나는 햇볕에 찐 냄새를 가린다.**

**재료(만들기 쉬운 분량)**

돼지 어깨살 … 300g
소금 … 3분의 2와 4분의 1작은술
흑후추(통후추) … 10알 정도
화이트와인 … 2큰술과 50ml
양파 … 4분의 1개
월계수 잎 … 1장
정향 … 6알
히비스커스 … 1작은술
설탕 … 1큰술

**만드는 법**

1. 돼지고기는 한입 크기로 썰어 소금 3분의 2작은술을 뿌린다. 흑후추는 빻아서 반으로 쪼갠다.
2. 작은 냄비에 돼지고기, 화이트와인 2큰술, 물 250ml를 넣고 중불에 올린다. 물이 끓으면 거품을 걷어 내고, 양파, 월계수 잎, 정향 3알을 넣는다. 약불로 줄이고, 뚜껑을 반쯤 덮은 채로 고기가 부드러워질 때까지 1시간 반 정도 푹 끓이면서 수분을 날린다.
3. ②에서 월계수 잎과 정향을 건져 내고, 나머지를 푸드 프로세서에 갈아 페이스트 상태를 만든 다음, 용기에 담아 그대로 식힌다.
4. 작은 냄비에 화이트와인 50ml, 히비스커스, 흑후추, 정향 3알을 넣고 약불에 올린다. 2~3분 정도 끓인 뒤, 설탕, 소금 4분의 1작은술을 넣고 녹인 다음 체에 걸러 볼 등에 담아 식힌다.
5. ③을 접시에 담고, ④를 뿌린다.

돼지고기는 뭉개질 정도로 부드럽게 푹 끓인다. 도중에 물이 부족해 보일 때는 물을 적당히 더 붓는다. 물은 250ml를 기준으로 잡았지만, 돼지고기가 잠길 정도로 넣어야 골고루 잘 익는다. 고기가 퍼석퍼석해 보일 때는 ③에서 올리브유를 넣어 촉촉하게 만든다.

CHAPTER 2-7

# 색감 향신료

# 색감을 내는
# 향신료 매트릭스

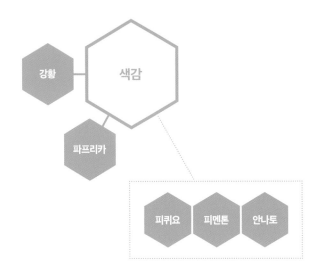

# 색감 향신료 차트

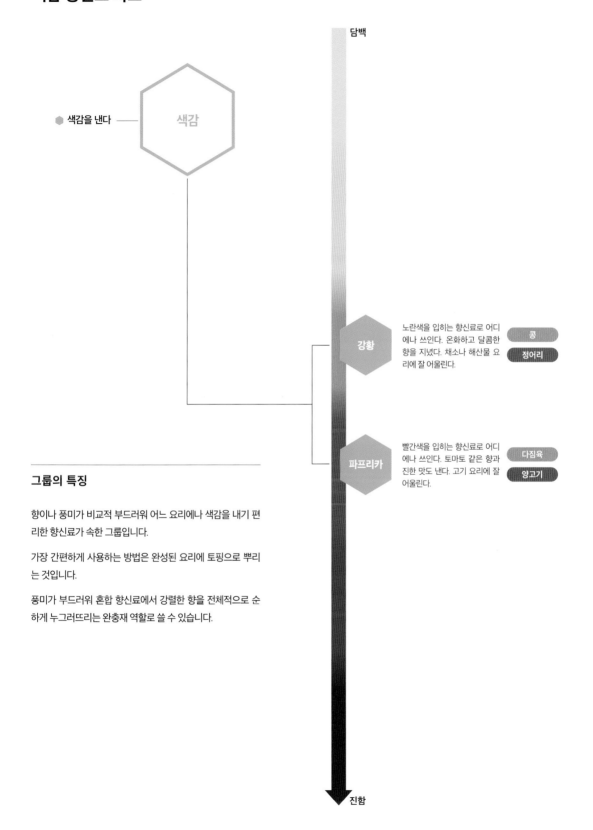

● 색감을 낸다 ── 색감

담백

**강황**

노란색을 입히는 향신료로 어디에나 쓰인다. 온화하고 달콤한 향을 지녔다. 채소나 해산물 요리에 잘 어울린다.

콩
정어리

**파프리카**

빨간색을 입히는 향신료로 어디에나 쓰인다. 토마토 같은 향과 진한 맛도 낸다. 고기 요리에 잘 어울린다.

다짐육
양고기

진함

## 그룹의 특징

향이나 풍미가 비교적 부드러워 어느 요리에나 색감을 내기 편리한 향신료가 속한 그룹입니다.

가장 간편하게 사용하는 방법은 완성된 요리에 토핑으로 뿌리는 것입니다.

풍미가 부드러워 혼합 향신료에서 강렬한 향을 전체적으로 순하게 누그러뜨리는 완충재 역할로 쓸 수 있습니다.

## 강황

[학명] *Curcuma longa*

생강

우엉
커민

말린 풀
메이플시럽

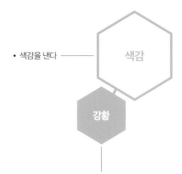

- 색감을 낸다 ——— 색감

강황

- 노란색을 입히는 향신료로 어디에나 쓰인다
- 온화하고 달콤한 향을 지녔다
- 채소나 해산물 요리에 잘 어울린다

**말린 원형**
그대로 쓰는 일은 거의 없고, 갈아서 쓴다.

**말린 분말**
빛에 변색되기 쉬우므로 주의하자. 입자가 곱다. 착색이 잘 되므로 옷 등에 묻히지 않게 조심하자.

- 동남아시아 등의 산지에서는 생으로 쓰기도 한다.

## 잘 어울리는 재료와 조리 방법, 조리의 예

가리비 　 감자 　 콩 　 가지 　 정어리 　 고등어

\ 추천 /
**밑간**

흰살생선 코코넛 찜
(밑간할 때 뿌린다)

당근 튀김
(튀김옷에 섞는다)

\ 추천 /
**가열**

콩 수프
(함께 끓인다)

향신료를 넣은 고등어 찜
(함께 조린다)

\ 추천 /
**마무리**

요거트 샐러드
(토핑)

도묘지모치
(토핑)

## 세계 각지에서 쓰이는 법

**이란 주변: 골든 라이스**
강황이나 사프란으로 색을 입힌 누룽지 밥.

**인도: 커리**
다양한 커리에 기본 향신료로 쓰인다.

아시아 남부

**이란 주변: 닭고기구이**
꼬치구이나 통구이 등 닭고기구이를 밑간할 때 쓴다.

**모로코 주변: 조림**
시나몬이나 커민 등과 함께 혼합 향신료로 쓰인다.

**인도: 생선 요리**
동부에서 생선찜이나 구이 등의 밑간을 할 때 쓰인다.

**인도네시아: 나시 쿠닝**
강황과 코코넛을 넣어 지은 밥에 반찬을 섞어 먹는다.

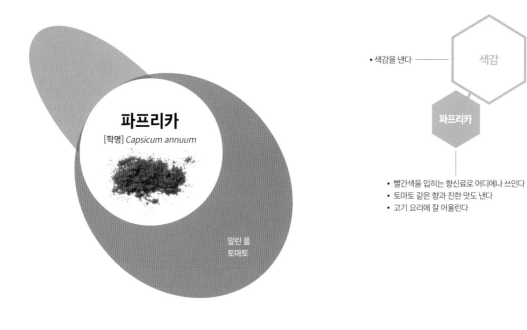

# 파프리카

[학명] *Capsicum annuum*

• 색감을 낸다 ── 색감

파프리카

• 빨간색을 입히는 향신료로 어디에나 쓰인다
• 토마토 같은 향과 진한 맛도 낸다
• 고기 요리에 잘 어울린다

말린 풀
토마토

**말린 분말**
쓴맛이 날 때가 있으므로 사용량에
주의한다.

• 훈제 파프리카 가루가 있는데, 일반 파프리카 가루
와 향이 다르다.

## 잘 어울리는 재료와 조리 방법, 조리의 예

마늘  문어  돼지고기  다짐육  양고기

🥄 **밑간**

문어구이
(밑간할 때 뿌린다. 훈제 타입이 좋다)

대구 프리토
(밑간할 때 뿌린다)

추천
🍲 **가열**

하야시라이스
(함께 끓인다)

치킨라이스
(함께 넣고 짓는다)

추천
**마무리**

정어리구이
(토핑)

완자 조림
(토핑)

## 세계 각지에서 쓰이는 법

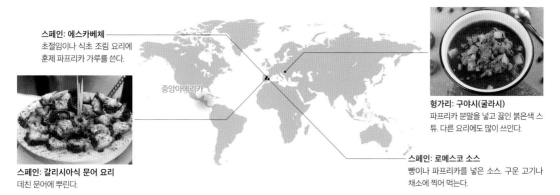

**스페인: 에스카베체**
초절임이나 식초 조림 요리에
훈제 파프리카 가루를 쓴다.

중앙아메리카

**헝가리: 구야시(굴라시)**
파프리카 분말을 넣고 끓인 붉은색 스
튜. 다른 요리에도 많이 쓰인다.

**스페인: 로메스코 소스**
빵이나 파프리카를 넣은 소스. 구운 고기나
채소에 찍어 먹는다.

**스페인: 갈리시아식 문어 요리**
데친 문어에 뿌린다.

231

# 강황을 넣은 고등어 가라아게

가라아게 튀김옷에 강황 분말을 섞어 에스닉한 느낌의 가라아게를 만들었다. 고추로 매운맛을 더해 요리의 맛을 끌어올렸다.

 **재료(4~5인분)**

고등어 … 2마리
소금
　… 2분의 1작은술

A ┌ 박력분 … 10큰술
　├ ◉ 카레 잎 … 2~3줄기
　├ ● 한국산 굵은 고춧가루 … 1작은술
　└ ◯ 강황 분말 … 1작은술
　◉ 겨자유 … 적당량

 **만드는 법**

❶ 고등어는 뼈를 제거한 후, 스틱 형태로 자른 뒤, 소금을 뿌린다.
　카레 잎은 줄기를 제거한다.

❷ 볼에 A를 담아 잘 섞는다. 고등어를 넣어 골고루 묻힌 다음, 물을
　조금씩 첨가해 튀김옷이 고등어에 잘 붙게 한다.

❸ 180℃의 겨자유에 바싹 튀긴다.

> 기름은 집에 있는 아무 기름이나 사용해도 되지만, 겨자유를
> 사용하면 독특한 향이 첨가되어 더욱 에스닉한 느낌을 준다.

## 파프리카 라이스와 허브 치킨구이

세이지와 타임의 상쾌한 향에 파프리카가 진한 맛을 더한다. 마늘도 넣어 지중해 느낌을 냈다.

### ❀ 재료(3~4인분)

쌀 … 300g
닭다리살 … 2장
● 마늘 … 2쪽
● 세이지 생잎 … 5~6장
● 생 타임 … 5~6줄기
소금 … 1과 2분의 1작은술

올리브유 … 2큰술
● 파프리카 분말
　　… 1작은술과 한 꼬집
● 파슬리 … 2~3줄기
레몬 … 1개

### ❀ 만드는 법

❶ 쌀은 씻어서 물에 불린다. 닭다리살은 힘줄을 제거한다. 마늘은 반으로 썬다.

❷ 세이지와 타임은 굵은 줄기 부분을 제거한 뒤, 잘게 다진다. 여기에 소금 1작은술을 섞어 닭고기에 뿌린다.

❸ 프라이팬에 올리브유와 마늘을 넣어 강불에 올린다. 향이 올라오기 시작하면 닭고기를 넣고 꾹꾹 눌러 가면서 굽는다. 껍질이 노릇노릇해지면 반대편으로 뒤집고, 뚜껑을 덮어 속까지 익힌

다음, 스테인리스 용기 등에 옮겨 담는다. 고기에서 흘러나온 육즙과 고기를 굽고 남은 기름은 팬에 남겨 둔다.

❹ 같은 프라이팬에 물기를 뺀 쌀, 소금 2분의 1작은술, 파프리카 분말 1작은술, 물 220ml를 넣고 잘 섞는다. 뚜껑을 덮어 강불에 올린다. 끓어오르면 약불로 줄여 3분간 가열한 뒤, 불을 끄고 10분간 뜸을 들인다.

❺ 다시 중불에 3분간 가열한다. 톡톡 터지는 소리가 들리면 불을 끄고 5분간 뜸을 들인다.

❻ 파슬리를 잘게 다지고, 레몬을 반달 모양으로 썬다. ❺의 구운 면이 위로 오게 접시에 담은 뒤, 자른 닭고기를 올리고, 마늘과 레몬을 곁들인 후, 파슬리와 파프리카 분말을 한 꼬집 뿌린다.

닭고기와 밥을 따로 조리해서 밥이 누룽지처럼 눌어붙게 한다. 프라이팬처럼 바닥이 넓은 냄비를 쓰면 좋다.

## 이것만 있으면! 5가지 기본 향신료

향신료를 거의 써 본 적이 없지만, 조금씩 써 보면서 익숙해지고 싶은 분들을 위해 가장 먼저 갖추어야 할 만능 향신료 5가지와 그 사용법을 정리해 봤습니다. 자세한 사용법은 CHAPTER 1을 참조하시기 바랍니다.

처음에는 말린 분말이나 말린 잎 등 입자가 작은 것부터 사용하기를 추천합니다. 소량씩 쓸 수 있고, 향이 바로 나기 때문에 초보자도 양을 조절하기가 쉽기 때문입니다.

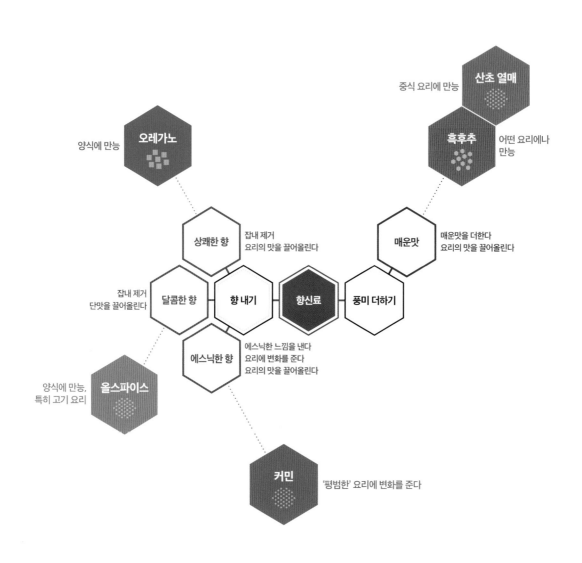

# 플러스알파! 10종 향신료

앞서 소개한 5가지 향신료에 익숙해지면 여기에 소개하는 10가지 향신료를 갖추도록 합시다. 비슷한 향처럼 보일지 몰라도 재료나 요리에 맞춰 구분해 사용하면 향신료가 식재료의 풍미를 한층 끌어올려 줄 것입니다.

고르기 쉽도록 궁합이 잘 맞는 식재료나 요리를 정리해 놓았습니다. 자세한 내용은 CHAPTER 2의 각 향신료 정보를 참고하시기 바랍니다.

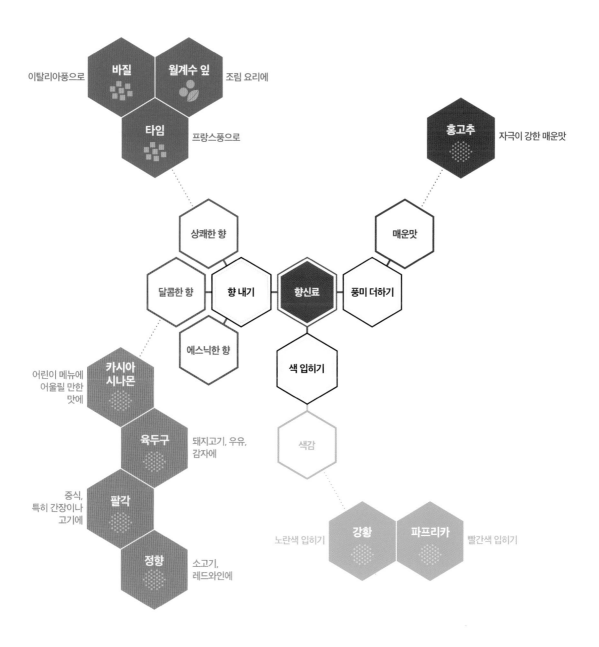

# CHAPTER 3

# 향신료의 지역적 특성

향신료를 몇 가지 조합하면
특정 지역의 풍미를 요리에 가미할 수 있습니다.

# 향신료에 따른 식문화 그룹

## 각 지역의 향신료 매트릭스 보는 법

 주요 혼합 향신료, 페이스트

 특정 지역에서만 사용하는 향신료나 특산물 향신료

 서브 혼합 향신료, 페이스트, 식품

특징적인 단일 향신료

✳ 표: 파슬리, 시나몬, 후추 등. 다양한 종류를 사용하거나, 생 향신료와 말린 향신료를 모두 사용하거나, 구별되지 않는 등 명확히 구분할 수 없는 경우에는 하나로 뭉뚱그려 기재함.

★ 표: 로즈 워터나 소금 레몬 등. 향신료처럼 쓰이는 향신료 가공품.

텍사스,
멕시코 등 중남미

239

# 프랑스

프랑스 남부는 지중해의 온화한 기후의 영향을 받아 각종 허브의 원산지이기도 해서 여러 향신료가 일상적으로 쓰입니다. 라타투이나 파르스 같은 요리에서 볼 수 있듯이 여름 채소에 타임과 바질 같은 허브의 조합은 그야말로 프랑스 남부답다고 할 수 있습니다. 대항해시대에 재배에 성공한 육두구나 정향처럼 달콤한 향을 내는 향신료가 고기 요리에 널리 쓰입니다.

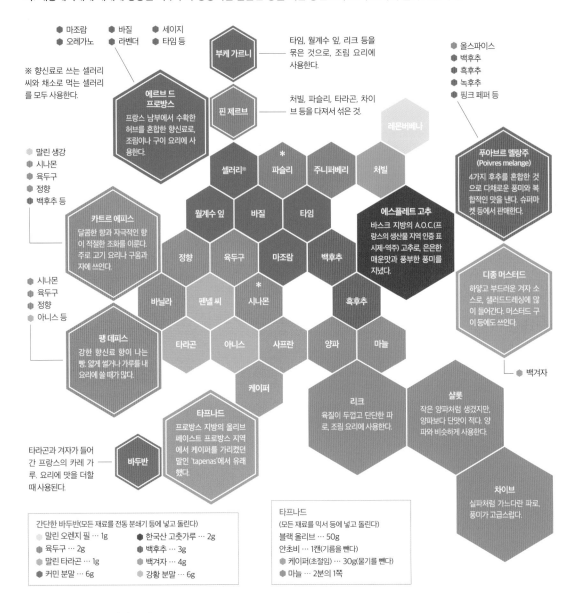

● 마조람　● 바질　● 세이지
● 오레가노　● 라벤더　● 타임 등

※ 향신료로 쓰는 셀러리 씨와 채소로 먹는 셀러리를 모두 사용한다.

**부케 가르니**
타임, 월계수 잎, 리크 등을 묶은 것으로, 조림 요리에 사용한다.

● 올스파이스
● 백후추
● 흑후추
● 녹후추
● 핑크 페퍼 등

**에르브 드 프로방스**
프랑스 남부에서 수확한 허브를 혼합한 향신료로, 조림이나 구이 요리에 사용한다.

**핀 제르브**
처빌, 파슬리, 타라곤, 차이브 등을 다져서 섞은 것.

레몬버베나

● 말린 생강
● 시나몬
● 육두구
● 정향
● 백후추 등

셀러리※　*파슬리　주니퍼베리　처빌

**푸아브르 멜랑주
(Poivres melange)**
4가지 후추를 혼합한 것으로 다체로운 풍미와 복합적인 맛을 낸다. 슈퍼마켓 등에서 판매한다.

월계수 잎　바질　타임

**카트르 에피스**
달콤한 향과 자극적인 향이 적절한 조화를 이룬다. 주로 고기 요리나 구움과자에 쓰인다.

정향　육두구　마조람　백후추

**에스플레트 고추**
바스크 지방의 A.O.C.(프랑스의 생산물 지역 인증 표시제-역주) 고추로, 은은한 매운맛과 풍부한 풍미를 지녔다.

**디종 머스터드**
하얗고 부드러운 겨자 소스로, 샐러드드레싱에 많이 들어간다. 머스터드 구이 등에도 쓰인다.

● 시나몬
● 육두구
● 정향
● 아니스 등

바닐라　펜넬 씨　*시나몬　흑후추

**팽 데피스**
강한 향신료 향이 나는 빵. 얇게 썰거나 가루를 내요리에 쓸 때가 많다.

타라곤　아니스　사프란　양파　마늘

● 백겨자

**타프나드**
프로방스 지방의 올리브 페이스트 프로방스 지역에서 케이퍼를 가리켰던 말인 'tapenas'에서 유래했다.

케이퍼

**리크**
육질이 두껍고 단단한 파로, 조림 요리에 사용한다.

**샬롯**
작은 양파처럼 생겼지만, 양파보다 단맛이 적다. 양파와 비슷하게 사용한다.

타라곤과 겨자가 들어간 프랑스의 카레 가루. 요리에 맛을 더할 때 사용된다.

**바두반**

**차이브**
실파처럼 가느다란 파로, 풍미가 고급스럽다.

---

간단한 바두반(모든 재료를 전동 분쇄기 등에 넣고 돌린다)
● 말린 오렌지 필 … 1g　　● 한국산 고춧가루 … 2g
● 육두구 … 2g　　　　　　● 백후추 … 3g
● 말린 타라곤 … 1g　　　 ● 백겨자 … 4g
● 커민 분말 … 6g　　　　 ● 강황 분말 … 6g

타프나드
(모든 재료를 믹서 등에 넣고 돌린다)
블랙 올리브 … 50g
안초비 … 1캔(기름을 뺀다)
● 케이퍼(초절임) … 30g(물기를 뺀다)
● 마늘 … 2분의 1쪽

---

## 향신료 사용이 특징적인 요리

**아쉬 파르망티에**
● 셀러리　　● 정향
● 부케 가르니　● 후추 등
● 육두구

소고기 조림과 으깬 감자, 소스를 층층이 쌓아 굽는다. 소고기엔 셀러리·정향을, 화이트소스엔 육두구·백후추를 쓴다.

**수프 드 프아송**
● 아니스　　● 겨자
● 사프란　　● 리크
● 후추　　　● 마늘 등

압생트처럼 아니스로 만든 술을 사용할 때도 있다. 곁들이는 아이올리 소스의 유화제로 겨자를 사용한다.

# 가지 타르타르

타프나드로 가지를 프랑스 남부 스타일로 변신시켰다. 소량의
양파가 감칠맛을 보강한다.

 **재료(2~3인분)**

가지 … 3개
풋콩 … 10깍지 정도
소금 … 한 꼬집
● 양파 … 4분의 1개
● 타프나드 … 2큰술과 1작은술
올리브유 … 2큰술

 **만드는 법**

❶ 가지는 껍질이 그을릴 때까지 220℃의 오븐에 10분 정도
구운 후, 껍질을 벗긴다. 풋콩은 삶아서 깍지를 벗긴 후, 소
금으로 밑간한다. 양파는 절반은 다져서 물에 담갔다가 건
져 물기를 뺀다. 나머지 절반은 결대로 얇게 썬다.

❷ 가지를 식칼로 두드려 페이스트 상태로 만들어 볼에 담는
다. 여기에 풋콩, 다진 양파, 타프나드 2큰술을 넣어 버무
린다.

❸ 세르클 링을 이용해 ❷를 접시에 둥글게 담고, 얇게 썬 양
파와 타프나드 1작은술을 곁들인 후, 올리브유를 뿌린다.

가지는 부드러워질 때까지 충분히 굽는다. 풋콩은 깍지
에서 꺼내 밑간하면 맛이 충분히 배어든다. 일주일 정
도 냉장고에 보관할 수 있다.

# 프랑스풍 카레

바두반과 타임이 프랑스 요리의 느낌을 내고, 돼지고기의 누린
내를 제거한다.

 **재료(2~3인분)**

돼지 어깨살 … 500g
● 마늘 … 2분의 1쪽
● 양파 … 2개
● 생 타임 … 5~6줄기와 소량
홀 토마토 … 2분의 1캔
● 사프란 … 5줄기 정도
쌀 … 300g
소금 … 2작은술
올리브유 … 3큰술
● 바두반
 … 1과 2분의 1큰술과
 1작은술
사과 … 2개
화이트와인 … 100ml
설탕 … 1작은술

 **만드는 법**

❶ 돼지고기는 한입 크기로 썬다. 마늘과 양파는 잘게 다지
고, 타임 5~6줄기는 단단한 줄기를 제거한 후 다진다. 홀
토마토는 믹서 등으로 갈아 페이스트 상태를 만든다. 사프
란은 물 1큰술에 담근다. 쌀은 씻어서 물에 담근다.

❷ 소금 2분의 1작은술과 다진 타임을 섞어서 돼지고기에 묻
힌다. 프라이팬에 올리브유 1큰술을 두르고 강불에 올린
다. 팬이 충분히 달궈지면 돼지고기를 올려 노릇하게 구운
뒤 건진다.

❸ 같은 프라이팬에 올리브유 2큰술을 두르고, 마늘, 양파,
소금 2분의 1작은술을 넣어 중불에 볶는다. 15분 정도 볶
아 달콤한 향이 올라오면 바두반 1과 2분의 1큰술을 넣고
가볍게 섞은 다음, 홀 토마토, 화이트와인, 소금 1작은술,
설탕, 물 100ml를 첨가해 섞는다.

❹ 돼지고기를 다시 넣고, 물이 끓어오르면 불을 약하게 줄이
고 뚜껑을 덮은 뒤, 1시간 동안 푹 끓인다. 여기에 껍질과
심을 제거해 한입 크기로 썬 사과를 넣고 20분간 더 끓인
다. 거의 다 끓었을 때쯤 바두반 1작은술을 첨가한다.

❺ 물기를 뺀 쌀과 분량의 물, 사프란 물을 넣어 밥을 짓는다.

❻ ❹와 ❺를 그릇에 담고, 타임 잎을 살짝 뿌린다.

사과와 타임은 변색이 잘 되므로 사용하기 직전에 쓰는
것이 좋다. 바두반은 끓이는 도중에 넣어 풍미를 더하
고, 마무리 단계에서 한 번 더 넣어 생생한 향을 남긴다.

## 북유럽

북유럽에는 카다멈 또는 시나몬으로 풍미를 낸 빵이나 사프란을 사용한 빵이 있습니다. 이처럼 외래에서 유입된 향신료가 이 지역에 뿌리내리게 된 데에는 대항해시대 당시 동인도회사의 설립이 큰 영향을 미쳤다고 여겨집니다. 또한 수렵 시대의 영향으로 수렵육이나 다른 고기에 숲에서 채취한 주니퍼베리를 사용하는 요리도 많습니다. 이 밖에도 고기 요리에는 올스파이스도 쓰입니다. 고명으로는 딜 잎이 많이 이용됩니다.

**핑크 페퍼**
후추 같은 풍미와 과일 같은 향을 지닌 옻나무과 페퍼나무속 식물의 열매로, 토핑으로 쓰기 좋다.

캐러웨이 / 카다멈 / 주니퍼베리 / 딜 잎 / 겨자무 / 아쿠아비트 / *시나몬 / *겨자 / 살미아키 / 엘더 / 올스파이스 / 사프란

감자로 만든 증류주로, 캐러웨이나 아니스 등으로 향을 첨가한다.

북유럽에서 즐겨 먹는 리코리스(민감초) 사탕이다. 같은 풍미를 지닌 술이나 아이스크림도 있다.

### 향신료 사용이 특징적인 요리

**청어 마리네이드**
● 딜 잎 　　● 양파 등
● 후추

북유럽의 넓은 지역에서 즐겨 먹는 마리네이드로, 딜은 절임류에 들어가는 대표적인 재료이자 고명으로도 쓰인다. 산미가 강한 식초에 절인다.

**카렐리얀 스튜**
● 월계수 잎 　　● 올스파이스 등
● 주니퍼베리

카렐리아 지방에서 유래했으며, 소고기나 돼지고기 등 여러 종류의 고기가 들어가는 조림이다. 고기 요리에 주니퍼베리와 올스파이스를 함께 사용하는 경우도 많다.

## 북유럽풍 생선튀김 샌드위치

딜과 요거트, 등푸른생선을 조합해 북유럽 스타일의 맛을 냈다.

### 🌸 재료(3~4인분)
● 양파 … 4분의 1개
오이 피클 … 1개
● 딜 잎 … 2~3줄기
┌ 그릭 요거트 … 100g
│ ● 굵게 간 흑후추
A │ 　… 4분의 1작은술
└ 소금 … 2분의 1작은술
고등어(작은 것) … 1마리
박력분, 달걀, 빵가루 … 적당량
튀김용 기름 … 적당량
빵 … 적당량

### 🌸 만드는 법
❶ 양파는 다져서 물에 담갔다가 물기를 뺀다. 피클은 잘게 다진다. 딜 잎은 단단한 줄기를 제거한 뒤, 큼직하게 썬다. A와 함께 볼에 담아 섞는다.

❷ 고등어는 뼈와 지느러미를 제거한 후, 빵 크기에 맞춰 잘라 박력분을 묻힌다. 남은 박력분에 달걀과 물을 넣어 걸쭉한 반죽물을 만들어 고등어를 적신 다음, 빵가루를 뿌려 180℃의 기름에 노릇노릇하게 튀긴다.

❸ 빵 사이에 ❷를 넣고, ❶을 올린다.

타르타르소스는 물기가 생기기 쉬우므로 양파와 피클은 물기를 최대한 뺀다. 생선튀김 대신 구운 고등어 등을 넣어도 맛있다.

# 이탈리아

이탈리아는 전 지역에서 바질이나 로즈메리, 마늘 등을 쓰는 특징이 있지만, 북서부의 토스카나나 리구리아 지방에서는 특히 허브 계열의 향신료를 많이 사용합니다. 반면 동북부의 베네토나 프리울리 베네치아줄리아 지방에서는 향신료 무역과 동유럽의 아랍계 요리의 영향을 받아 커민이나 시나몬 등이 요리에 쓰입니다. 다양한 민족에게 정복당한 역사가 있는 시칠리아 지방에는 사프란이나 시나몬 같은 아랍계 요리의 영향이 여전히 강하게 남아 있습니다.

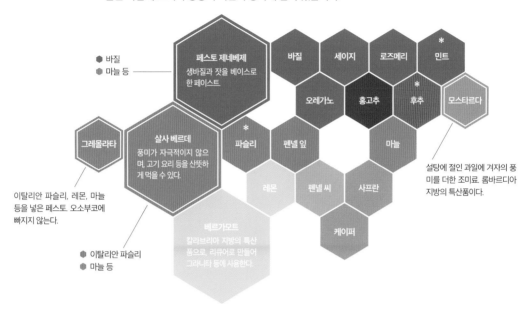

● 바질
● 마늘 등

**페스토 제네베제**
생바질과 잣을 베이스로 한 페이스트

바질　세이지　로즈메리　*민트

오레가노　홍고추　*후추　모스타르다

**그레몰라타**

**살사 베르데**
풍미가 자극적이지 않으며, 고기 요리 등을 산뜻하게 먹을 수 있다.

*파슬리　펜넬 잎　마늘

레몬　펜넬 씨　사프란

설탕에 절인 과일에 겨자의 풍미를 더한 조미료. 롬바르디아 지방의 특산품이다.

이탈리안 파슬리, 레몬, 마늘 등을 넣은 페스토. 오소부코에 빠지지 않는다.

**베르가모트**
칼라브리아 지방의 특산품으로, 리큐어로 만들어 그라니타 등에 사용한다.

케이퍼

● 이탈리안 파슬리
● 마늘 등

## 향신료 사용이 특징적인 요리

**닭 간 크로스티니**
● 세이지　● 케이퍼
● 로즈메리

토스카나 지방에서 먹는다. 세이지나 로즈메리 등 향이 강한 허브 계열의 향신료로 간의 잡내를 잡고, 케이퍼로 지중해 요리의 느낌을 표현했다.

**사프란 리소토**
● 사프란

밀라노의 대표적인 곁들임 요리 가운데 하나다. 이탈리아 라퀼라에서 생산된 사프란은 D.O.P.(원산지 명칭 보호 제도) 인증을 받는다.

## 펜넬과 안초비 파스타

토마토, 케이퍼, 펜넬의 조합이 이탈리아의 느낌을 낸다.
흑후추를 넣어 전체적인 맛을 끌어올렸다.

### 재료(3~4인분)
● 마늘 … 1쪽
방울토마토 … 3개
● 케이퍼 초절임 … 2작은술
● 펜넬 잎 … 3~4줄기
소금 … 1큰술
파스타(1.6mm) … 160g
올리브유 … 3큰술
안초비 … 2분의 1캔
화이트와인 … 1큰술
● 굵게 간 흑후추
　… 4분의 1작은술
● 펜넬꽃(있으면) … 적당량

### 만드는 법
❶ 마늘은 으깬다. 방울토마토는 세로 방향으로 십자 모양으로 썰어 4등분하고, 케이퍼는 굵게 다진다. 펜넬 잎은 큼직하게 썬다.
❷ 냄비에 물 2L와 소금을 넣고 강불에 올려 끓인다. 파스타를 넣고, 심이 거의 사라질 때까지 삶는다.
❸ 파스타를 삶는 동안, 프라이팬에 올리브유와 마늘을 넣어 강불에 올린다. 향이 올라오면 방울토마토, 케이퍼, 안초비를 넣고 가볍게 볶으면서 풀어 준 다음, 화이트와인을 넣는다. 다 삶은 면과 소량의 면수, 펜넬 잎을 넣고 유화시키듯이 가볍게 버무린다.
❹ 접시에 옮겨 담고, 흑후추와 펜넬꽃을 뿌린다.

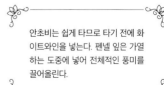

안초비는 쉽게 타므로 타기 전에 화이트와인을 넣는다. 펜넬 잎은 가열하는 도중에 넣어 전체적인 풍미를 끌어올린다.

# 스페인

스페인은 고추가 유럽에 처음 전래된 지역입니다. 지역마다 그곳을 대표하는 파프리카나 고추가 있으며, 고추를 주로 훈제해서 씁니다. 라만차 지방의 사프란도 유명한데, 쌀이나 해산물 요리에 쓰입니다. 요리에 고기가 전반적으로 많이 사용되며, 해산물 튀김 등에는 레몬이 곁들여져 나와 향과 풍미를 즐길 수 있습니다. 로즈메리나 타임도 많이 쓰이며, 디저트에는 시나몬이 자주 사용됩니다.

● 마늘
● 피멘톤

**로메스코 소스**
견과류를 넣은 순한 파프리카 소스 구운 채소나 고기 등을 찍어 먹는다.

**로즈메리**

**레몬**

**사프란**

**타임**

**홍고추**

*
**시나몬**

*
**후추**

**초리세로**
스페인 북부의 말린 홍고추로, 크기가 크다. 뇨라 고추처럼 물에 불려서 안쪽 과육을 사용한다.

**뇨라 고추**
작고 둥근 형태의 말린 홍고추. 카탈루냐나 발렌시아 같은 스페인 동부 지역에서 쓰인다.

**피멘톤**
파프리카 분말. 라베라에서 생산된 훈제 타입을 주로 쓴다.

**피퀴요**
나바라에서 생산되는 붉은 피망. 병조림이나 통조림 형태로 가공되어 유통된다.

**파프리카**

**마늘**

## 향신료 사용이 특징적인 요리

**소파 데 아호**
● 마늘
● 피멘톤 등

스페인 요리 중에는 마늘과 피멘톤을 베이스로 하는 요리가 많은데, 소파 데 아호는 이런 단순한 조합으로 최대한 맛있게 먹을 수 있는 요리다.

**발렌시아 파에야**
● 로즈메리　　● 마늘
● 사프란　　　● 피멘톤 등

발렌시아식 파에야는 토끼고기나 닭고기, 깍지 강낭콩으로 만든다. 고기 잡내를 제거하기 위해 로즈메리를 넣고, 사프란, 마늘, 피멘톤으로 스페인 요리의 느낌을 냈다.

---

레시피에서는 한국산 고춧가루를 사용했지만, 초리세로를 사용하면 더욱 스페인다운 맛이 난다. 올리브는 그린 올리브나 블랙 올리브 중 어느 것을 써도 상관없다.

# 칠리드론* 스타일의 닭고기 조림

토마토, 케이퍼, 펜넬의 조합이 이탈리아의 느낌을 낸다.

### 🌿 재료(3~4인분)
닭다리살 … 2장
소금 … 2분의 1작은술
● 마늘 … 2분의 1쪽
● 양파 … 2분의 1개
● 파프리카 … 1개

　　┌ 한국산 고춧가루
　　│　　… 2분의 1작은술
　　│ 훈제 파프리카 분말
　　│　　… 2분의 1작은술
A │ 홀 토마토 … 2분의 1캔
　　│ 소금 … 3분의 2작은술
　　│ 설탕 … 1작은술
　　└ 식초 … 1작은술
올리브유 … 2큰술
올리브 … 20알

### 🌱 만드는 법
❶ 닭고기는 한 장을 5등분으로 썰어 소금을 뿌린다. 마늘은 얇게 저미고, 양파는 다진다. 파프리카는 꼭지와 씨를 제거한 후 다진다. 홀 토마토는 페이스트로 만든다. A는 섞어 둔다.
❷ 프라이팬에 올리브유를 두르고 강불에 올린다. 기름이 충분히 달궈지면 닭고기를 껍질 부분이 바닥을 향하게 올린다. 노릇노릇하게 구워지면 반대편으로 뒤집은 다음, A와 마늘, 양파, 파프리카, 올리브를 넣는다. 끓어오르면 불을 중불로 줄이고 뚜껑을 덮은 다음, 닭고기가 부드러워질 때까지 20분간 조린다.

* chilindrón. 고기, 양파, 토마토, 피망 등을 넣은 스페인의 조림 요리-역주

*Column 09* │ **이슬람 제국의 식문화 소스**

민족이 이동하는 과정에서 요리 문화도 함께 이동하면서 이동한 지역의 식재료나 문화와 융합되어 오늘날의 식문화가 형성되었습니다. 그중에서도 7세기 무렵부터 14세기 말까지 발전한 페르시아·이슬람의 식문화는 아랍계 민족의 이동과 함께 세계 각지로 뻗어 나가 각 지역의 향신료 요리로 자리를 잡았습니다. 사프란이나 강황으로 황금색을 입힌 쌀, 디저트에 사용하는 오렌지 플라워 워터나 로즈 워터, 커민·시나몬·후추 같은 향신료로 풍미를 더한 간 고기 요리, 향신료를 넣고 푹 끓이는 고기 요리 등이 이에 해당합니다. 이러한 영향을 받은 스페인 요리는 이란, 튀르키예, 모로코 주변 지역이나 인도, 스페인 같은 유럽 일부 지역에서 여전히 즐겨 먹고 있습니다. 그래서 여러 지역 사람들이 즐겨 먹는 공통된 요리를 소개하려고 합니다.

## 향신료를 넣어 지은 밥

### ✻ 필라프

명칭은 언어마다 다르다. 튀르키예 쪽에서는 콩 등을 넣어 지으며, 비교적 담백한 풍미의 밥을 지어 다른 요리에 곁들이는 경우가 많다. 이란 쪽에서는 사프란이나 시나몬, 카다멈, 건과일 등이나 고기를 넣고 밥을 지어 진한 풍미를 내고, 누룽지를 만드는 경우가 많다.

### ✻ 비리아니

인도 요리로, 이슬람교를 믿었던 무굴 제국 시대에 발전했다고 알려져 있다. 고기를 넣어 밥을 짓는 경우가 많지만, 바다와 가까운 지역에는 새우 비리아니 등도 있다. 카다멈이나 사프란 등 페르시아 요리와 공통된 향신료를 쓰는 곳도 있다.

## 향신료를 넣어 지은 밥

### ✻ 케밥

향신료로 마리네이드한 닭고기나 양고기, 채소 등을 꼬치에 끼워 굽는다. 간 고기로 만드는 케밥도 있다. 튀르키예 쪽에서는 파프리카나 커민을, 이란 쪽에서는 사프란이나 요거트 등을 넣어 마리네이드한다.

### ✻ 시크 케밥

인도 요리로, 간 고기에 가람 마살라나 커민 등 인도 요리에 많이 쓰이는 혼합 향신료를 섞은 꼬치구이이다.

### ✻ 치킨 티카

인도 요리로, 향신료를 넣어 마리네이드한 닭고기를 인도의 전통 화덕인 탄두르에 굽는다. 가람 마살라 등이 들어간다.

### ✻ 양고기 꼬치

위구르 지역의 양고기 꼬치구이. 중동의 향신료 사용법의 영향을 받아 커민과 고추를 사용하는 모습이 관찰된다.

### ✻ 사테

인도네시아의 꼬치 요리. 유래에 대해서는 여러 가지 설이 있지만, 무굴 제국 시절에 인도에서 발전한 케밥 문화가 전파되었다는 설이 있다. 생 향신료나 땅콩을 넣어 매콤달콤한 맛을 내는 것이 일반적이다.

## 황금색 밥

### ✻ 골든 라이스

강황이나 사프란으로 색을 입힌 '누룽밥'으로, 이란 주변 지역에서는 지금도 즐겨 먹는다. 조림 요리 등에 곁들인다.

### ✻ 타친

이란 주변에서 먹는 요리. 사프란이나 달걀로 황금색을 입힌 케이크 형태의 쌀 요리.

### ✻ 사프란 라이스

인도에서 즐겨 먹는다. 7세기 무렵, 페르시아에서 인도로 건너온 파르시인이 들여왔다는 설이 있다.

## 삼각형 튀김

### ✻ 삼부삭

페르시아 제국 시대의 궁정 요리로, 이란 주변에서 즐겨 먹는다. 지금도 밀가루 반죽에 간 고기에 커민이나 시나몬 등으로 풍미를 더한 소와 견과류 등을 넣어서 삼각형으로 빚어 튀기는 요리가 중동 지역에 남아 있다.

### ✻ 브릭, 브리와트

마그레브 지역에서 먹는다. '필로'나 '와르카' 같은 얇은 밀가루 반죽에 향신료로 풍미를 더한 채소나 고기, 해산물 등 다양한 소를 넣어 삼각형으로 빚어 튀긴다. 종류가 다양하다.

### ✻ 사모사

인도 요리. 약간 두꺼운 밀가루 반죽에 향신료로 풍미를 더한 감자나 간 고기 등을 넣고 피라미드 형태로 빚어 튀긴다.

# 튀르키예 주변

튀르키예 요리의 기반이 형성된 것은 오스만 제국 시대로, 그때까지 큰 영향을 끼쳤던 페르시아 요리와는 또 다른 요리가 발전하면서 예전보다 향신료 사용법이 간소해졌습니다. 케밥 같은 고기구이에는 파프리카나 커민, 시나몬 등 풍미가 강한 향신료가 쓰이지만, 여러 향신료를 섞은 혼합 향신료는 거의 쓰이지 않습니다. 샐러드나 담백한 고기 요리에는 산미가 들어 있는 숨마끄를 뿌려서 포인트를 줍니다. 튀르키예는 일명 '터키시 딜라이트'라고 불리는 '로쿰'이라는 젤리 형태의 간식이 유명한데, 지금은 다양한 맛과 향의 제품이 있지만 원래 전통적인 로쿰에는 로즈 워터나 매스틱 검, 베르가모트 오렌지 또는 레몬이 들어갔다고 합니다.

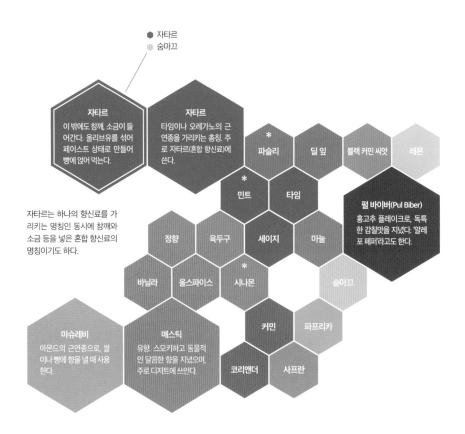

● 자타르
○ 숨마끄

**자타르**
이 밖에도 참깨, 소금이 들어간다. 올리브유를 섞어 페이스트 상태로 만들어 빵에 얹어 먹는다.

**자타르**
타임이나 오레가노의 근연종을 가리키는 총칭. 주로 자타르(혼합 향신료)에 쓴다.

자타르는 하나의 향신료를 가리키는 명칭인 동시에 참깨와 소금 등을 넣은 혼합 향신료의 명칭이기도 하다.

＊파슬리

딜 잎

블랙 커민 씨앗

레몬

＊민트

타임

**펄 바이버(Pul Biber)**
홍고추 플레이크로, 독특한 감칠맛을 지녔다. 알레포 페퍼라고도 한다.

정향

육두구

＊세이지

마늘

바닐라

올스파이스

＊시나몬

숨마끄

**마슈레비**
아몬드의 근연종으로, 쌀이나 빵에 향을 낼 때 사용한다.

**매스틱**
유향. 스모키하고 동물적인 달콤한 향을 지녔으며, 주로 디저트에 쓰인다.

커민

파프리카

코리앤더

사프란

## 향신료 사용이 특징적인 요리

**오이와 민트가 들어간 요거트 샐러드**
● 민트
● 후추 등
유목민의 음식이었던 요거트를 사용한 요리가 많다. 민트나 펄 바이버를 섞으면 튀르키예 요리의 느낌이 난다.

**양고기 시시 케밥**
● 오레가노　　● 숨마끄
● 시나몬　　　● 파프리카 등
● 커민
고기 요리에는 파프리카나 시나몬처럼 강한 향을 지닌 향신료를 조합한다.

## 라흐마준* 스타일의 크리스피 피자

커민과 올스파이스는 중동 지역에서 고기 요리에 많이 쓰는 조합이다. 파프리카나 숨마끄, 파슬리를 토핑으로 올려 지역적인 특성을 더욱 드러냈다.

### 재료(3~4인분)

A
- 강력분 … 100g
- 소금 … 1g
- 설탕 … 3g

 양파 … 4분의 1개
 파프리카 … 4분의 1개

B
- 간 양고기 … 100g
-  올스파이스 분말 … 두 꼬집
-  커민 분말 … 두 꼬집
- 소금 … 4분의 1작은술

 자색 양파 … 2분의 1개

-  파슬리(가능하면 이탈리안 파슬리) … 한 줌
- 올리브유 … 2큰술
-  파프리카 분말 … 2분의 1작은술
-  숨마끄 … 2분의 1작은술

*밀가루 반죽을 얇고 둥글게 밀고, 그 위에 채소와 고기를 얹어 화덕에 구운 튀르키예의 전통 요리-역주

### 만드는 법

❶ A를 볼에 담아 섞고, 40℃의 물 70ml를 부어 매끄러워질 때까지 반죽한다. 반죽을 4등분해 둥글게 빚어 다시 볼에 담고, 젖은 행주 등으로 덮어 30분 이상 휴지시킨다.

❷ 양파는 잘게 다진다. 파프리카는 꼭지와 씨를 제거한 후, 가로세로 7~8mm 크기로 깍둑썰기한다. B와 함께 볼에 담고, 뭉치는 곳 없이 잘 섞는다.

❸ 자색 양파는 결대로 얇게 썰어 찬물에 담근다. 파슬리는 잘게 다진다.

❹ ①의 반죽을 밀대 등을 이용해 10×20cm의 타원형으로 얇게 민다. 여기에 ②를 올려 얇게 편 다음, 오븐 팬에 올리고 올리브유를 빙 두른다. 반죽과 토핑이 잘 익어 살짝 그을릴 때까지 250℃의 오븐에 6~7분간 굽는다.

❺ ④에 자색 양파, 파슬리, 파프리카 분말, 숨마끄를 뿌린다.

반죽을 발효시키지 않고 얇게 구우면 먹기도 편하고 간편하게 구울 수 있다. 숨마끄가 없을 때는 붉은 차조기 후리카케 등을 대신 뿌린다.

## 요거트 소스를 얹은 주키니 호박과 딜, 민트구이

싱그러운 향을 풍기는 민트와 딜, 주키니 호박을 조합한 산뜻한 요리다. 토핑으로 뿌리는 향신료와 요거트 소스로 중동 요리의 느낌을 더욱 살렸다.

### 재료(3~4인분)

주키니 호박 … 2개
 딜 잎 … 3줄기
 스피어민트 생잎 … 20장
박력분 … 4큰술
 커민 분말 … 4분의 1작은술과 한 꼬집
소금 … 두 꼬집
 마늘 … 2분의 1쪽
그릭 요거트 … 100g
올리브유 … 3큰술
 파프리카 분말 … 한 꼬집

### 만드는 법

❶ 주키니 호박은 치즈 그레이터 등을 이용해 굵게 채 썬다. 딜 잎과 민트는 큼직하게 썬다. 박력분, 커민 분말 4분의 1작은술, 소금 한 꼬집을 볼에 담아 섞는다.

❷ 마늘을 간 다음, 요거트, 소금 한 꼬집과 함께 볼에 담아 골고루 섞는다.

❸ 프라이팬에 올리브유를 둘러 강불에 올린다. 기름이 달궈지면 ①을 한 국자 분량씩 떠서 넓게 편 다음, 한쪽 면이 다 구워지면 반대쪽으로 뒤집어 마저 구운 후, 접시에 옮겨 담는다.

❹ ③에 ②를 올리고, 커민 분말 한 꼬집과 파프리카 분말을 뿌린다.

생선구이에 곁들여 먹기에도 좋다. 반죽이 묽으므로 구울 때 되도록 건드리지 않는다. 커민 분말은 너무 많이 넣으면 향이 진해지므로 양 조절에 주의하자.

# 이란 주변

사프란, 시나몬, 강황 등의 향신료를 사산 왕조 페르시아 때부터 전해 내려온 고전적인 방법으로 사용하고 있는 것이 특징입니다. 쌀에는 사프란을 넣어 밥을 짓고, 고기 조림에는 시나몬이나 정향, 커민, 후추 등을 사용합니다. 쌀에 향신료로 풍미를 더한 고기를 함께 넣어 밥을 짓는 필라프는 대이란제국 시대에 발전했습니다. 한편 이 지역에서는 딜 잎이나 민트, 고수잎 등의 생 허브도 채소처럼 요리에 듬뿍 넣어 먹습니다. 그리고 단 음식에 카다멈이나 장미를 사용하는 것 또한 특징입니다.

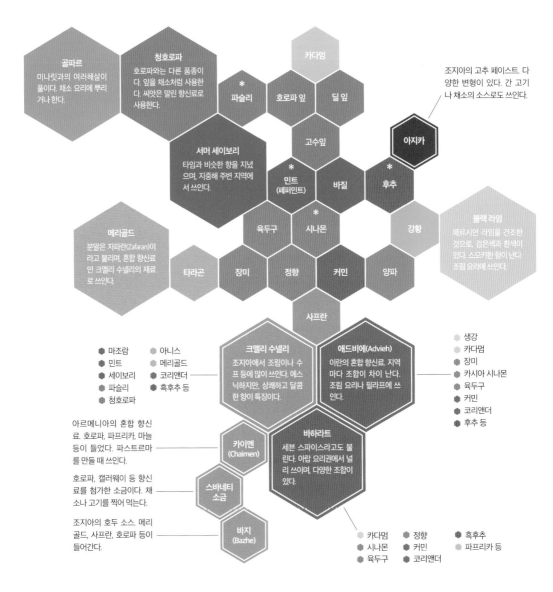

**골파르** 미나릿과의 여러해살이 풀이다. 채소 요리에 뿌리거나 한다.

**청호로파** 호로파와는 다른 품종이다. 잎을 채소처럼 사용한다. 씨앗은 말린 향신료로 사용한다.

카다멈

\* 파슬리

호로파 잎

딜 잎

조지아의 고추 페이스트. 다양한 변형이 있다. 간 고기나 채소의 소스로도 쓰인다.

**서머 세이보리** 타임과 비슷한 향을 지녔으며, 지중해 주변 지역에서 쓰인다.

고수잎

**아지카**

\* 민트 (페퍼민트)

바질

\* 후추

**메리골드** 분말은 자파란(Zafaran)이라고 불리며, 혼합 향신료인 크멜리 수넬리의 재료로 쓰인다.

육두구

\* 시나몬

강황

**블랙 라임** 페르시안 라임을 건조한 것으로, 검은색과 흰색이 있다. 스모키한 향이 난다. 조림 요리에 쓰인다.

타라곤

장미

정향

커민

양파

사프란

- ● 마조람
- ● 아니스
- ● 민트
- ● 메리골드
- ● 세이보리
- ● 코리앤더
- ● 파슬리
- ● 흑후추 등
- ● 청호로파

**크멜리 수넬리** 조지아에서 조림이나 수프 등에 많이 쓰인다. 에스닉하지만, 상쾌하고 달콤한 향이 특징이다.

**애드비에(Advieh)** 이란의 혼합 향신료. 지역마다 조합이 차이 난다. 조림 요리나 필라프에 쓰인다.

- ● 생강
- ● 카다멈
- ● 장미
- ● 카시아 시나몬
- ● 육두구
- ● 커민
- ● 코리앤더
- ● 후추 등

아르메니아의 혼합 향신료. 호로파, 파프리카, 마늘 등이 들었다. 파스트르마를 만들 때 쓰인다.

**카이멘 (Chaimen)**

**바하라트** 세븐 스파이스라고도 불린다. 아랍 요리권에서 널리 쓰이며, 다양한 조합이 있다.

호로파, 캘러웨이 등 향신료를 첨가한 소금이다. 채소나 고기를 찍어 먹는다.

**스바네티 소금**

조지아의 호두 소스. 메리골드, 사프란, 호로파 등이 들어간다.

**바지 (Bazhe)**

- ● 카다멈
- ● 정향
- ● 흑후추
- ● 시나몬
- ● 커민
- ● 파프리카 등
- ● 육두구
- ● 코리앤더

## 향신료 사용이 특징적인 요리

### 쿠쿠 사브지

- ● 고수잎
- ● 후추
- ● 파슬리
- ● 차이브 등
- ● 딜 잎

허브와 호두를 넣은 오믈렛. 차가운 상태로 먹어도 된다. 강황이 들어가는 경우도 있다.

### 페센잔

- ● 시나몬
- ● 후추 등

호두 페이스트와 석류즙을 넣어 끓이는 닭고기 스튜. 들어가는 향신료는 적지만, 석류의 새콤한 맛과 시나몬의 달콤한 향, 스튜의 짠맛이라는 조합은 이 지역에 나타나는 특징이다.

## 카다멈과 장미 분말을 넣은 쌀 푸딩

장미와 카다멈은 아랍의 식문화에서 볼 수 있는 전형적인 조합
으로, 요리에 화려한 향을 더한다.

### ❧ 재료(3~4인분)
쌀 ⋯ 2분의 1컵
우유 ⋯ 500ml
설탕 ⋯ 100g
생크림 ⋯ 50ml
● 장미 분말 ⋯ 한 꼬집
● 카다멈 분말 ⋯ 한 꼬집

### ❧ 만드는 법
❶ 냄비에 쌀과 우유 100ml를 넣고 중불에 올린다. 우유가
　 끓으면 불을 약불로 줄이고, 저으면서 가열한다. 수분이
　 날아가면 남은 우유를 조금씩 붓는다. 같은 과정을 반복하
　 면서 쌀이 부드러워질 때까지 푹 끓인 뒤, 설탕과 생크림
　 을 넣고 끓여 수분을 날린다.
❷ 스테인리스 용기 등에 옮겨 담아 식힌다.
❸ 접시에 담고, 장미 분말과 카다멈 분말을 뿌린다.

 ───────────────────

우유를 다 넣었는데도 쌀이 아직 덜 익었을 때는 분량
외의 우유를 더 첨가한다. 상온 상태에서 먹어도 되고,
차갑게 식혀 먹어도 맛있다.

 ───────────────────

## 달콤한 미소 된장을 넣은 양배추 돌마

일본의 조미료인 미소 된장에 페르시아풍의 향신료를 섞어 퓨
전 요리를 만들었다.

### ❧ 재료(3~4인분)
양배추 ⋯ 4분의 1통
건포도 ⋯ 30g
구운 호두 ⋯ 30g
　　┌ ● 육두구 분말 ⋯ 한 꼬집
　　│ ● 카시아 시나몬 분말 ⋯ 4분의 1작은술
A │ ● 강황 분말 ⋯ 한 꼬집
　　│ 설탕 ⋯ 1큰술
　　└ 일본 적된장 ⋯ 2큰술

### ❧ 만드는 법
❶ 큰 냄비에 뜨거운 물을 끓인다. 양배추는 심을 제거한다.
　 물이 끓으면 양배추를 통째로 넣은 다음, 겉에서부터 잎을
　 한 장씩 5~6장 벗긴다.
❷ 건포도와 호두는 굵게 다진 후, A를 넣고 골고루 섞어 그
　 대로 10분간 둔다.
❸ 양배추로 ②를 싼다.

 ───────────────────

남은 양배추의 중심부는 약간 익은 상태이므로 마리네
이드 등에 사용하면 좋다. ②는 설탕이 녹아서 다른 재
료와 잘 섞일 때까지 잠시 둔다. 이렇게 만든 달콤한 미
소 된장은 빵에 바르거나 채소를 찍어 먹어도 맛있다.

 ───────────────────

# 모로코 주변

여러 제국의 지배를 받은 마그레브 지역은 전통 식문화와 외부에서 유입된 식문화가 자연스럽게 융화되었습니다. 조화를 잘 이룬 이 지역의 향신료 사용법은 종종 세련되었다는 인식을 받습니다. 시나몬이나 장미, 아니스 같은 달콤한 향신료를 요리나 혼합 향신료에 적절히 사용하는 것이 특징입니다. 커민도 많이 쓰이지만, 맛에서 크게 두드러지지는 않으며, 식재료나 다른 향신료와 조화를 이룹니다.

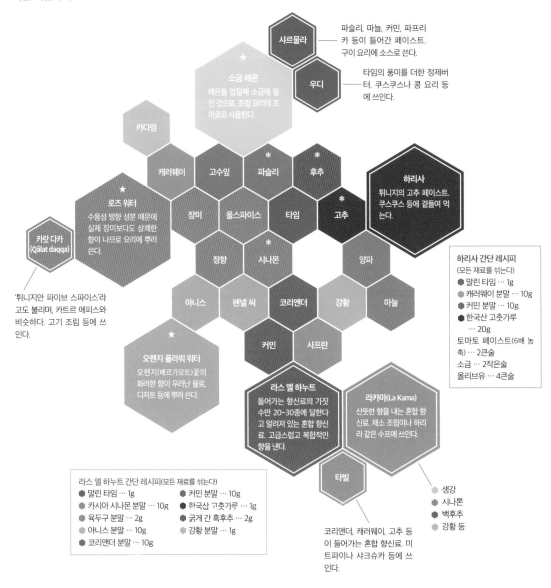

**샤르물라**
파슬리, 마늘, 커민, 파프리카 등이 들어간 페이스트. 구이 요리에 소스로 쓴다.

**우디**
타임의 풍미를 더한 정제버터. 쿠스쿠스나 콩 요리 등에 쓰인다.

**소금 레몬**
레몬을 껍질째 소금에 절인 것으로, 조림 요리에 조미료로 사용한다.

**카다멈**

**캐러웨이** **고수잎** **파슬리** **후추**

**하리사**
튀니지의 고추 페이스트. 쿠스쿠스 등에 곁들여 먹는다.

**로즈 워터**
수용성 방향 성분 때문에 실제 장미보다도 상쾌한 향이 나므로 요리에 뿌려 쓴다.

**장미** **올스파이스** **타임** **고추**

**카랏 다카 (Qâlat daqqa)**

'튀니지안 파이브 스파이스'라고도 불리며, 카트르 에피스와 비슷하다. 고기 조림 등에 쓰인다.

**정향** **시나몬** **양파**

**하리사 간단 레시피**
(모든 재료를 섞는다)
- 말린 타임 … 1g
- 캐러웨이 분말 … 10g
- 커민 분말 … 10g
- 한국산 고춧가루 … 20g
- 토마토 페이스트(6배 농축) … 2큰술
- 소금 … 2작은술
- 올리브유 … 4큰술

**아니스** **펜넬 씨** **코리앤더** **강황** **마늘**

**오렌지 플라워 워터**
오렌지(베르가모트)꽃의 화려한 향이 우러난 물로, 디저트 등에 뿌려 쓴다.

**커민** **사프란**

**라스 엘 하누트**
들어가는 향신료의 가짓수만 20~30종에 달한다고 알려져 있는 혼합 향신료. 고급스럽고 복합적인 향을 낸다.

**라카마(La Kama)**
산뜻한 향을 내는 혼합 향신료. 채소 조림이나 하리라 같은 수프에 쓰인다.

**라스 엘 하누트 간단 레시피**(모든 재료를 섞는다)
- 말린 타임 … 1g
- 카시아 시나몬 분말 … 10g
- 육두구 분말 … 2g
- 아니스 분말 … 10g
- 코리앤더 분말 … 10g
- 커민 분말 … 10g
- 한국산 고춧가루 … 1g
- 굵게 간 흑후추 … 2g
- 강황 분말 … 1g

**타빌**

코리앤더, 캐러웨이, 고추 등이 들어가는 혼합 향신료. 미트파이나 샤크슈카 등에 쓰인다.

생강
시나몬
백후추
강황 등

## 향신료 사용이 특징적인 요리

**파스틸라**
- 파슬리
- 사프란
- 강황 등
- 말린 생강
- 양파
- 시나몬
- 마늘

닭고기를 넣은 전통적인 미트파이다. 고급스럽고 달콤한 향을 내는 향신료에 사프란이 에스닉한 느낌을 낸다.

**하리라**
- 말린 생강
- 시나몬
- 양파 등

라카마처럼 산뜻하고 가벼운 향신료를 써서 만드는 콩 수프로, 라마단의 금식 시간이 끝나면 먹는다.

## 닭고기와 프룬을 넣은 쿠스쿠스

라스 엘 하누트는 복합적이면서도 순하고 조화를 잘 이루도록 향신료를 조합하는 것이 비결이다. 반대로 하리사는 맛에 포인트를 주는 것이 목적이므로 들어가는 향신료의 가짓수가 적다.

### 🌸 재료(4~5인분)

| | |
|---|---|
| 뼈 있는 닭고기 … 500g | 화이트와인 … 2큰술 |
|  양파 … 2개 | 말린 프룬 … 10개 정도 |
|  마늘 … 2분의 1개 | 인스턴트 쿠스쿠스 … 150g |
| 당근 … 2개 |  하리사 … 적당량 |
| 소금 … 1작은술 |  파슬리 … 적당량 |
|  라스 엘 하누트 … 2분의 1작은술 | |

### 🌸 만드는 법

❶ 닭고기는 뼈째 먹기 좋은 크기로 자른다. 양파는 결대로 얇게 썰고, 마늘은 얇게 저민다. 당근은 껍질을 벗긴 후, 길이는 반으로 자르고, 윗부분은 세로로 4등분, 밑부분은 세로로 2등분한다.

❷ 닭고기, 양파, 마늘, 소금, 라스 엘 하누트를 볼에 담고, 주무르듯이 섞는다. 다 버무렸으면 그대로 30분 둔다.

❸ 냄비에 ②와 물 200ml, 화이트와인을 넣고, 강불에 올린다. 물이 끓으면 거품을 걷어 낸 후, 당근, 프룬을 올린 다음, 불을 약불로 줄이고 뚜껑을 덮는다. 재료가 푹 익을 때까지 1시간 정도 끓인다.

❹ 인스턴트 쿠스쿠스를 볼에 담고, 뜨거운 물 300ml를 부은 후, 잘 섞는다. 랩을 씌워 10분간 뜸을 들인다.

❺ 그릇에 ④를 깔고, ③을 올린 다음, 다진 파슬리를 뿌리고 하리사를 곁들인다.

레시피에서는 국물이 있는 재료에 맞춰서 쿠스쿠스를 조금 고슬고슬하게 뜸을 들였지만, 찜기에 넣고 두세 번 뜸을 들이면서 찌면 더 폭신폭신해진다.

## 브리와트

카시아 시나몬, 커민, 올스파이스의 조합은 단순하지만, 견과류와 건과일, 양고기와 함께 사용하면 아랍 요리의 분위기가 확 느껴진다.

### 🌸 재료(4~5인분)

| | |
|---|---|
|  양파 … 2분의 1개 | ┌  카시아 시나몬 분말 … 4분의 1작은술 |
|  파슬리 … 2~3줄기 |  올스파이스 분말 … 한 꼬집 |
| 말린 살구 … 2개 | A |
| 아몬드 … 20g |  커민 분말 … 4분의 1작은술 |
| 감자 … 1개 | 소금 … 4분의 1작은술 |
| 올리브유 … 1큰술 | └ 설탕 … 1작은술 |
| 간 양고기 … 150g | 춘권피 … 6장 |
| | 밀가루를 갠 물 … 적당량 |
| | 튀김용 기름 … 적당량 |

### 🌸 만드는 법

❶ 양파, 파슬리, 말린 살구, 아몬드는 각각 잘게 다진다. 감자는 껍질째 찐다.

❷ 프라이팬에 올리브유를 두르고 강불에 올린다. 기름이 달궈지면 양파를 넣어 살짝 볶는다. 여기에 간 고기를 넣고 볶다가 고기가 익으면 A를 넣고 잘 섞은 후 불을 끈다. 파슬리, 쪄서 껍질을 벗긴 감자, 말린 살구, 아몬드를 넣고 잘 섞는다.

❸ 춘권피를 세로로 3등분해서 자른 다음, ②를 삼각형 모양으로 싼다. 밀가루를 갠 물로 고정한다.

❹ 180℃의 기름에서 ③을 노릇노릇하게 튀긴다.

감자도 뜨거울 때 다른 재료와 섞는다. 말린 살구가 없을 때는 건포도 등을 대신 사용해도 된다.

# 인도

향신료 중에는 인도가 원산지인 것도 많아서 인도인의 생활 속에는 향신료가 깊이 뿌리내려 있습니다. 커민과 고추는 인도 전역에서 많이 쓰입니다. 북부에서는 정향이나 카다멈처럼 향이 강한 향신료가 진한 고기 요리에 들어가며, 남부에서는 채소나 쌀 요리에 카레 잎이나 강황이 쓰입니다. 인도 서부는 다양한 문화가 혼재된 곳이라 유럽 요리와 융합된 듯한 요리도 많습니다. 동부는 담수어 요리에 겨자를 사용하며, 동북부에서는 향신료를 좀 더 간소하게 사용하는 모습이 보입니다. 또 무굴 제국 시대의 궁정 요리나 파르시 요리 등 역사와 함께 발전한 요리에도 향신료가 잘 융합되어 있습니다. 주변 지역에서도 인도의 향신료 사용법의 영향을 받은 식문화가 관찰됩니다.

## 향신료 사용이 특징적인 요리

### [북부]

**인도 북부식 압구시트**
- 카다멈
- 블랙 카다멈
- 시나몬
- 정향
- 고추
- 후추 등

커민을 넣지 않고 우유로 조려 밝은색을 띠는 양고기 커리.

**로간 조시**
- 카다멈
- 블랙 카다멈
- 시나몬
- 정향
- 메이스
- 펜넬 씨
- 코리앤더
- 커민
- 사프란
- 고추
- 양파
- 마늘 등

세계적으로 인기가 많은 양고기 커리다. 카슈미르 고추나 알카넷을 넣어 붉은색을 띠는 것이 특징이다.

### [서부]

**단삭**
- 타말라녹나무 잎
- 카다멈
- 시나몬
- 정향
- 메이스
- 코리앤더
- 커민
- 호로파
- 고추
- 흑후추
- 갈색겨자
- 강황 등

8세기에 페르시아에서 건너온 조로아스터교도가 전파한 대표적인 파르시 요리. 복합적인 향을 내는 혼합 향신료를 쓰는 것이 특징이다.

**포크 빈달루**
- 카다멈
- 정향
- 커민
- 고추
- 양파
- 마늘 등

기독교의 영향을 받은 요리로, 식초와 돼지고기 등을 사용한다. 들어가는 향신료는 커민과 고추를 비롯한 몇 가지에 불과하지만, 단순한 만큼 향신료의 풍미가 강하게 느껴진다.

### [남부]

**라삼**
- 카레 잎
- 커민
- 고추
- 갈색겨자
- 아사푀티다
- 타마린드 등

인도 남부의 산뜻한 신맛과 매운맛이 나는 수프. 재료에 따라 맵기는 차이가 나지만, 타마린드와 카레 잎이 인도 남부 음식의 특징이다.

**바다(Vada)**
- 고수잎
- 펜넬 씨
- 카레 잎
- 고추
- 양파 등

중동의 팔라펠과 비슷하게 콩을 튀긴 음식이다. 향신료를 콩 페이스트에 섞어 함께 튀긴다.

### [동부]

**피시 커리**
- 카다멈
- 시나몬
- 정향
- 코리앤더
- 커민
- 판치 포론
- 고추
- 겨자
- 강황 등

향신료가 들어간 마리네이드 페이스트에 생선을 절였다가 조리는 요리가 많은데, 해산물이 풍부한 인도 동부에는 다양한 조리법과 향신료 사용법이 있다.

**새우 커리**
- 타말라녹나무 잎
- 가람 마살라
- 고추
- 강황 등

동부 벵골 지방의 대표적인 커리. 가람 마살라를 즉석에서 빻아 사용하면 향이 좋다.

## [북부] 호로파 잎을 넣은 닭고기 커리

호로파의 생잎이 지닌 상쾌한 향과 말린 잎에서 나는 독특한
향이 인도 요리의 느낌을 낸다.

### ✤ 재료(3~4인분)

닭다리살 … 2장

```
┌ 플레인 요거트 … 5큰술
│ ● 카스리메티 리프
│   (말린 호로파 잎) … 1큰술
│ ● 커민 분말
│   … 2분의 1작은술
A │ ● 코리앤더 분말
│   … 1과 2분의 1작은술
│ ● 한국산 고춧가루
│   … 1작은술
└ ● 강황 분말 … 1작은술
```
● 생강 … 1조각
● 마늘 … 2분의 1쪽
● 양파 … 2분의 1개

● 호로파 생잎 … 1다발
기름 … 1큰술
버터 … 20g

```
┌ ● 타말라녹나무 잎
│     … 1장
B │ ● 카다멈 … 7알
└ ● 정향 … 3알
  ┌ 설탕 … 2작은술
  │ 식초 … 2작은술
C │ 요리술 … 3큰술
  │ 토마토 페이스트
  └  (6배 농축) … 1큰술
```

### ✤ 만드는 법

❶ 닭고기는 한입 크기로 썰어 A를 버무린다. 생강은 껍질을
벗기고, 마늘과 함께 결대로 채 썬다. 양파는 결대로 얇게
썬다. 호로파 생잎은 잘게 다진다. 카다멈은 반으로 자르
고, 타말라녹나무 잎은 칼집을 낸다.

❷ 프라이팬에 기름과 버터, B를 넣고 중불에 올린다. 향이
나기 시작하면 마늘, 생강을 넣어 살짝 볶은 뒤, 양파를 넣
고 가볍게 볶는다.

❸ 닭고기를 양념째 프라이팬에 올리고, 호로파 생잎과 C, 물
50ml를 넣은 다음, 뚜껑을 덮는다. 가끔 뒤적이면서 닭고
기가 부드러워질 때까지 20분 정도 푹 끓인다.

---

마늘이나 생강은 다지지 말고 채를 썰어야 향이 더 순
하다. 카다멈은 반으로 잘라야 향이 더 잘 난다. 호로파
생잎을 구하기 힘들 때는 마른 잎을 생잎의 1.5배만큼
넣는다.

## [서부] 단삭 커리

단삭 마살라에 든 블랙 카다멈이 개성적이고 에스닉한 느낌을
낸다. 코리앤더를 베이스로 순하게 만든다.

### ✤ 재료(4~5인분)

뼈 있는 닭고기 … 500g
● 마늘 … 1쪽
● 양파 … 1개
홀 토마토 … 4분의 1캔
● 자색 양파 … 8분의 1개
● 고수잎 … 2~3줄기

```
┌ ● 단삭 마살라
A │    … 1작은술
└ 소금 … 2분의 1작은술
```

기름 … 3큰술
소금 … 2분의 1작은술
화이트와인 … 2큰술

```
┌ ● 단삭 마살라 … 1큰술
│ 소금 … 2분의 1작은술
B │ 설탕 … 1작은술
└ 식초 … 1작은술
```
껍질을 벗긴 렌틸콩 … 20g

### ✤ 만드는 법

❶ 닭고기는 뼈가 붙어 있는 상태에서 먹기 좋은 크기로 썬
다. 마늘은 반으로 가른다. 양파는 결대로 얇게 썬다. 홀 토
마토는 퓌레 상태로 만든다. 자색 양파는 큼직하게 깍둑썰
기해서 물에 담근다. 고수잎은 잘게 다진다.

❷ 닭고기에 A로 밑간을 한다.

❸ 냄비에 기름과 마늘을 넣고, 강불에 올린다. 향이 나기 시
작하면 양파와 소금을 넣어 가볍게 볶는다. 여기에 화이트
와인을 붓고, 불을 약불로 줄인 다음 뚜껑을 덮는다. 양파
가 푹 익을 때까지 20분 정도 가열한다.

❹ ③에 B와 홀 토마토, 물 200ml, ②를 넣고 강불에 올린
다. 끓으면 거품을 걷어 내고, 불을 중약불로 줄인 후, 뚜껑
을 덮은 채로 1시간 정도 푹 끓인다.

❺ 다른 냄비에 물 200ml를 담아 중불에 올린다. 물이 끓으
면 껍질을 벗긴 렌틸콩을 넣고 불을 중약불로 줄인 다음,
콩이 부드러워지면 수분을 날린다.

❻ ④의 가열을 마무리하는 단계에서 ⑤를 넣고 섞는다.

❼ 접시에 옮겨 담고, 자색 양파와 고수잎을 뿌린다.

---

양파가 페이스트 상태가 되면 좋다. 눌어붙을 것 같다
면 물을 조금 더 붓는다. 렌틸콩은 함께 끓이면 눌어붙
기 쉬우므로 따로 끓인 후 마지막에 합쳐서 버무린다.

## [남부] 코코넛 치킨 커리

향신료를 볶아서 향을 날리면 풍미가 고소하고 순해져서 입자가 굵어도 향이 진해지지 않는다.

### 🪷 재료(3~4인분)

- 🧅 양파 … 2개
- 🧄 마늘 … 2쪽
- 닭다리살 … 2장
- 소금 … 2분의 1작은술
- A ┌ 🟤 카다멈 … 5알
  │ 🟤 정향 … 3알
  │ 🟤 펜넬 씨 … 1작은술
  │ 🟤 커민 씨 … 1작은술
  └ 🟤 코리앤더 씨 … 2작은술
- 코코넛 플레이크(롱 타입) … 30g
- B ┌ 🟤 진피 … 2분의 1작은술
  │ 🟤 카시아 시나몬 분말 … 2분의 1작은술
  │ 🟤 한국산 굵은 고춧가루 … 2작은술
  └ 🟤 강황 분말 … 2분의 1작은술
- 기름 … 2큰술
- C ┌ 코코넛 밀크 … 200ml
  │ 소금 … 1과 2분의 1작은술
  │ 설탕 … 1큰술
  │ 식초 … 1작은술
  └ 화이트와인 … 2큰술

### 🪷 만드는 법

❶ 양파는 반달 모양으로 썬다. 마늘은 반으로 가른다. 닭고기는 한입 크기로 자른 뒤, 소금을 뿌린다.

❷ 프라이팬에 A의 재료를 넣고 약불에 올린다. 향신료의 향이 올라오기 시작하면 코코넛을 넣고, 코코넛이 노릇노릇해지면 볼 등에 옮겨 담은 후 B를 섞는다.

❸ 같은 프라이팬에 기름 1큰술을 둘러 강불에 올린다. 팬이 달궈지면 양파, 마늘을 넣고 3분 정도 볶다가 ②의 볼에 옮긴다.

❹ ③과 코코넛 밀크 일부를 믹서에 넣고 돌려 페이스트 상태를 만든다.

❺ ③의 프라이팬에 기름 1큰술을 두르고 강불에 올린다. 기름이 충분히 달궈지면 닭고기의 양면을 굽는다. ④와 C와 물 100ml를 넣고 가볍게 섞은 다음 중불에 올리고 뚜껑을 덮는다. 국물에 윤기가 돌 때까지 15분간 푹 끓인다.

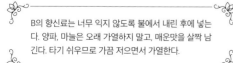

 B의 향신료는 너무 익지 않도록 불에서 내린 후에 넣는다. 양파, 마늘은 오래 가열하지 말고, 매운맛을 살짝 남긴다. 타기 쉬우므로 가끔 저으면서 가열한다.

## [동부] 달걀 커리

템퍼링한 향신료가 맛에 포인트를 주고, 분말 향신료가 요리 전체에 풍미를 더한다.

### 🪷 재료(3~4인분)

- 달걀 … 8개
- 소금 … 3분의 1작은술
- 🧄 마늘 … 2분의 1쪽
- 🧅 양파 … 4분의 1개
- 🟢 카레 잎 … 3장
- 기름 … 3큰술
- A ┌ 🟤 펜넬 씨 … 2분의 1작은술
  └ 🟤 커민 씨 … 2분의 1작은술
- B ┌ 🟤 커민 분말 … 2분의 1작은술
  │ 🟤 코리앤더 분말 … 1작은술
  │ 🟤 한국산 고춧가루 … 2분의 1작은술
  │ 🟤 갈색겨자 … 2분의 1작은술
  └ 🟤 강황 분말 … 2분의 1작은술
- C ┌ 화이트와인 … 50ml
  │ 토마토 페이스트 (6배 농축) … 1큰술
  └ 국간장 … 1큰술
- 🔵 생강 … 2분의 1조각
- ⚫ 생 청고추 … 약간

### 🪷 만드는 법

❶ 달걀은 완숙으로 삶은 뒤, 껍질을 벗겨 소금을 뿌린다. 마늘은 얇게 저미고, 양파는 절반 길이로 썰어 결대로 5mm 너비로 썬다. 카레 잎은 줄기를 제거한다.

❷ 프라이팬에 기름을 두르고 강불에 올린다. 달걀을 넣어 굴리면서 표면이 노릇노릇해지면 건진다.

❸ 같은 프라이팬에 A를 넣어 중불에 올린다. 씨가 튀어 오르기 시작하면 카레 잎, 마늘, 양파를 넣고, B를 첨가한 다음, 곧바로 C와 물 50ml를 붓는다. 달걀을 넣어 조리다가 국물이 줄어들면 접시에 담고, 채 썬 생강과 다진 고추를 올린다.

달걀은 노릇노릇하게 구워야 표면이 고르지 않게 변해 양념이 잘 엉겨 붙는다. B는 타기 쉬우므로 넣자마자 바로 물기가 있는 재료를 첨가한다. 부족한 감칠맛은 간장으로 보강한다.

요즘은 세계 곳곳에서 카레 혹은 그와 유사한 요리를 맛볼 수 있습니다. 이처럼 '카레 요리'가 널리 퍼진 경로는 크게 두 가지로 나누어 볼 수 있습니다. 하나는 영국인을 통한 전파이고, 또 하나는 인도인을 통한 전파입니다.

### 영국인을 통한 전파

영국은 17세기에 동인도회사를 설립하고, 아시아에서 무역을 독점하려 했습니다. 그 당시 인도에 건너갔던 영국 상인들이 현지 여성과 결혼하면서 인도의 맛있는 향신료 요리를 접하게 되었습니다. 그 후 자국으로 돌아간 이들은 그 맛을 재현하려고 노력했고, 그 결과 카레 가루가 발명되었습니다. 18세기 말에서 19세기에 카레 가루가 영국의 일반 가정에 보급되면서 카레는 영국의 국민적인 음식이 되었습니다.

영국인이 이주한 미국, 캐나다, 호주 등에도 카레 문화가 널리 퍼져 나갔습니다. 호주는 그 후 동남아시아 등 다양한 민족이 섞이면서 여러 지역의 카레 요리를 받아들이게 되었습니다.

일본에는 카레가 영국 군인들의 음식으로 소개되었고, 카레와 일본의 밥이 합쳐진 카레 라이스가 탄생했습니다. 카레 라이스가 인기를 끌자 카레 루나 레토르트 카레가 발명되기 시작했습니다. 일본식 카레도 국민적인 음식이 되면서 '가정의 맛'을 상징하는 친숙한 요리가 되었습니다.

**✽ 마드라스 카레 가루**
영국식 카레 가루. 향신료의 향이 순하고, 매운맛도 강하지 않다.

**✽ 봄베이 카레 가루**
마드라스 카레 가루보다 순하고 매운맛이 적다.

**✽ 바두반**
영국처럼 인도에 식민지가 있었던 프랑스에서 프랑스식으로 발전한 카레 가루. 타라곤이나 겨자가 들어 있다.

**✽ 일본의 카레 가루**
기본적으로 영국의 카레 가루를 모방했다. 카레 우동 등 일본의 독자적인 카레 요리에도 쓰인다.

### 인도인을 통한 전파

한편 노예 제도가 시행된 시대부터 많은 인도인이 세계 각지로 흩어지게 되면서 카리브해 주변 지역에서도 콩이나 고기, 생선을 넣은 커리 등 인도 요리의 영향을 받은 요리가 나타났습니다. 자메이카의 대표 요리 중 하나인 염소고기 커리도 이러한 흐름을 이어받았다고 할 수 있습니다.

또 남아프리카가 유럽과 아시아 간의 무역 중계지 역할을 하게 되자 인도네시아나 인도에서 수많은 사람이 노예로 끌려오게 되었습니다. 이들을 케이프 말레이인이라 하는데, 그들이 남긴 요리를 지금도 케이프 말레이 요리라고 부릅니다.

동남아시아는 인노와 인접한 지역도 있어서 인도 요리의 영향을 받은 카레 요리가 많습니다. 베트남 카레나 태국 카레 등은 동남아시아 현지의 싱싱한 생 허브와 인도의 풍미가 느껴지는 분말 향신료를 모두 사용하는 하이브리드 카레입니다.

**✽ 케이프 말레이 카레 가루**
순한 카레 가루. 유럽 스타일의 카레 가루보다 각각의 향신료의 향이 두드러진다.

**✽ 다반 카레 가루**
인도 구자라트주 출신 이민자의 영향을 받은 북인도풍 카레 가루. 버니 차우 등에 쓰인다.

**✽ 콜롬보 카레 가루**
레위니옹섬에서 발전한 카레 가루. 이 지역으로 건너온 스리랑카 이민자가 그 시초인 것으로 알려져 있다.

**✽ 베트남 카레 가루(카리)**
팔각과 강황의 향이 두드러지지만, 맛은 순한 편이다.

## Column 11 | 아프리카의 향신료

이번 장에서는 향신료의 사용법에 특징적인 부분이 있는 지역을 살펴보고 있습니다. 이러한 지역 외에도 여러 지역에는 저마다 혼합 향신료나 토착 향신료가 존재합니다. 특히 아프리카는 몇몇 향신료의 원산지이자 향신료를 사용하는 지역이기는 하지만, 민족의 다양성과 이민의 영향 등으로 향신료의 식문화가 매우 세분화했습니다. 그래서 지역적 특성을 하나로 뭉뚱그릴 수는 없지만, 여기서 특징적인 향신료 몇 가지를 살펴보려고 합니다.

### 셀림 후추

기니만 주변 지역에서 쓰이는 가늘고 긴 콩처럼 생긴 향신료. 조림 요리 등에 쓰이며, 세네갈의 커피 음료인

'카페 투바'에도 들어간다. 향이 독특해서 프랑스 요리 등에도 많이 쓰이고 있다.

### 바오바브

기니만 연안 지역에서 쓰이는 향신료. 잎은 시금치 같은 풍미를 지녔으며, 요리에 걸쭉함을 더하는 데에 쓰이고, 열매는 음료나 산미를 더할 때 쓰인다. 소스 푀유(Sauce feuille)는 바오바브 잎을 사용한 코트디부아르의 조림 요리다.

### 바르바레

과거 향신료 무역의 중계지였던 에티오피아 주변 지역에서 쓰이는 혼합 향신료. 고추, 카다멈 등을 베이스로 한 혼합 향신료로, 조림 요리인 왓(Wat) 등에 쓰인다.

### 하와이(Hawaij)

카다멈, 커민, 정향 등이 들어간 혼합 향신료로, 예멘에서 쓰인다. 커피용과 요리용 제품이 있으며, 요리용 제품 중에는 강황으로 색을 입힌 것이 많다. 배합되는 향신료도 상당히 다양하다.

### ✽ 도로 왓

에티오피아의 카레라고도 불리는 매콤한 닭고기 스튜. 반죽을 발효시켜 시큼한 맛이 나는 인제라라는 빵과 함께 나온다.

### ✽ 치킨 만디

예멘의 닭고기 필라프. 하와이로 풍미를 더한 닭고기를 쓴다.

### 둑까

견과류에 코리앤더나 커민 같은 향신료를 섞은 혼합 향신료로, 이집트 주변 지역에서 쓰인다. 샐러드 등에 뿌려서 사용한다. 이집트에서는 이 밖에도 커민과 코리앤더를 요리에 이용한다.

### 음본고

카메룬의 혼합 향신료. 아프리카 육두구나 그레인 오브 파라다이스 같은 토착 향신료가 들어간다. 조림 요리에 쓴다.

# 동남아시아

다양한 향신료의 원산지인 동남아시아는 향신료를 말리지 않고 그대로 사용해 신선하고 강렬한 맛을 내는 요리가 많은 것이 특징입니다. 태국 요리는 왕국의 궁정 요리에서 발전한 것이 많으며, 복합적인 맛을 내는 매력이 있습니다. 라오스, 미얀마, 캄보디아 등도 공통점이 많은데, 신선한 향신료를 그대로 쓸 뿐만 아니라 액젓이나 낫토 같은 발효 식품의 감칠맛이 복합적인 풍미를 내는 데에 도움을 줍니다. 베트남은 비교적 담백한 요리가 많은 편이지만, 신선한 향신료를 그대로 쓴다는 점은 다른 동남아 국가와 같습니다. 말레이시아나 인도네시아는 말레이인이나 인도인, 중국계 이민자를 통해 계승된 식문화가 융합되면서 요리가 더욱 복잡하게 발전했습니다. 인도의 영향으로 말린 향신료도 많이 쓰입니다.

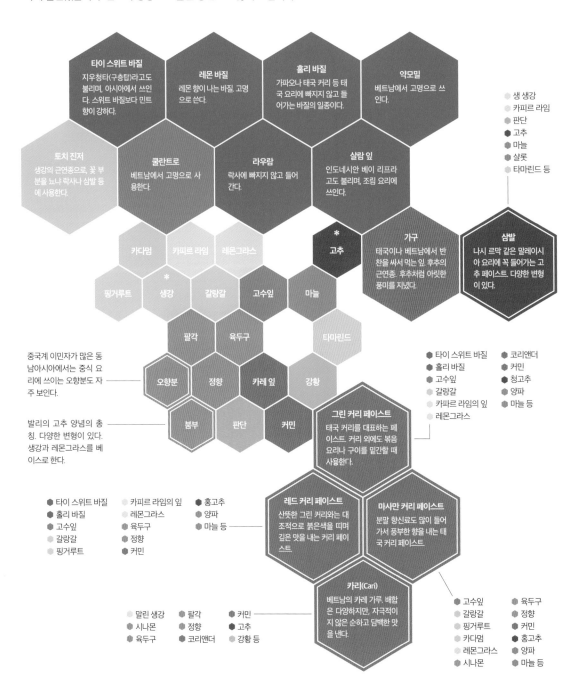

**타이 스위트 바질**
지우청타(구층탑)라고도 불리며, 아시아에서 쓰인다. 스위트 바질보다 민트 향이 강하다.

**레몬 바질**
레몬 향이 나는 바질. 고명으로 쓴다.

**홀리 바질**
가파오나 태국 커리 등 태국 요리에 빠지지 않고 들어가는 바질의 일종이다.

**약모밀**
베트남에서 고명으로 쓰인다.

생 생강
카피르 라임
판단
고추
마늘
샬롯
타마린드 등

**토치 진저**
생강의 근연종으로, 꽃 부분을 뇨냐 락사나 삼발 등에 사용한다.

**쿨란트로**
베트남에서 고명으로 사용한다.

**라우람**
락사에 빠지지 않고 들어간다.

**살람 잎**
인도네시안 베이 리프라고도 불리며, 조림 요리에 쓰인다.

카다멈
카피르 라임
레몬그라스

\* **고추**

**가구**
태국이나 베트남에서 반찬을 싸서 먹는 잎. 후추의 근연종. 후추처럼 아릿한 풍미를 지녔다.

**삼발**
나시 르막 같은 말레이시아 요리에 꼭 들어가는 고추 페이스트. 다양한 변형이 있다.

핑거루트
\* 생강
갈랑갈
고수잎
마늘

팔각
육두구
타마린드

중국계 이민자가 많은 동남아시아에서는 중식 요리에 쓰이는 오향분도 자주 보인다.

오향분
정향
카레 잎
강황

타이 스위트 바질
홀리 바질
고수잎
갈랑갈
카파르 라임의 잎
레몬그라스
코리앤더
커민
청고추
양파
마늘 등

발리의 고추 양념의 총칭. 다양한 변형이 있다. 생강과 레몬그라스를 베이스로 한다.

붐부
판단
커민

**그린 커리 페이스트**
태국 커리를 대표하는 페이스트. 커리 외에도 볶음 요리나 구이를 밑간할 때 사용한다.

타이 스위트 바질
홀리 바질
고수잎
갈랑갈
핑거루트
카피르 라임의 잎
레몬그라스
육두구
정향
커민
홍고추
양파
마늘 등

**레드 커리 페이스트**
산뜻한 그린 커리와는 대조적으로 붉은색을 띠며 깊은 맛을 내는 커리 페이스트

**마사만 커리 페이스트**
분말 향신료도 많이 들어가서 풍부한 향을 내는 태국 커리 페이스트

**카리(Cari)**
베트남의 카레 가루. 배합은 다양하지만, 자극적이지 않은 순하고 담백한 맛을 낸다.

말린 생강
시나몬
육두구
팔각
정향
코리앤더
커민
고추
강황 등

고수잎
갈랑갈
핑거루트
카다멈
레몬그라스
시나몬
육두구
정향
커민
홍고추
양파
마늘 등

**껌헨**
● 홀리 바질　　● 마늘
● 고추　　　　　● 양파 등

베트남의 바지락 밥. 신선한 허브와 매콤
달콤한 소스가 뿌려져 나온다.

**라펫토(La Pet Thop)**
● 고추
● 마늘 등

발효한 찻잎과 견과류를 넣은 미얀마의
샐러드. 들어가는 향신료는 단순하지만,
건새우나 액젓 등을 넣어 감칠맛이 있다.

# 영콘과 말린 전갱이를 넣은 허브 샐러드

동남아시아에서 쓰이는 각종 향신료를 사용해서 에스닉한 느낌을 내는 동시에
복합적인 향으로 말린 전갱이의 비린내를 가렸다.

### ❁ 재료(4~5인분)
말린 전갱이 … 2장
● 청고추 … 2분의 1개
● 레몬그라스 … 1줄기
● 갈랑갈 … 1조각
● 핑거루트 … 2개
● 고수잎 … 6~7줄기
● 실파 … 2줄기　● 양파 … 4분의 1개
● 마늘 … 2분의 1쪽
영콘 … 6개
소금 … 한 꼬집
┌─ ● 레몬밤 잎 … 10장
│　● 라우람 … 10장
A　● 스피어민트 잎 … 20장
└─ ● 타이 스위트 바질 잎 … 10장
남플라 소스 … 1작은술
기름 … 1작은술

### ❁ 만드는 법
❶ 말린 전갱이는 구워서 뼈를 제
거하고 살을 부스러뜨린다. 청고
추는 잘게 다지고, 레몬그라스는
얇고 둥글게 썬다. 갈랑갈과 핑
거루트는 껍질의 이물질을 제거
하고 결대로 채 썬다. 고수잎과
실파는 2~3cm 길이로 큼직하게
썰고, 양파는 결대로 얇게 썬다.
마늘은 결대로 채 썬다.

❷ 영콘은 껍질을 벗겨 찐 다음 소
금을 뿌려 식힌 뒤, 세로로 십자
모양으로 자른다.

❸ 볼에 A를 손으로 찢어 넣고, ①,
②, 남플라 소스를 넣어 골고루
섞는다. 기름을 부어 버무린다.

고추는 개체마다 맵기가 차이 나므로 양 조절에
주의한다. 조금 맵게 하면 풍미가 다채로워진다.
허브 종류는 구할 수 있는 것을 다양하게 조합해
도 되지만, 스피어민트는 꼭 들어가야 한다. 영콘
은 다른 재료와 맛이 차이 나기 쉬우므로 소금을
뿌려 밑간해 둔다.

# 사테 스타일의 닭꼬치 가구 쌈

닭고기를 가구로 싸서 서로의 개성을 누그러뜨리면서도 복합적인 풍미를 낸다.

### ❁ 재료(4~5인분)
닭다리살 … 2장
● 양파 … 4분의 1개
┌─ ● 갈랑갈 … 2조각
│　● 핑거루트 … 1개
│　● 카피르 라임의 잎 … 6장
│　● 코리앤더 … 2분의 1작은술
A　● 한국산 굵은 고춧가루
│　　　… 1작은술
│　● 마늘 … 1쪽
│　땅콩버터 … 20g
│　설탕 … 1큰술
└─ 남플라 소스 … 2큰술
튀김용 기름 … 적당량
기름 … 2큰술
● 가구 … 10장 정도
젓새우 … 2큰술

### ❁ 만드는 법
❶ 닭고기는 한입 크기로, 양파는 결대로 얇게
썬다. 갈랑갈과 핑거루트는 껍질의 이물질을
제거한 후 마늘과 함께 크게 썰고, 카피르 라
임의 잎은 채 썬다.

❷ A를 절구에 넣고 빻아 페이스트 상태로 만든
후, 닭고기를 재운다.

❸ 튀김용 냄비에 튀김용 기름을 부어 가열한
후, 양파를 수분이 없어지고 노릇노릇해질 때
까지 튀긴다.

❹ 프라이팬에 기름을 둘러 강불에 올리고 달군
다. ②의 닭고기를 넣고 살짝 그을리듯이 앞
뒤로 굽는다. 스테인리스 용기 등에 건져 한
김 식힌다.

❺ 접시에 가구를 놓고, ④의 닭고기를 올린 다
음 ③과 젓새우를 뿌린다.

튀긴 양파는 간편한 시판 제품을 사용해
도 된다. 갈랑갈과 핑거루트 대신 생강을
사용해도 된다.

# 중국·대만

이 지역의 대표적인 요리는 산초 열매와 고추가 듬뿍 들어가 얼얼할 정도로 매운 사천성의 마라 요리입니다. 또 중앙아시아에 가까운 서부 지역에는 케밥 같은 양고기를 커민, 고추와 함께 먹는 문화가 있습니다. 또 미얀마나 라오스와 인접한 윈난성 주변에서는 동남아시아처럼 레몬그라스나 민트 같은 허브를 생으로 사용하는 등 지역마다 뚜렷한 특징을 보입니다. 전국적으로는 오향분의 향이나 팔각과 파, 생강의 향이 두드러지는 편입니다. 파나 생강을 템퍼링해서 볶음 요리에 넣는 조리법이 많이 쓰입니다. 대만에서는 팍각과 고수잎을 많이 씁니다.

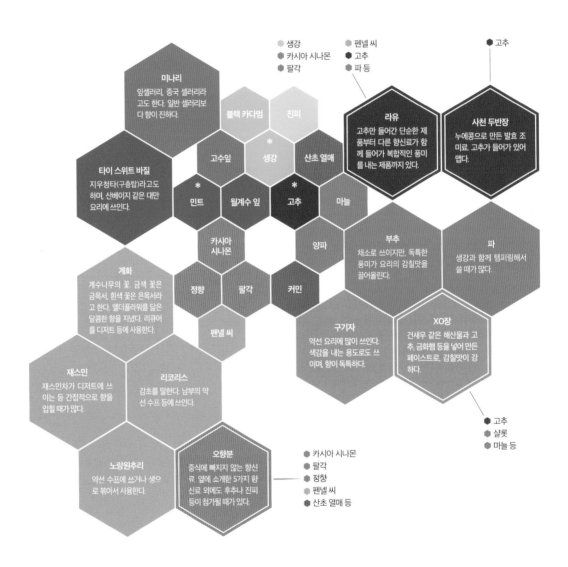

## 향신료 사용이 특징적인 요리

**훠궈**
- 팔각
- 마늘
- 고추
- 생강 등
- 산초 열매

고추나 다른 향신료를 끓인 매콤한 국물에 고기나 채소를 넣어 먹는 요리로, 충칭시에서 생겨났다.

**루러우판**
- 오향분
- 고추
- 파
- 고수잎 등
- 생강

매콤달콤하게 조린 돼지고기를 밥 위에 얹어 먹는 대만의 길거리 음식.

260

## 동과와 새우를 올린 계화진주 젤리

디저트에 쓰이는 일이 많은 계화의 향을 요리에 이용해 섬세한 풍미를 내면서도 중식의 느낌을 냈다.

###  재료(4~5인분)
판 젤라틴 … 3.5g
흰다리새우 … 10마리
동과 … 10분의 1개
● 생강 … 1조각
소금 … 한 꼬집
┌ 계화진주 … 50ml
A 소금 … 4분의 1작은술
└ 설탕 … 3큰술

###  만드는 법
❶ 판 젤라틴은 물에 담근다. 새우는 껍질과 내장을 제거해 살짝 데친다. 동과는 껍질과 씨를 제거한 후 가로세로 2cm 크기로 잘라 살짝 데친다. 생강은 결대로 채 썬다.
❷ 볼에 새우, 동과, 생강을 담고 소금으로 밑간한다.
❸ 작은 냄비에 A와 물 150ml를 넣고 중불에 올린다. 물이 끓으면 불을 끄고, 물기를 뺀 판 젤라틴을 넣어 녹인 후, ②에 붓는다. 식으면 냉장고에 넣어 차갑게 굳힌다.

---

생강은 햇생강이 있으면 더 좋다. 계화의 향이 섬세하므로 새우와 동과는 미리 한 번 데쳐 잡내를 제거한다.

---

## 향신료를 섞은 춘장 소스를 얹은 생선찜

고추, 팔각, 산초 열매는 중식의 대표적인 향신료 조합이다. 여기에 춘장 등의 중식 조미료를 첨가해 중식의 느낌을 더욱 강조했다.

###  재료(3~4인분)
벤자리 … 2마리(20cm 정도 크기)
소금 … 한 꼬집
요리술 … 2큰술
● 파의 흰 부분 … 2분의 1줄기
● 생강 … 1조각
┌ ● 팔각 분말 … 한 꼬집
│ ● 한국산 고춧가루 … 2분의 1작은술
│ ● 산초 열매 분말 … 한 꼬집
A 국간장 … 2분의 1작은술
│ 미림 … 1작은술
└ 춘장 … 1작은술
기름 … 3큰술

###  만드는 법
❶ 벤자리는 비늘과 내장을 제거하고 소금을 뿌려 10분간 둔다. 물기를 닦아 내 접시에 담고, 요리술을 뿌린다.
❷ 파의 흰 부분은 가늘게 채 썰고, 생강은 껍질을 벗겨 결대로 채 썬다. A를 섞어 소스를 만든다.
❸ 찜기에 ①의 접시를 넣고, 생선이 익을 때까지 10분간 찐다. 다 쪄지면 그 위에 채 썬 대파, 생강, 소스를 올린다.
❹ 프라이팬에 기름을 둘러 강불에 올린다. 기름이 충분히 달궈지면 ③의 소스 위에 끼얹는다.

---

토막 낸 생선을 사용해도 비슷하게 만들 수 있다. 연어나 고등어 등 어떤 생선을 써도 잘 어울린다. 재료를 접시에 올린 채로 템퍼링하는 듯한 이 조리법은 다양한 요리에 활용하기 좋다.

---

# 일본

일본은 외국 향신료를 쓰는 일이 적으며 차조기나 생강, 유자 같은 토착 식물을 '고명'으로 사용하는 문화가 깊게 뿌리내려 있습니다. 산뜻한 풍미를 비교적 선호하는 편입니다. 가다랑어처럼 풍미가 진한 생선에는 생마늘을 곁들일 때도 있습니다. 혼합 향신료인 시치미토가라시의 탄생은 에도시대로까지 거슬러 올라가며, 일반적으로 우동이나 소바 같은 따뜻한 국물 요리에 고명처럼 뿌려 먹습니다. 또 생선이나 고기 조림에 얇게 저민 생강을 함께 조려 잡내를 제거하는 방법을 일반 가정에서도 많이 사용합니다.

**시치미토가라시**
아래의 향신료 외에도 참깨, 삼씨, 양귀비 씨, 김 등 7가지 이상의 재료가 들어갈 때도 있다.

● 차조기
● 말린 생강
● 유자
● 진피
● 고추
● 초피 열매 등

● 고추
● 유자

**유즈코쇼**
유자 껍질과 고추를 소금에 절여 발효한 것. 청유자에는 청고추를, 노란 유자에는 홍고추를 섞는다.

● 고추

**칸즈리**
니가타의 특산품인 고추 조미료. 유즈코쇼보다 풍미가 단순해서 요리에 매운맛을 보충할 때 쓴다.

● 와사비
● 겨자무
● 겨자 등

**와사비 튜브**
와사비의 향이나 풍미를 재현한 페이스트 상태의 가공품. 가정에서는 생 와사비보다 튜브 제품을 쓰는 것이 일반적이다.

유자

차조기

*
고추

와사비

*
생강

**양하**
생강의 근연종으로, 꽃봉오리 부분을 고명으로 사용한다.

초피 열매

**초피나무의 어린잎**
초피 열매처럼 얼얼한 매운맛이 나지만, 비교적 순한 편으로 산뜻한 향을 즐길 수 있다.

**와카라시**
갈색겨자의 일종으로, 분말 형태로 판다. 미지근한 물에 개어서 쓴다.

마늘

양파

**국화**
생선회에 곁들이거나 데쳐서 간장에 무치기도 하고, 토핑으로 쓰기도 한다.

**육계나무**
카시아 시나몬의 근연종. 계피맛 과자나 계피 사탕 등을 만들 때 쓴다. 가고시마에서는 육계나무 잎으로 당고(경단)를 싸기도 한다.

**산마늘(명이나물)**
백합과 식물로, 부추 같은 풍미와 부드러운 식감을 지닌 산나물.

**파**
다양한 품종이 있다. 지역별로 차이가 나거나 용도에 따라 구분해서 사용하기도 한다.

**조릿대**
사사모치나 후만쥬 같은 화과자에 많이 쓰인다.

**벚나무 잎**
소금에 절인 벚나무 잎을 사쿠라모치 같은 화과자에 쓴다.

**카레 루**
카레 가루를 감칠맛을 내는 성분들과 함께 유지로 굳힌 것으로, 일반적으로 많이 쓰인다.

**카레 가루**
영국을 경유해서 일본에 들어온 이후 독자적으로 발전했다. 학교 급식 등에도 널리 이용되고 있다.

● 카다멈
● 카시아 시나몬
● 정향
● 펜넬 씨
● 커민
● 호로파
● 코리앤더
● 고추
● 후추
● 강황 등

● 카다멈       ● 커민       ● 후추
● 카시아 시나몬  ● 호로파      ● 강황 등
● 정향         ● 코리앤더
● 펜넬 씨       ● 고추

---

## 향신료 사용이 특징적인 요리

**카레 우동**
● 카레 가루 등

국물에 카레 가루를 풀고 얼레짓가루로 걸쭉하게 농도를 맞추어 우동에 부은 요리로, 꾸준히 인기가 있다.

**초피나무꽃 나베(전골)**
● 초피 열매 등

초피나무의 꽃 부분을 이용한 나베 요리로, 봄을 느낄 수 있다.

## 시치미토가라시를 넣은 달걀찜

부드러운 풍미를 지닌 달걀찜도 일본 향신료를 넣어 일식의 느낌에서 벗어나지 않는 술안주로 만들었다.

### 🪷 재료(6개 분량)
- 🔘 생강 ⋯ 1조각
- ┌ 달걀 ⋯ 3개
- A 가다랑어포 육수 ⋯ 300ml
- └ 소금 ⋯ 한 꼬집
- 간 닭다리살 ⋯ 100g
- 요리술 ⋯ 2큰술
- 일본 적된장 ⋯ 2분의 1큰술
- 일본 백된장 ⋯ 2분의 1큰술
- ⚫ 시치미토가라시 ⋯ 4분의 1작은술

### 🪷 만드는 법
❶ 생강은 껍질을 벗겨 다진다. A를 섞어 체에 한 번 걸러 달걀물을 만든다.

❷ 작은 냄비에 닭고기와 생강, 요리술을 넣어 중불에 올린다. 긴 젓가락으로 잘 저어 가며 익힌다. 여기에 적된장, 백된장을 넣어 섞은 후, 전체적으로 뜨거워지면 시치미토가라시를 넣어 섞는다.

❸ 그릇에 ②를 담고, 달걀물을 붓는다. 찜기에 넣고, 다 익을 때까지 약불에 찐다.

## 양하와 미소 된장을 넣은 크림 파스타

건더기가 들어가지 않는 간단한 파스타 소스에 양하와 차조기의 풍미를 가미해 산뜻한 느낌을 냈다.

### 🪷 재료(2인분)
- 소금 ⋯ 1큰술
- 파스타(1.6mm) ⋯ 160g
- ⚫ 마늘 ⋯ 1쪽
- 올리브유 ⋯ 2큰술
- ┌ 이나카 미소 ⋯ 1과 2분의 1큰술
- │ ⬢ 굵게 간 백후추 ⋯ 2분의 1작은술
- A 생크림 ⋯ 4큰술
- │ 설탕 ⋯ 2작은술
- └ 요리술 ⋯ 2큰술
- 🔘 양하 ⋯ 3개
- ⚫ 푸른 차조기 ⋯ 5장

### 🪷 만드는 법
❶ 냄비에 물 2L와 소금을 넣고 강불에 올린다. 물이 끓으면 파스타를 넣어 삶는다. 마늘은 으깬다. 양하는 결대로 채 썰고, 푸른 차조기는 가늘게 썬다.

❷ 프라이팬에 올리브유와 마늘을 넣어 중불에 올린다. 향이 올라오기 시작하면 A를 넣고 잘 섞다가 끓으면 불을 끄고 다 삶아진 파스타를 넣는다. 여기에 양하와 푸른 차조기를 넣고 다시 약불에 올려 잘 섞는다.

찌는 시간은 상태에 따라 크게 차이 난다. 찜기가 데워지기 전부터 그릇을 넣고 온도를 서서히 올리면 달걀찜에 구멍이 잘 생기지 않는다.

양하와 푸른 차조기는 변색이 잘 되므로 쓰기 직전에 써는 것이 좋다. 생크림을 너무 오래 끓이면 우유 비린내가 나므로 끓어오르면 일단 불을 끈다.

# 텍사스, 멕시코 등 중남미

이 지역은 무엇보다도 다양한 품종의 고추를 사용하는 것이 매력적입니다. 토착 고추, 카카오, 올스파이스 등이 요리에 널리 쓰입니다. 또한 유럽의 통치를 받았던 영향이나 인도·아프리카에서 유입된 이민자의 영향을 많이 받아 그들의 요리 및 향신료가 융합되면서 이 지역만의 독자적인 요리로 발전했습니다.

고추나 마늘을 베이스로 몇 가지 향신료를 조합한 대표적인 페이스트로 아르헨티나의 치미추리나 멕시코의 살사가 있는데, 다른 지역에서도 이와 비슷한 페이스트를 조림 요리나 구이용 고기의 밑간에 사용합니다.

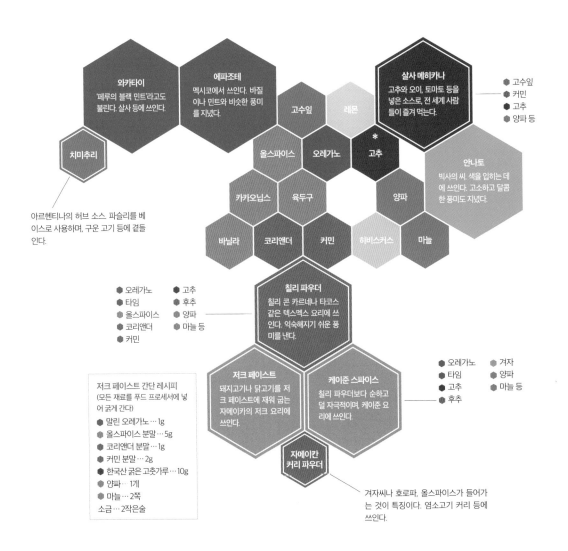

**와카타이**
'페루의 블랙 민트'라고도 불린다. 살사 등에 쓰인다.

**에파조테**
멕시코에서 쓰인다. 바질이나 민트와 비슷한 풍미를 지녔다.

고수잎

레몬

**살사 메히카나**
고추와 오이, 토마토 등을 넣은 소스로, 전 세계 사람들이 즐겨 먹는다.

- 고수잎
- 커민
- 고추
- 양파 등

**치미추리**

올스파이스　오레가노　*고추

**안나토**
빅사의 씨. 색을 입히는 데에 쓰인다. 고소하고 달콤한 풍미도 지녔다.

아르헨티나의 허브 소스. 파슬리를 베이스로 사용하며, 구운 고기 등에 곁들인다.

카카오닙스　육두구　양파

바닐라　코리앤더　커민　히비스커스　마늘

- 오레가노
- 타임
- 올스파이스
- 코리앤더
- 커민
- 고추
- 후추
- 양파
- 마늘 등

**칠리 파우더**
칠리 콘 카르네나 타코스 같은 텍스멕스 요리에 쓰인다. 익숙해지기 쉬운 풍미를 낸다.

**저크 페이스트 간단 레시피**
(모든 재료를 푸드 프로세서에 넣어 굵게 간다)
- 말린 오레가노…1g
- 올스파이스 분말…5g
- 코리앤더 분말…1g
- 커민 분말…2g
- 한국산 굵은 고춧가루…10g
- 양파…1개
- 마늘…2쪽
- 소금…2작은술

**저크 페이스트**
돼지고기나 닭고기를 저크 페이스트에 재워 굽는 자메이카의 저크 요리에 쓰인다.

**케이준 스파이스**
칠리 파우더보다 순하고 덜 자극적이며, 케이준 요리에 쓰인다.

- 오레가노
- 타임
- 고추
- 후추
- 겨자
- 양파
- 마늘 등

**자메이칸 커리 파우더**

겨자씨나 호로파, 올스파이스가 들어가는 것이 특징이다. 염소고기 커리 등에 쓰인다.

## 향신료 사용이 특징적인 요리

**몰레 포블라노**
- 올스파이스
- 카카오닙스
- 청고추 등

카카오와 올스파이스의 풍미가 특징인 멕시코의 소스로, 삶은 닭고기 등에 뿌려 먹는다. 몰레는 소스라는 뜻이다. 다양한 종류가 있다.

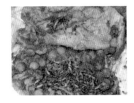

**더블스**
- 카레 가루
- 양파
- 마늘 등

푸리(Puri)처럼 튀긴 빵에 병아리콩 커리와 고추 살사를 올린 트리니다드 토바고의 길거리 음식이다.

## 저크 치킨 부리토

저크 페이스트의 올스파이스와 깊은 맛이 나는 한국산 고추로 자메이카의 맛을 내 보았다. 오레가노, 커민, 코리앤더도 이 지역 요리에 빠질 수 없는 향신료다.

### 🌼 재료(6개 분량)

박력분 … 100g
소금 … 4분의 1작은술
닭다리살 … 1장
🔴 저크 페이스트 … 2큰술
덧가루 … 적당량

기름 … 약간
올리브유 … 2큰술
🔴 양파 … 2분의 1개
🔴 파프리카 … 2분의 1개
잎상추 … 6장

### 🌼 만드는 법

❶ 박력분과 소금을 볼에 담아 잘 섞는다. 여기에 40℃의 물을 조금씩 부어 가면서 반죽하다가 반죽이 매끄러워지면 6등분해서 둥글게 빚은 다음, 볼에 다시 담고 젖은 행주로 덮어 30분간 휴지시킨다.

❷ 닭고기는 힘줄을 제거하고, 저크 페이스트에 버무려 30분간 재워 둔다.

❸ 작업대에 덧가루를 뿌리고, ①을 지름 20cm 크기로 얇게 편다.

❹ 프라이팬을 강불에 올린다. 기름을 얇게 깔았다가 닦아 낸 다음, ③을 올려 굽는다. 반죽이 하얗게 익으면 반대로 뒤집은 후, 다 구워지면 건져서 마르지 않도록 젖은 행주 위에 올린다. ③과 ④를 반복한다.

❺ 프라이팬에 올리브유를 둘러 강불에 올린다. 기름이 달궈지면 ②를 넣고 뚜껑을 덮는다. 고기가 살짝 그을리면 반대로 뒤집어 속까지 익힌 다음, 스테인리스 용기 등에 옮겨 담아 한 김 식힌다.

❻ 고명으로 쓸 양파와 파프리카를 얇게 썬다. 잎상추를 깨끗이 씻어 물기를 털어 낸다.

❼ ④의 토르티야에 잎상추와 잘 풀어 준 ⑤, 양파, 파프리카를 올려 둥글게 만다.

 박력분으로 만드는 밀 토르티야는 생각보다 간편하게 만들 수 있다. 반죽을 펴서 바로 굽기만 하면 촉촉하게 구워진다. 저크 페이스트는 냉동 보관했다가 조금씩 사용할 수도 있다.

## 히비스커스 펀치

단조로운 히비스커스의 풍미에 올스파이스와 럼주를 섞어 중남미의 느낌을 냈다.

### 🌼 재료(3~4인분)

바나나 … 1개
사과 … 2분의 1개
A
┌ 🔴 올스파이스 … 3알
│ 🔴 카시아 시나몬 칩 … 2분의 1작은술
│ 🔴 히비스커스 … 2작은술
└ 럼주 … 2큰술
설탕 … 3큰술
🔴 스피어민트 생잎 … 적당량

### 🌼 만드는 법

❶ 바나나는 껍질을 벗겨 1cm 크기로 깍둑썰기하고, 사과는 껍질을 벗기지 않고 깨끗이 씻어 심을 제거한 후, 1cm 크기로 깍둑썰기해서 볼에 담는다.

❷ A와 물 100ml를 작은 냄비에 담아 강불에 올린다. 물이 끓으면 불을 약불로 줄이고 뚜껑을 덮은 채로 5분간 우린다. 불을 끄고 설탕을 넣어 녹인 후, 체에 걸러 ①에 붓고, 한 김 식으면 냉장고에 넣어 차갑게 식힌다.

❸ 그릇에 옮겨 담고, 민트를 올린다.

 중남미에서는 친숙한 히비스커스 음료에 변화를 주어 보았다. 설탕을 넣기 전에 향신료를 우리면 맛과 향이 더 잘 우러난다.

# 찾아보기

- 이 책에서 소개하는 향신료의 사용 사례, 요리에 관련된 주요 향신료 명칭을 가나다순으로 표기했다.
- 굵은 글씨는 CHAPTER 2에서 소개하는 페이지다.
- 향 그래프에 나온 향신료의 명칭은 넣지 않았다.
- 레시피에 적힌 '생강'은 따로 명시되어 있지 않을 경우, 생 생강을 말한다. 레시피 이외에는 생 생강과 말린 생강 양쪽에 기재했다.
- 레시피에 적힌 '고추'는 따로 명시되어 있지 않을 경우, 홍고추를 말한다. 레시피 이외에는 청고추와 홍고추 양쪽에 기재했다.
- CHAPTER 3에 게재된 허브 계열/만능 그룹에 속하는 향신료 가운데 생 향신료인지 말린 향신료인지 명시되어 있지 않은 것은 생과 말린 것에 모두 기재했다.
- 종류가 많아 구별할 수 없는 등 정확히 분류할 수 없는 향신료나 향신료 가공품 등은 다음과 같이 분류했다.
  - 딜 …… 딜 잎, 딜 씨앗 양쪽
  - 시나몬 …… 카시아 시나몬, 실론 시나몬 양쪽
  - 후추 …… 흑후추, 백후추 양쪽
  - 겨자, 겨자유, 홀그레인 머스터드 …… 갈색겨자, 백겨자 양쪽
- 이 밖에도 아래에 나온 향신료는 저마다 색인에 포함된 향신료 항목에 기재했다.
  - 레몬타임 …… 생 타임
  - 셀러리, 셀러리 잎 …… 셀러리 씨
  - 스피어민트 외 민트류 …… 민트
  - 붉은 차조기 …… 차조기
  - 이탈리안 파슬리 …… 파슬리
  - 카스리메티 리프 …… 호로파 잎
  - 그랑 마르니에 …… 오렌지
  - 메이스 …… 육두구
  - 카카오, 카카오 파우더 …… 카카오닙스
  - 할라페뇨 …… 청고추
  - 한국산 고추 …… 홍고추
  - 생후추 …… 녹후추
  - 자색 양파 …… 양파
  - 파의 흰 부분, 실파 …… 파
  - 황부추 …… 부추

## 마치며

이 책 《향신료 매트릭스》는 향신료를 더욱 다양하게 쓸 수 있게 돕는 길잡이일 뿐, 절대적인 답은 아닙니다. 정답은 요리를 만드는 여러분에게 있습니다.

여러분이 맛있게 느끼면 그것이 정답입니다. 그리고 그러한 정답을 발견해 나가려면 무엇보다 많은 경험이 쌓여야 합니다.

이러한 경험은 요리할 때 여러분에게 필요한 감을 길러 줍니다. 그러한 감이 쌓이다 보면 여러분이 만드는 요리가 점점 더 맛있어질 것입니다.

그러니 부디 어려워하지 말고 요리를 매일 만들어 여러분에게 도움이 될 만한 경험으로 만드시기 바랍니다. 그러다가 어떤 향신료를 써야 할지 고민이 되거나 궁금한 점이 생기면 언제든지 다시 이 책을 보면서 앞으로 나아가십시오.

요리의 미래는 요리를 만드는 여러분 개개인의 앞에 펼쳐져 있습니다.

마지막으로 이 책을 만드는 데에 도움을 주신 모든 분에게 감사를 드립니다. 이 책이 나오도록 도와주신 나카무라 씨, 제 머릿속을 이해하고 멋진 그래픽을 만들어 주신 미이케 씨, 레이아웃의 저력을 보여 주신 오카노 씨, 넓은 마음으로 제 고민을 들어 주신 노사카 씨, 정확한 구도로 멋지게 사진을 찍어 주신 가토 씨, 천재적인 감각으로 아름다운 그릇을 만들어 주신 사카모토 씨, 맛있는 생선을 보내 주는 센, 받자마자 다 먹어 버리고 싶을 만큼 맛있는 허브를 보내 주시는 겐타 씨. 그리고 늘 저를 지지해 주고 저에게 숨 쉴 곳을 마련해 주는 남편과 가족들. 그 밖에도 다 열거할 수 없지만, 직접적으로나 간접적으로나 저를 응원해 주신 모든 분께 진심으로 감사의 말씀을 드립니다.

히누마 노리코

## 참고문헌

Bacon, Josephine. *AFRICA&THE MIDDLE EAST*. Lorenz Books. 2005.
Basan, Ghillie. *THE TURKISH COOKBOOK*. Lorenz Books. 2021.
Batmanglij, Najmieh. *COOKING in IRAN*. MAGE PUBLISHERS. 2018.
Bharadwaj, Monisha. *THE INDIAN COOKERY COURSE*. KYLE BOOKS. 2016.
Cuadro, Morena. *The Peruvian Kitchen*. Skyhorse Publishing. 2014.
Duguid, Naomi. *BURMA*. Artisan Books. 2012.
Duguid, Naomi. *TASTE OF PERSIA*. Artisan Books. 2016.
Erway, Cathy. *THE FOOD OF TAIWAN*. Houghton Mifflin Harcourt Publishing. 2015.
Ghyour, Sabrina. *Persiana*. Mitchell Beazley. 2014.
Goldstein, Darra. *FIRE+ICE*. Ten Speed Press. 2015.
Hal, Fatema et al. . *authentic recipes from morocco*. PERIPLUS EDITIONS. 2007.
Holzen, Heinz von et al. . *authentic recipes from Indonesia*. PERIPLUS EDITIONS. 2006.
Mers, Jhon De. *Authentic Recipes from JAMAICA*. PERIPLUS EDITIONS. 2005.
Nguyen, Luke. *THE FOOD OF VIETNAM*. Hardie Grant Books. 2013.
Norman, Jill. *Herbs&Spices*. Dorling Kindersley. 2002.
O'connell, Jhon. *THE BOOK OF SPICE*. PEGASUS BOOKS. 2016.
Orr, Stephen. *THE NEW AMERICAN HERBAL*. Clarkson Potter/Publishers. 2014.
Paula Wolfert, . *the FOOD of MOROCCO*. Harper Collins Publishers. 2011.
Spierings, Thea. *The real taste of Indonesia*. Hardie Grant Books. 2009.
Thiam, Pierre. *SENEGAL*. Lake Isle Press Inc.U.S. . 2015.
Wright, Jeni. *curry*. Dorling Kindersley. 2006.
岡谷文雄 編.『イタリアの地方料理』. 柴田書店. 2020.
香取薫.『家庭で作れる 東西南北の伝統インド料理』. 河出書房新社. 2022.
河田勝彦 編.『「オーボンヴュータン」河田勝彦のフランス郷土菓子』. 誠文堂新光社. 2014.
ゴズラン, フレディ.『香料植物の図鑑』. 原書房. 2013.
佐藤真.『パリっ子の食卓』. 河出書房新社. 2019.
柴田書店 編.『プロのためのスペイン料理がわかる本』. 柴田書店. 2022.
地球の歩き方編集室 編.『世界のカレー図鑑』. 学研. 2022.
DK社 編著.『ビジュアルマップ大図鑑世界史』. 東京書籍. 2020.
ドルビー, アンドリュー.『スパイスの人類史』. 原書房. 2004.
日本メディカルハーブ協会 監修.『メディカルハーブ事典』. 日経ナショナル・ジオグラフィック社. 2014.
パッション, アンドレ.『フランス郷土料理』. 河出書房新社. 2020.
平松玲.『イタリア郷土料理 美味紀行』. 講談社. 2021.
ブリテイン, ヘレン・C.『国別世界食文化ハンドブック』. 柊風舎. 2019.
森山光司.『メキシコ料理大全』. 誠文堂新光社. 2015.
ローダン, レイチェル.『料理と帝国』. みすず書房. 2016.
渡辺万里.『スペインの竈から』. 現代書館. 2010.

## 협력

フレッシュハーブ　まるふく農園　http://www.marufuku.noen.biz/
器 阪本 健　https://www.takeshisakamoto.com/
魚 千村重信
写真 株式会社柚子餅総本家中浦屋　https://yubeshi.jp/
写真 三明物産株式会社　https://sannmei.co.jp/
写真 オステリア アリエッタ　https://osteriaarietta.seesaa.net/
写真 Yummy Traditional　https://www.yummytraditional.com/
写真 Namak by Jasleen　https://www.instagram.com/namakswaadanusaar/
写真背景 島村俊明　https://www.instagram.com/toshiaki.shimamura.works/

## 구입처

フレッシュハーブ　アイタイランド　https://www.ai-thailand.com/
フレッシュハーブ　川辺農園　https://kawabefarm.com/
フレッシュハーブ　まるふく農園　http://www.marufuku.noen.biz/
スパイス　大津屋　https://www.ohtsuya.com/
スパイス　神戸スパイス　https://kobe-spice.jp/

**원서 스태프**

**기획·집필·편집·스타일링**
히누마 노리코

**편집**
노사카 마키코(hi foo farm)

**촬영**
가토 신페이

**그래픽디자인**
미이케 지즈루

**표지 디자인·본문 레이아웃**
오카노 유이치로(hi foo farm)

**편집 협력**
후지모토 아키히로

# 향신료 매트릭스

**발행일** 2024년 8월 1일 초판 1쇄 발행
**지은이** 히누마 노리코
**옮긴이** 황세정
**발행인** 강학경
**발행처** 시그마북스
**마케팅** 정제용
**에디터** 양수진, 최연정, 최윤정
**디자인** 정민애, 강경희, 김문배

**등록번호** 제10-965호
**주소** 서울특별시 영등포구 양평로 22길 21 선유도코오롱디지털타워 A402호
**전자우편** sigmabooks@spress.co.kr
**홈페이지** http://www.sigmabooks.co.kr
**전화** (02) 2062-5288~9
**팩시밀리** (02) 323-4197
**ISBN** 979-11-6862-268-5 (13590)